U0315573

普通高等教育"十四五"规划教材

智慧矿山系列教材

矿山计算机视觉

江 松　王运敏　卢才武　顾清华　何润丰　编著

扫码获取课件、
彩图等数字资源

北 京
冶金工业出版社
2023

内 容 提 要

　　本书以矿业生产为背景，对近年来计算机视觉技术的基础理论、前沿技术及其在矿山领域的应用进行了系统介绍与阐述。全书共 6 章，主要内容包括计算机图像技术，图像特征工程及深度学习图像工程技术，矿山计算机视觉实际项目的操作流程、步骤与代码，机器视觉的矿业应用等。

　　本书可作为高等院校矿业类专业教材，也可供对智慧矿山技术感兴趣的矿业人员、计算机视觉研发人员和爱好者学习参考。

图书在版编目 (CIP) 数据

矿山计算机视觉/江松等编著. —北京：冶金工业出版社，2023.8
普通高等教育 "十四五" 规划教材　智慧矿山系列教材
ISBN 978-7-5024-9638-8

Ⅰ.①矿…　Ⅱ.①江…　Ⅲ.①计算机视觉—应用—矿山开采—高等学校—教材　Ⅳ.①TD8-39

中国国家版本馆 CIP 数据核字（2023）第 192125 号

矿山计算机视觉

出版发行	冶金工业出版社	电　　话	(010)64027926
地　　址	北京市东城区嵩祝院北巷 39 号	邮　　编	100009
网　　址	www. mip1953. com	电子信箱	service@ mip1953. com

责任编辑　高　娜　美术编辑　吕欣童　版式设计　郑小利
责任校对　葛新霞　责任印制　禹　蕊
三河市双峰印刷装订有限公司印刷
2023 年 8 月第 1 版，2023 年 8 月第 1 次印刷
787mm×1092mm　1/16；14.75 印张；353 千字；219 页
定价 49.00 元

投稿电话　(010)64027932　投稿信箱　tougao@cnmip. com. cn
营销中心电话　(010)64044283
冶金工业出版社天猫旗舰店　yjgycbs. tmall. com
（本书如有印装质量问题，本社营销中心负责退换）

序　言

　　我国是全球最大的矿产资源生产国、消费国和进口国，未来战略性矿产资源的需求将保持不断增长的态势。要实现矿产资源开发的提产增效，必须在科技创新上寻求突破口。目前，我国矿产资源开发利用科技水平仍然落后于西方发达国家，对矿产资源开发利用的科技创新投入不够重视。要保证我国矿业高质量、可持续发展，就必须发挥体制优势，在战略性矿产资源开发产业链中大力引入新时代科技成果，提升产业科学技术水平，为国民经济健康发展提供基础原料保障。

　　因此，当江松向我提出编纂"智慧矿山系列教材"的想法时，我非常高兴地与他探讨了我的一些构想。目前，矿业领域需要开放科学框架体系，广泛吸收先进领域的理论与技术，以实现未来无人、高效、绿色、智慧矿业的愿景。其中，现代计算机技术、网络通信技术、传感器技术、人工智能技术等都应该作为新矿业教育的着重发力点。在探讨中，我们都认为，一套好的新型矿业教材，也应当充分吸收其他领域先进教育模式的优点，突破传统思想束缚，吸取当代科技新创造、新成果。应当努力编纂一套不但能帮助读者形成基本概念，同时也能够让读者有直接的体验与收获的书籍。

　　智慧矿山是未来矿山发展的趋势，涉及知识范围很广，把其知识结构、知识内涵、实践应用、技术关键的重点难点介绍清楚，用一本书来笼统概括，只能让读者大致了解其框架体系，这不符合我们的初衷。我们理想中的智慧矿山教材应该是清晰的、细致的，能够给读者带来切实的帮助的。要想贯彻这个理念，最好就是从某一部分出发。管中窥豹，不见全貌，但却可见清晰的一斑，作为教材，就必须讲好这一斑。因此，在反复的研讨推敲后，编委会确定了系列教材的核心思路，联合目前领域内的知名年轻学者，绘制了智慧矿山系列教材的蓝图。

　　智慧矿山系列教材包括《矿山计算机视觉》《智能采矿概论》《矿业大数

据》《矿山人因工程》《矿山数据采集与管理》《矿山无人驾驶》《矿山灾害监测与预警》及《智能井巷工程》。总体而言，这是一项巨大的工程，需要行业内不同细分领域的优秀青年学者们长年累月共同努力，为智慧矿山知识殿堂添砖加瓦。所幸，我们有一群干劲十足、对智慧矿山科学充满理想、无私奉献的科研工作者，我能感受到他们思想的火花及新的科学思路为古老矿业科学带来的勃勃生机，他们常年身居科研一线，敏锐捕捉最新科学技术，对其演化轨迹及应用前景有着最直观的认识。相信读者朋友们也能欣赏这年轻的科学乐章。

　　我相信这套教材将为矿业工程专业的本科生与研究生、对智慧矿山技术感兴趣的矿业从业人员，以及计算机视觉领域寻求应用落地场景的科学研究者，带来一定的启发和帮助。希望这套教材能够成为学习者们的得力工具，引领他们在新技术的广阔天地中追求卓越与创新。愿我们共同努力，为矿业的繁荣发展贡献绵薄之力。

中国工程院院士

2023 年 3 月

前　言

随着新兴技术的不断发展，以及智慧矿山建设的逐步落地，矿业生产中对熟悉信息技术、自动化控制及人工智能技术的人才需求不断加大。国内外很多矿业相关专业都在学生的培养方案中增强了计算机技术、通信技术的比重。然而，在教学过程中发现，目前课程中使用的大多是计算机领域内的通用教材，缺乏人才培养的专业指向性，矿业类专业的学生在学习此类知识时易产生割裂感，导致很多学生缺乏兴趣，或是无法学以致用，达不到培养计划的预期效果。编者所在团队——西安建筑科技大学矿山系统工程研究所钻研矿山智能开采工艺流程多年，有着深厚的矿业与信息管理领域基础及融合学科经验，为了更好地培养出既懂采矿工艺，又懂信息技术的新矿业人才，遂召集国内智慧矿山相关方向的高校骨干教师，结合现有教学经验与科技成果，对当下热门技术——计算机视觉在矿山领域的新探索与应用归纳总结并编纂成书，作为智慧矿山系列教材的首作。

智慧矿山方向那么多，为什么选择计算机视觉作为研究方向？目前我国矿山行业正处于智能化、无人化转型的关键节点，老旧管理模式与感知、通信设备无法满足新时代绿色智慧矿山的发展需求。其中，感知侧作为智慧矿山系统的"眼睛、鼻子、耳朵"，是智慧矿山建设的基础面，同时又有一定技术门槛。行业内急需既懂开采工艺，又懂信息技术的人才。计算机视觉技术经过数十年的发展，在诸多工业场景下自动化过程中被广泛应用，不断迭代，通过实践证实了其高效性、经济性与可靠性，在矿业领域应用前景可观。而本书的编写也着重强调这一点，对于理论部分，尽量深入浅出，用最通俗的语言讲清楚计算机视觉的基本原理与技术发展框架；对于实践部分，给出了平台、代码及操作界面，尽可能地去还原实践过程的每一个细节，方便读者参考复现。

本书作者在计算机领域与矿业行业有数十年的研究经验。本书以由浅入深的方式，将理论与实践相结合，环环相扣，抽丝剥茧。前三章由江松、何润丰主笔，主要从计算机视觉理论背景出发，引领读者深入了解图像处理技术、图像特征工程和深度学习图像工程技术，这些知识的布局，可以满足缺乏计算机知识背景的学生的学习需求。第 4 章和第 5 章由江松、王运敏、卢才武、顾清华撰写，以实际案例为主线，为读者展现了矿山计算机视觉项目的操作流程。全书共 35.3 万字，江松完成 15.3 万字，王运敏完成 4 万字，卢才武、何润丰各完成 5 万字，顾清华完成 6 万字。对于矿山从业人员来说，这是一份宝贵的指南，步骤与代码的详细解释，不仅可以帮助他们理解技术的实现原理，更能直接应用于实践，解决实际问题。最后一章则将矿山生产作业流程与计算机视觉实际应用案例相结合，虽然讲授的可能是部分内容，但希望能为读者开拓视野，带来应用层的启发。

在本书的编写过程中，秉承以下四新原则，以为读者提供最好的阅读体验：

（1）学科角度新。本书既不是只关注传统开采工艺的矿业教材，又非纯粹的计算机教材；编者团队力图基于对新工科建设内涵的理解，重新定位教材标准，以适应新经济时代对矿业工程专业人才的新要求，更新采矿技术装备机械化、自动化、信息化、智能化等方面的教学内容，既注重理论分析能力，又需要动手实践能力，培养具备解决复杂矿业工程问题能力的应用型高级专门工程技术人才。

（2）写作风格新。作为教材，针对受众需求，理论深入浅出，强调实践操作，使得学生能够从具体实践项目出发，在亲身休验计算机视觉的部署过程中深化理论理解与架构认知。语言活泼生动不枯燥，案例取材新颖生动，以获得新时代学生读者的共鸣，使他们能够轻松快乐地接受知识。

（3）科学内容新。本书囊括当下计算机视觉国际前沿研究方向与技术，经过系统性学习该书，读者能够抓牢当前计算机视觉的领域前沿，有助于利用先进计算机及其机器视觉技术去对现代矿山的各项实际生产进行合理有效的管理，有助于将机器视觉技术有效合理地综合运用推广到矿山实际生产作业过程中，有利于推进现代化智能矿山体系的完善。

（4）教学模式新。书中结合机器视觉相关技术理论、实验平台搭建、代码实操以及实际矿山案例分析等多个方面，便于更为清楚直观及全面细致地认识掌握方法以及更为清晰深刻具体地理解知识，便于读者准确了解掌握机器视觉在矿山实际生产作业中的应用，让学生出于课堂但不止于课堂，利用学到的前沿知识参加社会实践与学科双创竞赛，全方位拓展自身能力。

最后，感谢王运敏院士在本书策划及整体框架上的意见与指导，感谢卢才武教授、顾清华教授、何润丰博士及矿山系统工程研究所师生在本书主题思路、结构及图文内容方面的工作，也感谢全体编写人员对资料素材的整理、修改与校对，以及提出了许多宝贵的修改意见。本书正是在你们的努力下不断完善直至成稿。希望读者能够喜欢本书，也希望未来本书能够在读者的反馈下与时俱进，变得更好！祝大家"于道各努力，千里自同风"。

由于作者水平所限，书中不妥之处，敬请读者批评指正。

江　松

2023 年 4 月

于西安

目　　录

1 图像理论基础

本章彩图

本章重难点

随着深度学习技术的发展、计算能力的提升和视觉数据的增长，图像技术领域逐渐成为众多学者关注的焦点。本章的主要目的是在大家深入学习图像相关技术之前，简单介绍图像的发展、数字图像的概念及其产生和存储原理、图像采集设备的原理和应用实验平台。本章的重点是掌握 1.2 节图像原理的相关内容，其中包含数字图像的相关概念以及数字图像是如何产生并存储在计算机中的。本章的难点是理解 1.2.2 节中图像数字化的基本概念和 1.2.3 节中图像存储原理。

思维导图

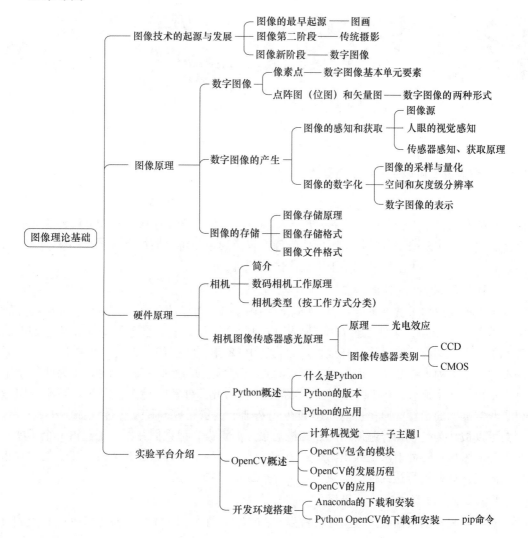

1.1　图像技术的起源与发展

1.1.1　图像的最早起源——图画

图像由何而来？图像指各种图形和影像的总称，它最早源自自然生动的图画。史前壁画是迄今为止人类发现最早的绘画作品，大约出现在旧石器晚期的洞窟里，这些绘画多以动物形象为主，尤以阿尔塔米拉岩洞和拉斯科岩洞的壁画价值最高。古人类绘制洞穴壁画主要用来记载自己狩猎的故事，因为狩猎对于当时的他们来说是最重要的一件事。进入人类社会，人类开始以图画作为手段，记录自己的思想、活动、成就，并作为语言与文字的媒介，方便进行沟通和交流。后来图画作为艺术的起源，衍生了绘画、雕塑等艺术领域。西方绘画更多以水彩、油画为主，东方绘画以水墨画为主，图画的发展形式如图 1-1 所示。图画所衍生的大量艺术成果为东西方的社会进步起到了推动作用。

　　史前壁画　　　　　　　象形文字图　　　　　　　西方油画　　　　　东方水墨画

图 1-1　图画的发展形式

1.1.2　图像第二阶段——传统摄影

随着人类社会的进步，近代科学的发展产生了摄影，同时照片应运而生。传统摄影指使用某种专门设备进行影像记录的过程，也就是通过物理所发射或反射的光线使感光介质曝光的过程。它是采用科学技术所创造的静态视觉形象，可以捕捉大自然运动状态下的瞬间景象，照片的产生过程最早基于小孔成像的原理。

1.1.2.1　摄影的初步探索

关于小孔成像的光学现象，中国春秋战国时期的哲学家墨子（公元前 480—前 389年）的著作《墨经》中就已经有关于小孔成像的文字记载。约在公元前 330 年，古希腊哲人亚里士多德也已经发现小孔成像的现象。1038 年，阿拉伯学者阿哈桑描述了一种后来被称为暗箱的工作器材。而在文艺复兴时期，艺术巨匠达·芬奇于 1490 年为我们留下有关暗箱的文字记载。16 世纪，人们已经在暗箱的开孔处装上镜头，由此在暗箱内壁获得了非常鲜明的影像。照相机的原理即在此基础上逐步完成，其发明过程如图 1-2 所示。暗箱可以被认为是现在普遍使用的照相机的最原始形态，但人们并不满足获得一个不能永久保存的影像，转而追求把经由暗箱这个成像装置获得的影像通过光学的、化学的方式来加以固定，如此则可达到描绘、模拟、保存形象的目的。

1.1.2.2　摄影方法的改进探索

对感光材料的不断改进是摄影方法发展的缩影，在如图 1-3 所示的技术改进和探索过

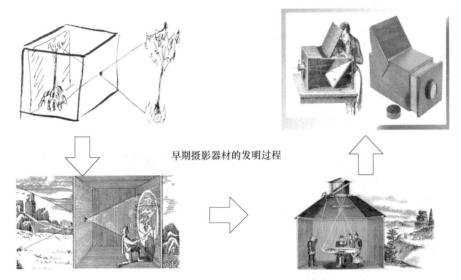

图 1-2 早期摄影器材的演变过程

程中解决了影像描绘、模拟、保存的问题。1825 年，法国人尼埃普斯运用"日光刻蚀法"拍摄了一张《牵马人》，这是世界上现存的第一张照片。1839 年，尼埃普斯的同乡达盖尔发明了"银版摄影法"并拍摄了一张名为《窗外的风景》的照片。1839 年 8 月 19 日，达盖尔在法国科学院对世界宣布摄影术由他发明。达盖尔由于对摄影术的这种开创性贡献，被誉为"摄影之父"。后来，尼埃普斯的侄子埃布尔·尼埃普斯开始运用蛋白玻璃干板工艺解决了达盖尔无法复制影像的缺陷。1851 年，英国雕塑家阿切尔发明了"火棉胶"湿板，产生了"湿版法"摄影。1871 年，英国人马多克斯研究出了卤化银明胶乳剂，发明了干版摄影法，从此运用此种方法实现了大规模生产，摆脱了传统工艺的种种不便。

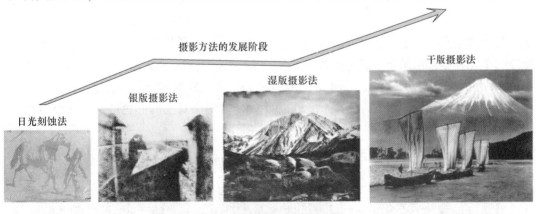

图 1-3 摄影方法的发展阶段

1.1.2.3 片基材料的更新换代

明胶干版广泛应用后，人们发现以玻璃为片基的明胶干版易碎、笨重，于是开始寻找一种既比玻璃板轻又易于弯曲的材料作为片基。1887 年，美国摄影爱好者汉尼巴尔古德温花了 10 年时间，成功地把感光乳胶涂抹在一种硝化纤维素塑料赛璐珞薄片上，从而使以往用玻璃作为片基的干板成为易于携带的软片形式。与此同时，在 1888 年，美国的伊斯曼干版公司对玻璃片基进行改进，以白纸条作为片基，生产出最早的软片胶卷，当时每个胶卷能拍大约 100 张直径 6cm 的圆形负片。但该方法存在工艺繁复、难以自己加工、印片时纸张颗粒易显现在照片上等缺陷。1889 年，伊斯曼干版公司更名为"柯达干版与胶片公司"，并改用赛璐珞作为片基，批量生产胶卷。以赛璐珞为片基仍有许多缺点，特别是硝化纤维极易燃烧，具有一定的危险性。1930 年，人们改用不易燃烧的醋酸纤维作为片基，如图 1-4 所示，沿用至今。

赛璐珞片基　　　　　　　　　　　　　醋酸纤维片基

图 1-4　片基材料的更替

1.1.2.4　黑白到彩色的重大跃进

彩色照片的出现经历了如图 1-5 所示的过程。早在 1860 年，英国麦斯威尔拍摄了第一张彩色照片。他分别用三原色红绿蓝拍摄三张黑白底片，通过相应颜色的滤镜再投射到幕布上，世界上第一张彩色照片就在幕布上诞生了。他这种重叠放映的方式，所呈现出的彩色影像称为色彩加色法，该方法成为摄影从黑白走向彩色的开端。1891 年法国物理学家李普曼用科学方法制作出彩色摄影感光版，这是首位发明彩色摄影方法的科学家，其在 1908 年获得诺贝尔物理学奖。1904 年"电影之父"法国鲁米埃兄弟，将染有三原色的土豆淀粉均匀涂在玻璃干版上，实现彩色止片感光，发明出真正的彩色底片。1935 年柯达公司发明了彩色胶片。

第一张彩色照片　　　　　　　　彩色胶片　　　　　　　　早期彩色照片

图 1-5　彩色照片的出现

1.1.3 图像新阶段——数字图像

1.1.3.1 数码照片的产生

1970 年,美国贝尔实验室发明了电荷耦合器件（CCD）,这是影像处理行业具有里程碑意义的一年。1975 年柯达的工程师赛尚开发了世界上第一部数码相机,人们可以直接从电脑上看到电子照片了,胶片冲印的照片从此被数码照片所代替。数码与胶卷相比,价格更低、成本更低、设备轻巧、无污染、可永久保存、查找方便。1981 年,索尼公司经过多年对 CCD 的研究和不断的技术积累后,推出了全球第一台不用感光胶片的电子相机——静态视频"马维卡（MABIKA）"。该相机首次将光信号改为电子信号,数码照片的发展如图 1-6 所示。

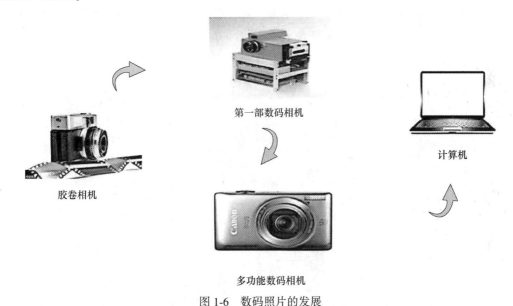

第一部数码相机

计算机

胶卷相机

多功能数码相机

图 1-6 数码照片的发展

1994 年,柯达公司推出了全球首部民用消费型数码相机 DC40。该款相机由于体积较小、操作较为方便、价格较为合理,因此被部分消费者所接受。此后数码相机获得飞速发展。1999 年,数码相机的图像分辨率再度有所突破,不但全面跨入百万像素,画质有了质的改进,而且相机功能也有所提高,机身更小型化,价格不断降低。

1.1.3.2 数字图像

A 数字图像处理的应用

数字图像处理的最早应用之一是在报纸业。早在 20 世纪 20 年代初,Bartlane 电缆图片传输系统（纽约和伦敦之间海底电缆,经过大西洋）传输一幅数字图像所需的时间由一周多减少到小于 3h。为了用电缆传输图像,首先要进行编码,然后在接收端用特殊的打印设备重构该图片。20 世纪 20 年代中期到末期,改进 Bartlane 系统后,图像质量得到了提高,打印过程中采用了新的光学还原技术,同时增加了图像的灰度等级。

当今时代背景下,科技日新月异,与此同时计算机图像处理也在不断改进、优化,并不断对各种先进的科学技术进行融合发展。深度学习背景下,计算机图像处理技术将会与现有技术不断结合，并应用于大数据情景下，实现自动化、拟人化，主要体现在智能识别映射处理、自动化网络制图、图像场景理解和专业软件开发等方面。计算机图像处理技术目前已经在工业工程、通信工程、医疗、遥感卫星、交通等领域得到了应用，并表现出了良好的优势，随着科技的进步，相信计算机图像处理技术势必会得到进一步发展与更广阔的应用，为推动社会发展做出更好的贡献。

B　模拟图像与数字图像

在图像处理中，像纸质照片、电视模拟图像等，这种通过某种物理量（如光、电等）的强弱变化来记录图像亮度信息的图像称为模拟图像。特点是物理量的变化是连续的；数字图像是用一个数字列阵来表达客观物体的图像，是一个离散采样点的集合，每个点具有其各自的属性。特点是它是把连续的模拟图像离散化成规则网格，并用计算机以数字的方式来记录图像上各网格点的亮度信息的图像。两者则是通过如图 1-7 所示的离散化过程进行转换（图像离散化的概念在之后图像的数字化部分会详细介绍）。

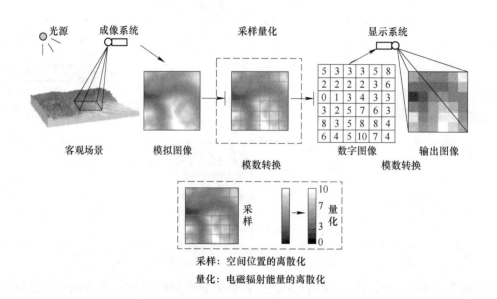

图 1-7　模拟图像与数字图像转换过程

C　图像处理、计算机视觉与人工智能

图像处理主要研究二维图像，处理一个图像或一组图像之间的相互转换过程，包括图像滤波、图像识别、图像分割等问题。计算机视觉主要研究映射到单幅或多幅图像上的三维场景，从图像中提取抽象的语义信息，实现图像理解是计算机视觉的终极目标。人工智能在计算机视觉上的目标就是解决像素值和语义之间的关系，主要的问题有图片检测、图片识别、图片分割、图片检索。

数字图像已经广泛出现在人们的生活中，该小节简单介绍了数字图像处理的应用、图像数字化的过程及数字图像处理与计算机视觉、人工智能的区别与联系，数字图像的具体相关理论会在后面章节介绍。

1.2　图　像　原　理

　　图像是人类视觉的基础，也是对现实世界景象的客观反映。人类通过图像来认识实践及人类本身。

　　发展到今天，图像有了更清晰的定义。"图"是物体通过光的透射或反射产生的分布，而"像"是人所接收到的图通过人类视觉系统在人脑中形成的印象或认识。图像的形式繁多，绘画、书法作品、手写汉字、照片、遥感影像、脑电图、X 光片、传真、影视画面等都是图像。而在实验过程中，计算机能够识别如图 1-8 所示的图像，称为计算机图像，又称数字图像。

图 1-8　数字图像

1.2.1　数字图像原理

　　数字图像，又称数位图像或数码图像，是二维图像以有限数字、数值的形式对像素的表示。数字图像是通过模拟图像数字化得到的图像，由像素作为基本元素构成，可以被计算机识别，进而可以用数字计算机或数字电路存储和处理。

　　因此在了解数字图像时，前提需要知道像素的概念。

1.2.1.1　像素点

　　像素（pixel）是组成数字图像的最小单元，也是最基本单元要素，即如图 1-9 中一个一个彩色的颜色方格，这些小方格都有各自明确的位置以及被分配的色彩数值，而图像的呈现则由小方格的颜色和位置决定。另外，像素仅是一个抽象的概念，并没有固定尺寸单位。而点（dot）指的是显示器屏幕的点或打印的点，通常来说一个点对应一个像素，当像素通过计算机输出投射在屏幕或纸面上以点的形式存在，它因而具备了尺寸的概念，即像素

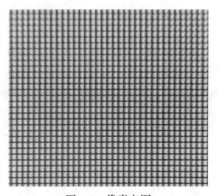

图 1-9　像素点图

点（pixels）。

1.2.1.2　点阵图（位图）和矢量图

数字图像主要分为两种：点阵图（位图）和矢量图。

点阵图像，也称为位图图像或绘制图像，是由像素的单个点组成的。这些点可以进行不同的排列和染色以构成图样。当放大位图时，可以看见构成整个图像的无数单个方块。扩大位图尺寸的效果是增多单个像素，从而使线条和形状显得参差不齐。然而，如果从稍远的位置观看它，位图图像的颜色和形状又显得是连续的。

矢量图像，也称为面向对象的图像或绘图图像，是根据几何特性来绘制的图形，用线段和曲线描述图像，可以是一个点或一条线，只能靠软件生成，在数学上定义为一系列由线连接的点。

两者的区别：矢量图形与分辨率无关，可以将它缩放到任意大小和以任意分辨率在输出设备上打印出来，都不会影响清晰度，而位图由一个个像素点产生，当放大图像时，像素点也放大了，但每个像素点表示的颜色是单一的，所以在位图放大后就会出现常见的马赛克状，如图 1-10 所示。另外从图 1-11 中可以看出：位图表现的色彩比较丰富，可以表现出色彩丰富的图像，可逼真表现自然界各类实物；而矢量图形色彩不丰富，无法表现逼真的实物，所以矢量图常常用来表示标识、图标、logo 等简单直接的图像。

图 1-10　放大后的点阵图（位图）和矢量图

图 1-11　点阵图（位图）和矢量图

Photoshop、光影魔术手等（如图 1-12 所示）软件是位图软件，以像素（图片元素）为基础处理位图的效果。而像 Adobe Illustrator、CorelDRAW、CAD 等（如图 1-13 所示）软件是以矢量图形为基础进行创作的。矢量文件中的图形元素称为对象。每个对象都是一个自成一体的实体，它具有颜色、形状、轮廓、大小和屏幕位置等属性。由于每个对象都是一个自成一体的实体，就可以在维持它原有清晰度和弯曲度的同时，多次移动和改变它的属性，而不会影响图例中的其他对象。这些特征使基于矢量的程序特别适用于图例和三维建模，因为它们通常要求能创建和操作单个对象。

图 1-12　点阵图（位图）软件　　　　图 1-13　矢量图软件

1.2.2　数字图像的产生

在这一节中，将通过简单了解图像的感知、获取原理以及图像的数字化来学习数字图像产生的过程。

1.2.2.1　图像的感知和获取

A　图像源

图像源以电磁波谱辐射为基础的图像是最常见的，特别是医学领域常用的 X 射线图像和日常生活中可见的光谱波段图像。

电磁波可定义为以各种波长传播的正弦波，或视为无质量的粒子流，每个粒子以波的形式传播并以光的速度运动。如果光谱波段根据波长进行分组，则可得到图 1-14 所示的波谱，范围从伽马射线到无线电波，加底纹的条带表明了这样一个事实，即电磁波谱的各个波段之间并没有明确的界线，而是由一个波段平滑地过渡到另一个波段。

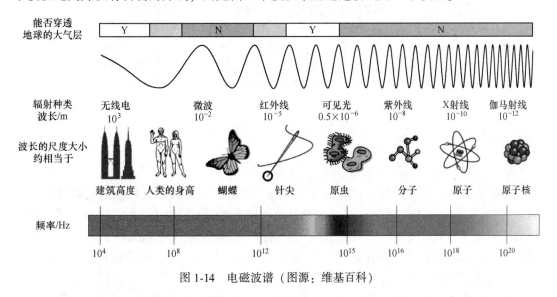

图 1-14　电磁波谱（图源：维基百科）

B　人眼的视觉感知

人眼视觉感知是产生图像最直接的方式，通过如图 1-15 所示的光学以及化学、神经处理等一系列过程产生感知，最后再由大脑解码呈现出图像信息。

但是由于人眼直接能接受到的可见光范围只在电磁波频谱的很短的一个区间。其他的频率范围，人眼是感知不到的（如果不借助其他手段）。由于人眼感知受限，就会出现一

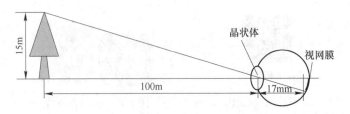

图1-15　人眼成像的光学过程

些视觉成像错误，下面给出了两个例子。图1-16（a）中，同心圆的轮廓都是静止的，然而视觉上产生了动态，觉得这些轮廓不再静止。图1-16（b）中，可以看出是一个吹萨克斯的人或者一张脸，这就是视觉上产生的歧义。其中错觉是人类视觉系统的一种特性，但这一特性尚未被人类完全了解。因此，人眼的视觉感知成像并不能作为研究图像的可靠依据。

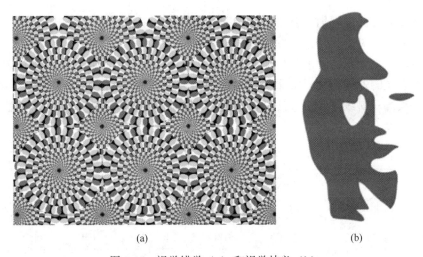

（a）　　　　　　　　　　　　　　　　　　（b）

图1-16　视觉错觉（a）和视觉歧义（b）

C　传感器感知、获取原理

多数图像都是由"照射"源和形成图像的"场景"元素对光能的反射或吸收而产生的。"照射"和"场景"描述了一个更熟悉的可见光源每天照射普通的三维场景更一般的情况。例如，照射可能由电磁能源引起，如雷达、红外线或 X 射线系统，也可以由非传统光源（如超声波）甚至由计算机产生的照射模式产生。同样，场景元素可能是熟悉的物体，但也可能是分子、沉积岩或人类的大脑。

依赖光源的特性，照射被物体反射或投射。第一类例子是从平坦表面反射。第二类例子是为了产生一幅 X 射线照片，让 X 射线透过病人的身体。在某些应用中，反射能或透射能可聚焦到一个光转换器上（如荧光屏），光转换器再把能量转换为可见光。

图1-17 显示了用于将照射能量变换为数字图像的三种主要的传感器配置。原理均是通过组合输入电能和对特殊类型检测能源敏感的传感器材料，把输入能源转变为电压。输出电压波形是传感器的响应，通过把传感器相应数字化，从每个传感器得到一个数字量。

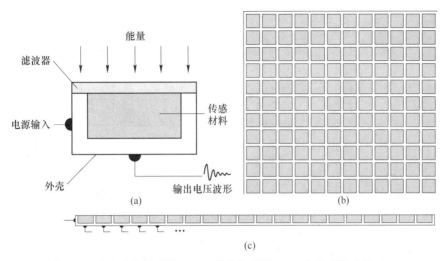

图 1-17 单个成像传感器（a）、条带传感器（b）和阵列传感器（c）

1.2.2.2 图像的数字化

由前一部分的讨论，了解了获取图像的方法，其目的都是从感知的数据生成数字图像。而多数传感器的输出是计算机无法识别的连续电压波形，这些波形的幅度和空间特性都与感知的物理现象有关。在现实生活中，采集到的图像都需要经过离散化变成数字图像后才能被计算机识别和处理。这就是所谓的图像数字化，即指将模拟图像经过图 1-18 所示的离散化之后，得到用数字表示的图像。

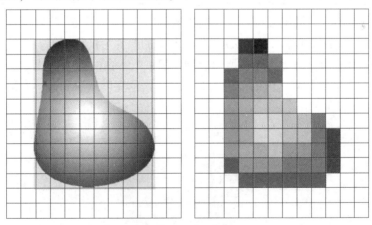

图 1-18 图像离散化（数字化）

为了产生一幅数字图像，需要把连续的感知数据转换为数字形式。这种转换包括两种处理：采样和量化。

A 图像的采样与量化

图像采样即是对图像空间坐标的离散化，它决定了图像的空间分辨率（其概念会在之后具体介绍）。如图 1-19 所示，把一幅连续的模拟图像在空间上分割成 $M \times N$ 个网格，然后把每一小格上模拟图像的各个亮度取平均值，作为该小方格中点的值，一个网格成为一个像素即为图像的采样。

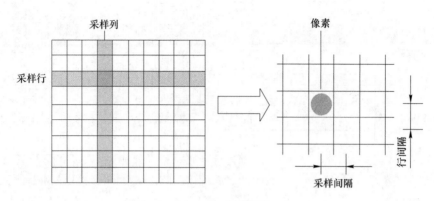

图 1-19　图像采样

　　模拟图像经过采样所得的像素值仍是连续量，把采样后所得的各像素的灰度值从模拟量到离散量的转换称为图像灰度的量化。

　　图像量化即对图像幅度坐标的离散化，它决定了图像的幅度（灰度级）分辨率（其概念会在之后具体介绍）。把采样点上对应的亮度连续变化区间转换为单个特定数码的过程即为图像的量化。量化后，图像就被表示成一个整数矩阵。每个像素具有两个属性：位置和灰度。位置由行、列表示。灰度是表示该像素位置上亮暗程度的整数。此数字矩阵 $M×N$ 就作为计算机处理的对象了。灰度级是用于量化灰度的比特数，通常用 2 的整数次幂来表示，一般为 $0\sim255$（8bit（比特）量化），即 2^8。

　　图 1-20（a）说明了量化过程。若连续灰度值用 z 来表示，对于满足 $z_{i+1}\leqslant z\leqslant z_{i-1}$ 的 z 值，都量化为整数 q；q 称为像素的灰度值，z 与 q 的差称为量化误差。一般，像素值量化后就用 8bit 来表示。如图 1-20（b）所示，把由黑—灰—白的连续变化的灰度值，量化为 $0\sim255$ 共 256 级灰度值，灰度值的范围为 $0\sim255$，表示亮度从深到浅，对应图像中的颜色为从黑到白。

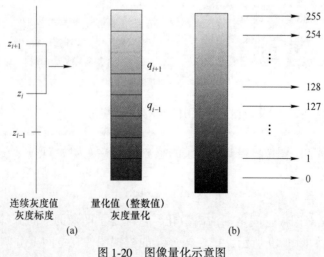

图 1-20　图像量化示意图
（a）量化；（b）量化为 8bit

另外，对实际的图像进行采样和量化处理，可以得到如图 1-21 和图 1-22 所示的结果。

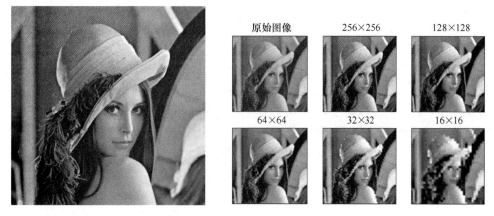

图 1-21 图像采样处理

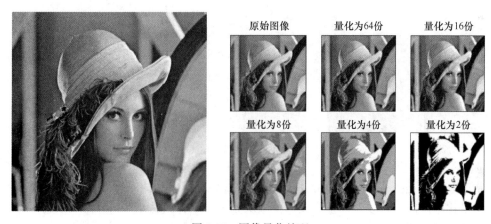

图 1-22 图像量化处理

从图 1-21 和图 1-22 中可以发现采样点个数和量化级数的关系为：

当量化级数一定时，对图像进行采样，采样间隔越大，采样点越少，图像像素数越少，分辨率越低，质量越差，图上的块状效应就逐渐明显，严重时出现马赛克效应；相反，采样间隔越小，采样点越多，图像像素数越多，分辨率越高，图像质量越好，但数据量越大。

同理，当图像的采样点个数一定时，对图像进行量化，量化级数越多，图像层次越丰富，灰度分辨率越高，图像质量越好，但数据量越大；相反，量化级数越少，图像层次欠丰富，灰度分辨率越低，图像质量越差，但数据量越小。量化级数最小的极端情况就是二值图像，图像出现假轮廓。

B 空间和灰度级分辨率

直观上看空间分辨率是图像中可辨别的最小细节的度量，也就是数字图像的采样分辨率。在数量上，空间分辨率可以用每单位距离对数和每单位距离点数（像素数）表示。每单位距离点数是印刷和出版业中最常用的图像分辨率的度量。在美国，这一度量通常使用每英寸点数（dpi）来表示。例如，报纸用 75dpi 的分辨率印刷，杂志是 133dpi，光鲜的小册子是 175dpi。

dpi 是打印机、鼠标等设备分辨率的度量单位。是衡量打印机打印精度的主要参数之一，一般来说，dpi 值越高，表明打印机的打印精度越高。在电脑存储中，图像是以像素单位存储的，dpi 没有实际意义，图像大小本身并不含有空间分辨率信息，只有通过比较空间单位来规定，空间分辨率才有意义；而打印中，如图 1-23 所示，图片是以长度单位（毫米或英寸）打印的，像素要转换成英寸，这时候 dpi 才有意义。而 dpi 越低，扫描的清晰度越低，由于受网络传输速度的影响，web 上使用的图片都是 72dpi，但是冲洗照片不能使用这个参数，必须是 300dpi 或者更高 350dpi。例如要冲洗 4in×6in[①]的照片，扫描精度必须是 300dpi，那么文件尺寸应该是（4×300）×（6×300）= 1200 像素×1800 像素。

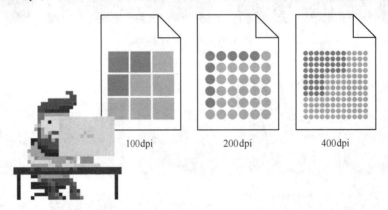

图 1-23　图片的 dpi

灰度分辨率是指在灰度级中可分辨的最小变化，也就是数字图像的量化分辨率，指的是用于量化灰度的比特数，通常用 2 的整数次幂来表示，最常用 8bit，比特数的减小倾向于对比度增加，即 2^8 灰度范围（0~255）。在某些特殊的图像增强应用中，用 16bit 也是必要的。灰度量化用 32bit 还是很罕见的。有时会发现使用 10bit 或 12bit 来数字化图像灰度级的系统，但这些系统都是特例而不是常规系统。不像空间分辨率必须以每单位距离基础才有意义，灰度分辨率指的是用于量化灰度的比特数。

例如，通常说一幅被量化为 256 级的图像有 8bit 的灰度分辨率。因为灰度中可分辨的真实变化不仅受噪声和饱和度值的影响，也受人类感知能力的影响（见 1.2.2.1 节），由于人的感知能力是有限的，并不是灰阶越高越好，有时候人眼可能分不出来的情况下，图像存储的大小也一下上去了。因此对于一个细部很多的图像，只需较少的比特数就能把图像表达好。

从图 1-24 中可以发现改变数字图像中灰度级的典型效果，假设灰度级为 256，比特数为 8 的图像，在保证像素不变的情况下，降低比特数。灰度级为 256、64 在视觉上相差不大，但 8 级灰度图中，在恒定或接近恒定灰度区域处内有一组不易察觉的细小山脊状结构，这种效果是由数字图像的平滑区域中的灰度级数不足引起的，称为伪轮廓。通常在 16 或更少级数的均匀设置的灰度级显示中十分明显。

①1in = 2.54cm。

原始图像 灰度级为64 灰度级为16

灰度级为8 灰度级为4 灰度级为2

图 1-24 改变灰度级后的数字图像

C 数字图像的表示

可以将一幅图像表示为一个二维函数 $f(x, y)$，其中 x 和 y 是空间坐标，而在 x-y 平面中的任意一对空间坐标 (x, y) 上的幅值 f 称为点图像的灰度、亮度或强度。一个大小为 $M×N$ 的图像是由 M 行 N 列的有限元素组成的，每个元素都有特定的位置和幅值，这些元素即为像素。

在计算机中，当一幅图像被放大后就可以明显看出图像是由很多方格形状的像素构成，如图 1-25 所示。

图 1-25 放大后的数字图像

为了表示像素之间的相对和绝对位置，通常还需要对像素的位置进行坐标约定。约定方法有两种。

一种是将图像的原点定义为 $(x, y) = (0, 0)$。图像中沿着第 1 行的下一坐标点 $(x, y) = (0, 1)$。符号 $(0, 1)$ 用来表示沿着第 1 行的第 2 个取样。图 1-26 显示这一坐标约定。注意 x 是从 0 到 $M-1$ 的整数，y 是从 0 到 $N-1$ 的整数。

另外一种是坐标原点为 $(x, y) = (1, 1)$，如图 1-27 所示。

根据坐标系统可以得到数字图像的下列矩阵表示：

$$f(x, y) = \begin{bmatrix} f(0, 0) & f(0, 1) & \cdots & f(0, N-1) \\ f(1, 0) & f(1, 1) & \cdots & f(1, N-1) \\ \vdots & \vdots & \ddots & \vdots \\ f(M-1, 0) & f(M-1, 1) & \cdots & f(M-1, N-1) \end{bmatrix} \quad (1-1)$$

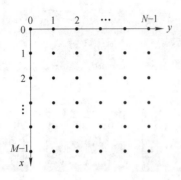

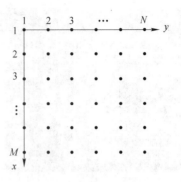

图 1-26   （0，0）点坐标约定法   图 1-27   （1，1）点坐标约定法

$$
f = \begin{bmatrix}
f(1,1) & f(1,2) & \cdots & f(1,N) \\
f(2,1) & f(2,2) & \cdots & f(2,N) \\
\vdots & \vdots & \ddots & \vdots \\
f(M,1) & f(M,2) & \cdots & f(M,N)
\end{bmatrix}
\tag{1-2}
$$

等式右边是定义的一幅数字图像。阵列中每个元素都被称为图像元素、图画元素或像素。

1.2.3   图像的存储

在对图像的相关理论有一定了解后，这一节将讨论在实际中图像如何存储在计算机上。

1.2.3.1   图像存储原理

如前面数字图像的表示所述，图像其实就是以由像素值组成的矩阵的形式存储在计算机中。这里以灰度图像为例，将讨论图像如何存储在计算机中。图 1-28 是数字 8 的灰度图像。

如图 1-29 所示，将图像进一步放大并仔细观察，可以发现图像块状效应明显，并且在该图像上看到一些小方框。

图 1-28   数字 8 的灰度图像

这些小方框叫做 pixels，即 1.2.1 节中所说的像素。图像就是通过像素拼接而成的，常说的分辨率指的就是图像像素的数量，通常图像维度即分辨率是 x×y，这意味着图像的尺寸就是图像的高度（x）和宽度（y）上的像素数。在这种情况下，高度为 24 像素，宽度为 16 像素。因此，此图像的尺寸将为 24 像素×16 像素。尽管人眼所看到的是这种格式的图像，但计算机是以数字的形式存储图像。

如图 1-30 所示，这些每一个像素中都表示为灰度数值，而这些数字称为像素值，以表示像素的强度。对于这里的灰度图像，像素值范围是 ［0，255］。接近零的较小数字表示较深的阴影，而接近 255 的较大数字表示较浅或白色的阴影。

因此，计算机中的每个图像都是以图 1-31 这种数字矩阵的形式保存，该矩阵也称为 channel。

图 1-29　放大后的数字 8 灰度图像

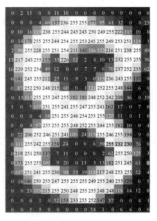

图 1-30　图像中的像素值分布

这里的数字矩阵也称为通道，对于灰度图像，只有一个通道。那么对于多通道的彩色图像来说，如何存储在计算机上呢？

以 RGB（R：红色；G：绿色；B：蓝色）三通道的图像为例，图 1-32 是一幅 RGB图像。

```
  0   2  15   0   0  11  10   0   0   0   0   0   9   9   0   0   0
  4  60 157 236 255 255 177  95  61  32   0   0  29
  0  10  16 119 238 255 244 245 243 250 249 255 222 103  10   0
  0  14 170 255 255 244 254 255 253 245 255 249 253 251 124   1
  2  98 255 228 255 251 254 211 141 116 122 221 233 255  49
 13 217 243 255 155  33 226  52   2   0  10  13 232 255 255  36
 16 229 252 254  49  12   0   0   7   7   0  70 237 252 235  62
  6 141 245 255 212  25  11   9   3   0 115 234 243 255 137   0
  0  87 252 250 248 215  60   0   1 121 252 255 248 144   6   0
  0  13 113 255 255 245 255 182 181 248 252 242 208  36   0  19
  1   0   5 117 251 255 241 255 247 255 241 162  17   0   7   0
  0   0   4  58 251 255 246 254 253 255 120  11   0   1   0
  0   0   4  97 255 255 248 252 255 244 255 182  10   0   4
  0 206 252 246 251 241 100  24 113 245 246 255 194   9   0
  0 111 255 242 255 158  24   0   0   6  39 255 232 230  56   0
  0 218 251 250 137   7  11   0   0   2  62 255 250 125   3
  0 173 255 255 101   9  20   0  13   3 13 182 231 255  61   0
  0 107 251 241 255 230  98  55  19 118 217 248 253 255  52   4
  0  18 146 250 255 247 255 255 249 255 240 255 129   0   5
  0  23 113 215 255 250 248 255 255 248 248 118  14  12   0
  0   0   6   1   0  52 153 233 255 252 147  37   0   0   4   1
  0   0   5   5   0   0   0   0  14   1   0   6   6   0   0
```

图 1-31　像素矩阵

图 1-32　RGB 图像

该图像由许多颜色组成，几乎所有颜色都可以从三种原色 RGB（分别对应红色，绿色和蓝色）生成。可以说每个 RGB 图像都是如图 1-33 所示，由这三种颜色或 3 个通道（红色、绿色和蓝色）生成。

RGB image　　　　red　　　　green　　　　blue

图 1-33　RGB 三通道

这意味着在 RGB 图像中，矩阵或通道的数量会更多。而在此例子中，由三个矩阵生成，如图 1-34 所示，分别对应红色、绿色、蓝色的矩阵，成为红色、绿色、蓝色通道。

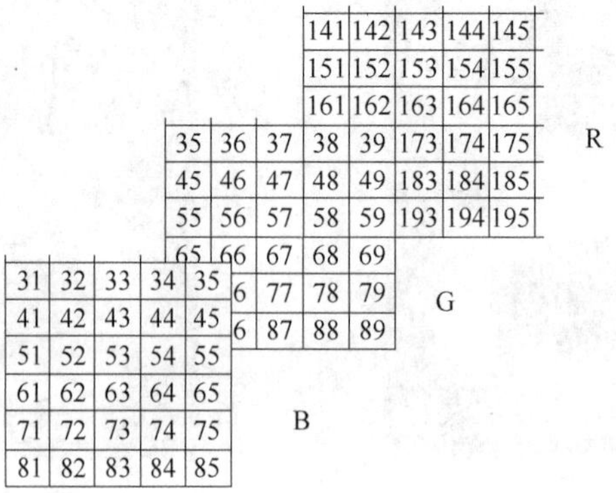

图 1-34　RGB 三通道矩阵（channel）

这些矩阵中的像素都具有从 0 到 255 的值，其中每个数字代表像素的强度，或者可以说是红色、绿色和蓝色的阴影程度。最后，所有这些通道或所有这些矩阵都将叠加在一起，矩阵中的 RGB 像素值以二进制方式存在硬盘中。这样，当图像的形状加载到计算机中时，它会是

$$N \times M \times 3$$

式中，N 为整个高度上的像素数；M 为整个宽度上的像素数；3 为通道数。

1.2.3.2　图像存储格式

常见的图像存储格式有以下四种。

（1）RGB 图。平常生活中拍摄的图片一般都是 RGB 格式的图片，而在后面实验平台中介绍的 OpenCV 中常用的图片格式为 BGR（蓝绿红），本质上两者没有任何区别，只是使用习惯的差异。

调节三种颜色的值，可以构成不同颜色的像素点，而在处理图片的时候，一般不直接采用 BGR 图片进行操作，而是需要进行图片颜色格式的转换。

称 B、G、R 为图片上每个像素点构成的通道，所以 BGR 图是一个三通道（蓝、绿、红）的图片。在 OpenCV 中，每个通道的取值范围为 0~255，可以通过 Python 中元组的形式进行图片的合成，如（255，255，255）为白色，（0，0，0）为黑色。

（2）灰度图。相比于 RGB 图，灰度图的每个像素不再由 R、G、B 这三个通道构成，它只由一个通道来控制，即灰度值，所以灰度图是由灰度值来控制的单通道图。灰度值的取值范围为 0~255；取 0 表示黑色，255 表示白色。

（3）HSV 图。HSV 图也是由三个通道所构成的彩色图，但是它与 RGB 有着不同之处。它的三个通道分别表示为：

H，色彩或色度，它的取值范围是 0~179；

S，饱和度，它的取值范围是 0~255；

V，亮度，它的取值范围是 0~255。

换句话说，HSV 图可以理解为 RGB 图的另一种表达形式，这种表达方式有助于对指

定颜色的物体进行追踪和提取。

（4）二值图。可以理解为一种特殊的灰度图，它不具有通道，其中每个像素点的取值只有 0 或 255，换句话说，非黑即白。

二值图的意义在于它可以帮助用户去除图片噪点，使得图片内只存在想要的那个物体的二值化表示部分。

另外，图像存储在计算机中包含多种常见属性的格式，如表 1-1 所示。

表 1-1 常见属性格式及其说明

表格属性	说 明
分辨率	即图像的分辨率，表示整个图像上的像素数，以该图像的"宽×高"的像素值加以表示，例如：360 像素×720 像素
宽度、高度	指图像在整个宽度、高度上的像素数
水平、垂直分辨率	指水平（垂直）方向能分辨的最小距离，即 dpi，通常是指"每英寸所含点或像素"，像素尺寸（点）= 图像的大小（in）×分辨率（dpi），比如：A4 大小的图片尺寸是 210mm×297mm，转换为 in（除以 25.4）为 8.2677in×11.6929in，这是图片的实际尺寸。即水平分辨率 500dpi 是：8.2677in×500dpi=4134 像素。垂直方向：11.6929in×500dpi=5846 像素。在电脑存储中，图像是以像素单位存储的，dpi 没有实际意义而打印中，是以长度单位（毫米或英寸）打印的，像素要转换成英寸，这时候 dpi 才有意义
位深度	指图像中像素的各通道占用位数，即位深度的描述对象是通道不是像素，主要用于存储属性，即存储图片一个像素需要消耗多少个 bit 位
色深	色位深度（color depth），也称图像深度，指每一个像素点用多少 bit 存储颜色，属于图片自身的一种属性，简单来说就是图像在某一分辨率下，每一个像素点可以有多少种色彩来描述，单位为"bit"（位）。典型的色深是 8bit、16bit、24bit 和 32bit。深度数值越高，可以获得更多的色彩
像素深度	指存储每个像素所用的位数，这些位数不只包含表示颜色的位数，还可能包含表示图像属性的位数，因此像素深度大于等于于图像深度。例如：RGB24，每个像素用 24 位表示，占 3 个字节，RGB 各通道分量都使用 8 位，则图像深度和像素深度都为 24 位、位深 8 位

1.2.3.3 图像文件格式

图像根据位图和矢量图（1.2.1 节中详细介绍过相关概念）两种不同的数字图像有如图 1-35 所示的几种常见存储文件格式。

位图是像素点组成的图像，也是最常见的图像，放大后会失真，二次编辑会产生永久破坏性；格式有 JPG、PNG、GIF、TIFF、BMP 等。

矢量图是使用直线和曲线来描述的，根据数学公式和几何特性生成的图形，只能靠软件生成，特点是放大后图像不会失真，可二次编辑，适用于动画设计、文字设计和一些标志设计、版式设计等；格式有 SVG、AI、CDR 等。

其中几种常见的文件格式介绍如表 1-2 所示。

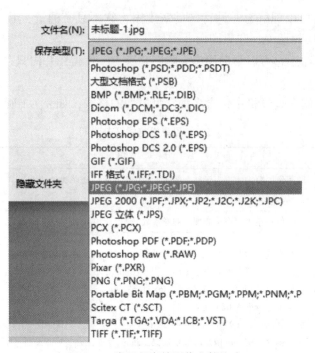

图 1-35　常见的存储图像文件格式

表 1-2　常见文件格式及其说明

图像文件格式	说　　明
JPEG	也叫作 JPG 或 JPE 格式，是最常用的一种文件格式，Photoshop "存储为" 命令中默认的图片格式就是 JPG，大部分手机相机拍照的照片也是 JPG 格式。JPEG 格式的压缩技术十分先进，能够将图像压缩在很小的储存空间，压缩比可达 10：1 到 40：1 之间。不过这种压缩是有损耗的，过度压缩会降低图片的质量。JPEG 格式压缩的主要是高频信息，对色彩的信息保留较好，因此特别适合应用于互联网，可减少图像的传输和加载时间
PNG	也是常见的一种图片格式，它最重要的特点是支持 alpha 通道透明度，也就是说，PNG 图片支持透明背景。比如在使用 Photoshop 制作透明背景的 logo 时，如果使用 JPG 格式，则图片背景会默认地存为白色，使用 PNG 格式则可以存为透明背景图片。PNG 格式图片也支持有损耗压缩，虽然 PNG 提供的压缩量比 JPG 少，但 PNG 图片却比 JPEG 图片有更小的文档尺寸，因此现在越来越多的网络图像开始采用 PNG 格式
GIF	也是一种压缩的图片格式，分为动态 GIF 和静态 GIF 两种。GIF 格式的最大特点是支持动态图片，并且支持透明背景。网络上绝大部分动图、表情包都是 GIF 格式的，相比于动画，GIF 动态图片占用的存储空间小，加载速度快，因此非常流行
TIFF	也叫作 TIF 格式，可以支持不同颜色模式、路径、透明度以及通道，是打印文档中最常用的格式。Photoshop 支持在 TIFF 文件中保存图层以及其他信息，在很多方面类似于 PSD 格式文件
BMP	是 Windows 操作系统中的标准图像文件格式，能够被多种 Windows 应用程序所支持。BMP 格式包含的图像信息较丰富，几乎不进行压缩，但由此导致了它占用的存储空间很大，所以，目前 BMP 在单机上比较流行

续表 1-2

图像文件格式	说　明
SVG	全称 scalable vector graphics，是无损的矢量图。SVG 跟上面这些图片格式最大的不同，是 SVG 是矢量图。当放大一个 SVG 图片的时候，看到的还是线和曲线，而不会出现像素点。这意味着 SVG 图片在放大时，不会失真，所以它非常适合用来绘制企业 logo、lcon 等。 　　SVG 是很多种矢量图中的一种，它的特点是使用 XML 来描述图片。借助于前几年 XML 技术的流行，SVG 也流行了很多。使用 XML 的优点是，任何时候都可以把它当作一个文本文件来对待，也就是说可以非常方便地修改 SVG 图片，只需要一个文本编辑器就可以随意修改
AI	一种矢量图形文件，适用于 Adobe 公司的 ILLUSTRATOR 输出格式。AI 也是一种分层文件，每个对象都是独立的，他们具有各自的属性。以这种格式保存的文件便于修改，这种格式文件可以在任何尺寸大小下按最高分辨率输出
CDR	是著名绘图软件 CorelDraw 的专用图形文件格式。CDR 图是矢量图，在缩放过程中不易失真

1.3　硬　件　原　理

　　相机（camera）是采集图像数据最常用的设备，了解其相关原理是应用图像技术的关键前提。因此，本节主要简单介绍相机及其器件原理。

1.3.1　相机

1.3.1.1　简介

　　常见的相机有胶片相机和数码相机。胶片相机，指的就是传统照相机，指通过镜头成像并利用底片以化学方式获得影像的照相机，分为单眼相机和双眼相机，如图 1-36 所示。因使用银盐作为感光材料，也叫作银盐相机。

(a)　　　　　　　　　　(b)

图 1-36　胶片相机

(a) 单眼相机；(b) 双眼相机

　　而数码相机（又名数字式相机，digital camera，简称 DC）是现在生活中最常用到的相机，是一种利用电子传感器把光学影像转换成电子数据的照相机，如图 1-37 所示。数码相机是集光学、机械、电子一体化的产品。它集成了影像信息的转换、存储和传输等部件，具有数字化存取模式、与电脑交互处理和实时拍摄等特点。

图 1-37   数码相机

1.3.1.2   数码相机工作原理

数码相机在拍摄图像时主要依靠相机摄像头的内部结构，而摄像头由三部分组成，分别是镜头（lens）、图像传感器（sensor）、数字图像处理芯片（digital signal processing，DSP），如图 1-38 所示。其中，数码相机与胶片相机在胶卷上靠溴化银的化学变化来记录图像的原理不同，数码相机的传感器是一种光感应式的电荷耦合器件（charge coupled device，CCD）或互补金属氧化物半导体元件（complementary metal-oxide semiconductor，CMOS）。

(a)   (b)   (c)

图 1-38   数码相机摄像头组成（图源：《微型计算机》杂志）
（a）镜头；（b）图像传感器；（c）数字图像处理芯片

如图 1-39 所示的数码相机工作原理流程，当使用数码相机工作时，景物通过光线传播在镜头生成光学图像，投射到图像传感器上，然后通过传感器上的感光二极管转换为模拟信号即电信号（电压或是电流的形式），经过内部的模数（A/D）转换器（ADC）转变为数字图像信号，再送到数字信号处理器 DSP 中对数字图像信号参数进行优化处理，处理后的图像首先通过显示器实时显示，形成预览界面；当按下拍照键时，图像存储在存储器中。

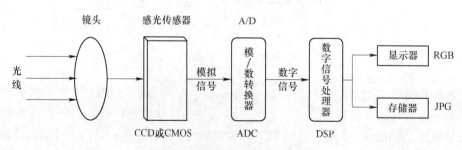

图 1-39   数码相机工作原理流程

1.3.1.3 相机类型

按工作方式分类，相机可分为单目相机（monocular）、双目相机（stereo）、深度相机（RGB-D），如图 1-40 所示。

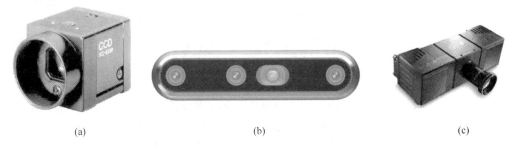

（a）   （b）   （c）

图 1-40　按工作方式分类的不同相机类型

（a）单目相机；（b）双目相机；（c）深度相机

（1）单目相机。单目相机是通过二维投影、尺寸的不变性来确定目标的深度，本质上是拍照时的场景，在相机的成像平面上留下一个投影，以二维的形式反映三维的世界。具有结构简单、性价比高的优势，方便进行标定以及识别，但是也有明显缺点，无法通过单张照片来确定物体的真实大小，但可以通过多帧的移动来确定深度信息。

（2）双目相机。双目相机则是由两个单目相机来组成，两个相机之间的距离（称为基线）是已知的，通过相机之间的距离即基线来获得像素的空间位置。其优点是基线距离越大，得到的测量距离越远，可以在室内外广泛应用；缺点便是配置和标定较为复杂，深度量程和精度受到基线和分辨率的限制，而且视觉计算非常消耗计算资源，需要使用 GPU 和 FPGA 设备加速后，才能实时输出整张图像的距离信息。因此在现有的条件下，计算量是双目相机的主要问题之一。

（3）深度相机。深度相机又称 RGB-D 相机，它最大的特点是可以通过红外结构光或 time-of-flight（ToF）的原理，像激光传感器那样，通过主动像物体发射光并接收返回的光，测出物体离相机的距离。目前常用的 RGB-D 相机还存在测量范围窄、噪声大、视野小、易受日光干扰、无法测量透射材质等诸多问题，主要用在室内，室外很难应用。所谓的深度相机主要用来三维成像和距离的测量。

1.3.2　相机图像传感器感光原理

图像传感器（如图 1-41 所示）是相机摄像头的核心，是一种半导体芯片，其表面包含有几十万到几百万的光电二极管。感光原理的基础是光电效应，光电二极管在接受到外界的光刺激之后，就会产生电荷即负责将通过镜头的光信号转换为电信号，再经过内部模数转换器（A/D）转换为数字信号。每一个光电二极管都是一个感光点，通常所说的 30 万像素或者 130 万像素，表示的就是有 30 万或 130 万个感光点。一个感光点对应一个像素点，每个像素点只能感受 R、G、B 中的一

图 1-41　相机图像传感器

种，因此每个像素点中存放的数据是单色光，这些最原始的感光数据称为 RAW 数据。

CCD 和 CMOS 传感器是目前最常见的感光传感器，广泛应用于数码相机、数码摄像机、照相手机和摄像头等产品上。两者在结构、性能和技术上均不尽相同。

（1）CCD（如图 1-42 所示）。使用一种高感光度的半导体材料制成，能把光线转变成电荷，通过模数转换器芯片转换成电信号。CCD 由许多独立的感光单位组成，通常以百万像素为单位。当 CCD 表面受到光照时，每个感光单位都会将电荷反映在组件上，所有的感光单位产生的信号加在一起，就构成了一幅完整的图像。CCD 传感器以日本厂商为主导，全球市场上有 90% 被日本厂商垄断，索尼、松下、夏普是龙头。

（2）CMOS（如图 1-43 所示）。主要是利用硅和锗做成的半导体，使其在 CMOS 上共存着带 N（-）和 P（+）级的半导体，这两个互补效应所产生的电流可以被处理芯片记录并解读成影像。CMOS 传感器主要以美国、韩国和中国台湾为主导，主要生产厂家是美国的 OmnVison、Agilent、Micron，中国台湾的锐像、原相、泰视等，韩国的三星、现代。

图 1-42　CCD 传感器

图 1-43　CMOS 传感器

1.4　实验平台介绍

1.4.1　Python 概述

1.4.1.1　什么是 Python

Python，本义是指"蟒蛇"。1989 年，荷兰人 Guidovan Rossum 发明了一种面向对象的解释型高级编程语言，并将其命名为 Python，标志如图 1-44 所示。Python 的设计哲学为优雅、明确、简单，实际上，Python 始终贯彻着这一理念，以至于现在网络上流传着"人生苦短，我用 Python"的说法，可

图 1-44　Python 的标志

见 Python 有着简单、开发速度快、节省时间和容易学习等特点。

Python 是一种扩充性强大的编程语言，它具有丰富而强大的库，能够把使用其他语言制作的各种模块（尤其是 C/C++）很轻松地联结在一起，所以 Python 常被称为"胶水"语言。

1991 年，Python 的第一个公开发行版问世。从 2004 年开始，Python 的使用率呈线性

增长，越来越受到编程者的欢迎和喜爱。最近几年，伴随着大数据和人工智能的大势所趋，Python 语言越来越火爆，也越来越受到开发者的青睐，图 1-45 是截止到 2022 年 12 月的最新一期 TIBOE 编程语言排行榜，Python 首居榜首。

2022年 12月	2021年 12月	变化	编程语言	使用率/%	变化量/%
1	1		Python	16.66	+3.76
2	2		C	16.56	+4.77
3	4	︿	C++	11.94	+4.21
4	3	﹀	Java	11.82	+1.70
5	5		C#	4.92	−1.48

图 1-45　2022 年 12 月 TIBOE 编程语言排行榜

1.4.1.2　Python 的版本

Python 自发布以来，主要有三个版本：1994 年发布的 Python 1.×版本（已过时），2000 年发布的 Python 2.×版本（到 2020 年 4 月已经更新到 2.7.18，现已停止更新）和 2008 年发布的 3.×版本（2022 年 10 月已经更新到 3.11.0）。

1.4.1.3　Python 的应用

Python 作为一种功能强大的编程语言，因其简单易学而受到很多开发者的青睐。Python 的应用领主要有：Web 开发、大数据处理、人工智能、自开发、云计算、爬虫开发、游戏开发。

例如，人们经常访问的集电影、读书、音乐于一体的创新型社区豆瓣网、国内著名网络问答社区知乎等都是使用 Python 开发的。

说明： Python 语言不仅可以应用到网络编程、游戏开发等领域，还在图形图像处理、智能机器人、爬取数据、自动化运维等多个方面崭露头角，为开发者提供简约、优雅的编程体验。

1.4.2　OpenCV 概述

OpenCV 是一个开源的计算机视觉库，可以在 Windows、Linux、MacOS 等操作系统上运行。它起源于英特尔性能实验室的实验研究，由俄罗斯的专家负责实现和优化，并以为计算机视觉提供通用性接口为目标。

1.4.2.1　计算机视觉

人类由于被赋予了视觉，因此很容易认为"计算机视觉是一种很容易实现的功能"。但是，这种想法是错误的。如图 1-46 所示，人类的视觉能够很轻易地从这幅图像中识别出枝叶。但是，计算机视觉不会像人类视觉那样能够对图像进行感知和识别，更不会自动控制焦距和光圈，而是把图像解析为按照栅格状排列的数字。以图 1-46 为例，计算机视觉会将其解析为如图 1-47 所示的按照栅格状排列的数字（图 1-47 只是表达图 1-46 的一部分），即为像素矩阵。

```
[[[38 68 43]
 [33 63 38]
 [34 64 39]
 ...
 [47 49 50]
 [50 52 53]
 [53 54 58]]

[[33 63 38]
 [34 64 39]
 [37 67 42]
 ...
 [38 40 41]
 [41 43 44]
 [44 46 47]]
```

图 1-46　一张显示枝叶的 RGB 图像　　　　　图 1-47　计算机视觉中的图 1-46

　　这些按照栅格状排列的数字包含大量的噪声，噪声在图像上常表现为引起较强视觉效果的孤立像素点或像素块，使得图像模糊不清。因此，噪声是计算机视觉面临的一个难题。要想让图片变得清晰，就需要对抗噪声。

　　计算机视觉使用统计的方法对抗噪声，例如，计算机视觉虽然很难通过某个像素或者这个像素的相邻像素判断这个像素是否在图像主体的边缘上，但是如果对图像某一区域内的像素做统计，那么上述判断就变得简单了，即在指定区域内，图像主体的边缘应该表现为一连串独立的像素，而且这一连串像素的方向应该是一致的。这个内容就是本书后面要为读者讲解的边缘检测。

　　为了有效地解决计算机视觉面临的种种难题，OpenCV 提供了许多个模块。这些模块中的方法具有很好的完备性，以应对计算机视觉面临的难题。

1.4.2.2　OpenCV 包含的模块

　　OpenCV 是由很多模块组成的，这些模块可以分为很多层，具体如图 1-48 所示。

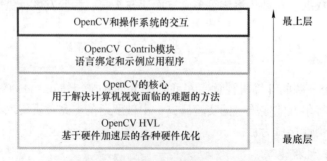

图 1-48　OpenCV 包含的模块的层级结构

　　那么，OpenCV 包含的模块都有哪些呢？表 1-3 列举了 OpenCV 常用的模块。

表 1-3　OpenCV 常用的模块及其说明

模　块	说　　　明
Core	包含 OpenCV 库的基础结构以及基本操作
Improc	包含基本的图像转换，包括滤波以及卷积操作
Highgui	包含可以用于显示图像或者进行简单输入的用户交互方法。可以看作是一个非常轻量级的 Windows UI 工具包
Video	包含读取和写视频流的方法
Calib3d	包括校准单个、双目以及多个相机的算法实现
Feature2d	包含用于检测、描述以及匹配特征点的算法
Objdectect	包含检测特定目标的算法
ML	包含大量的机器学习的算法
Flann	包含一些不直接使用的方法，但是这些方法供其他模块调用
GPU	包含在 CUDA GPU 上优化实现的方法
Photo	包含计算摄影学的一些方法
Stitching	是一个精巧的图像拼接流程的实现

说明： 表 1-3 中的模块会随着时间推移而不断地发展，有的可能被取消，有的可能被融合到其他模块中。

为了快速建立精巧的视觉应用，OpenCV 提供了许多模块和方法。开发人员不必过多关注这些模块和方法的具体实现细节，只需关注图像处理本身，就能够很方便地使用它们对图像进行相应的处理。

1.4.2.3　OpenCV 的发展历程

从 2009 年至 2022 年 6 月，OpenCV 的发展历程如表 1-4 所示。

表 1-4　自 2009 年至 2022 年 6 月 OpenCV 的发展历程

发　布　时　间	发　布　版　本
2009 年	OpenCV 2.0.0 版本
2015 年	OpenCV 3.0.0 版本
2018 年	OpenCV 4.0.0 版本
2022 年 6 月	OpenCV 4.6.0 版本

2022 年 6 月 7 日发布的 OpenCV 4.6.0 版本，整合了之前所有版本的 OpenCV 模块，并且实现了人脸识别功能，随着 OpenCV 被越来越多的用户认可并提供越来越多的技术支持，OpenCV 的研发团队也加大了研究人员和研究经费的投入，这使得 OpenCV 的下载量逐年增长。

1.4.2.4　OpenCV 的应用

因为 OpenCV 是一个开源的计算机视觉库，所以在列举 OpenCV 的应用之前，先对计算机视觉的应用进行举例。

计算机视觉不仅被广泛地应用在网页开发中，还被应用在一些高精尖领域，这些领域使用计算机视觉中的图像拼接技术获取街景图像（如图 1-49 所示）或者航空图像（如图

1-50 所示），这些领域包含无人机领域和航空航天领域等。

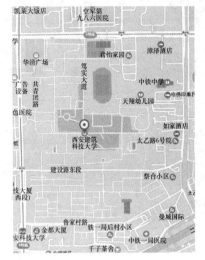

图 1-49   街景图像

图 1-50   航空图像

自 OpenCV 发布以后，OpenCV 被广泛地应用着，这些应用包括在安保以及工业检测系统中的应用，在网络产品以及科研工作中的应用，在医学、卫星和网络地图中的应用（例如，医学图像的降噪，街景图像或者航空图像的拼接及其扫描校准等），在汽车自动驾驶中的应用，在相机校正中的应用等。此外，OpenCV 还可以被应用在处理声音的频谱图像上，进而实现对声音的识别。

1. 4. 2. 5   Python 与 OpenCV

Python 相比较 Java、C 语言、C++语言等编程语言，其优势在于集成度高。虽然 Python 的执行效率低，但是可以调用大量免费使用的类库。Java、C 语言、C++语言如果要实现一个功能，那么需要先实现其中的基本功能模块。但是，Python 直接调用相应的类库就能将这个功能轻松实现。简单地说，Python 通过短短的几行代码就能够实现很强大的功能。

此外，Python 在 OpenCV、Wcb、爬虫、数据分析等方向都有很不错的发展前景。本书就是介绍 Python OpenCV 开发环境。Python 借助 OpenCV 库提供的方法能够使用短短的几行代码，轻轻松松地实现对图像的处理操作，这就是 Python OpenCV 的优势所在。

1. 4. 3   开发环境搭建

本节将向读者简单介绍如何安装开发环境。安装环境主要由 Anaconda 与 OpenCV 组成。

1. 4. 3. 1   Anaconda 的下载和安装

要想使用 OpenCV，首先需要安装 Python。

Python 可以在官方网站上下载，当需要某个软件包时可单独进行下载并安装。本书推荐读者使用 Anaconda，Anaconda 是一个开源的 Python 发行版本，其包含了 Conda、Python 等 180 多个科学包及其依赖项，支持 Linux、Mac、Windows 系统，能让你在数据科学的工作中轻松安装经常使用的程序包。因为包含了大量的科学包，Anaconda 的下载文件比较大。

在介绍 Anaconda 之前首先提一下 Conda。Conda 是一个工具，也是一个可执行命令，其核心功能是包的管理与环境管理，它支持多种语言，因此用其来管理 Python 包也是绰绰有余的，表 1-5 是其核心功能的介绍。

表 1-5　Conda 核心功能及其说明

功　能	说　明
包管理	不同的包在安装和使用的过程中都会遇到版本匹配和兼容性等问题，在实际工程中经常会使用大量的第三方安装包，若人工手动进行匹配是非常耗时耗力的事情，因此包管理是非常重要的内容
环境管理	用户可以使用 Conda 来创建虚拟环境，其可以很方便地解决多版本 Python 并存、切换等问题

这里注意区分一下 Conda 和 pip，pip 可以在任何环境中安装 Python 包，而 Conda 则仅可以在 Conda 环境中安装任何语言包。因为 Anaconda 中集合了 Conda，因此可以直接使用 Conda 进行包和环境的管理。

另外可以通过进入 Anaconda 的官网进入如图 1-51 所示界面下载安装包来进行安装。

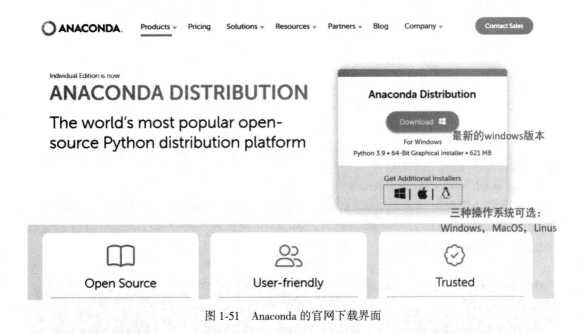

图 1-51　Anaconda 的官网下载界面

Anaconda 是跨平台的，有 Windows、MacOS、Linux 版本，下载时间较长，读者可耐心等待。如若时间太长，也可以选择网上搜索清华大学开源软件镜像站的方法进行下载。另外，通过安装包后安装 Anaconda 注意配置环境变量，读者可自行查找相关方法。

安装成功后，如图 1-52 所示，打开"开始"，就可以看到安装成功的 Anaconda 图标，其中 Jupyter Notebook 是 Anaconda 自带的常用编译程序，Jupyter Notebook 是以网页的形式打开，可以在网页页面中直接编写代码和运行代码，代码的运行结果也会直接在代码单元格下显示。

图 1-52　安装成功后的 Anaconda 图标

1.4.3.2　Python OpenCV 的下载和安装

为了更快速、更简单地下载和安装 Python OpenCV，本书提供下载 OpenCV 的一个简单方法：

通过 pip 命令可在如图 1-53 所示安装好的 Anaconda 命令窗口 Anaconda Prompt 中进行 OpenCV 库及其拓展包的下载安装。

图 1-53　Anaconda 的命令窗口 Anaconda Prompt

命令代码如下：

pip install opencv-python

pip install opencv-contrib-python

安装成功后在命令窗口输入"python"启动，并输入"import cv2"使用 OpenCV 库，再输入"cv2.＿＿version＿＿"便可以看到 OpenCV 的版本，如图 1-54 所示，这样就安装成功了，之后就可以开始 OpenCV 的学习了。

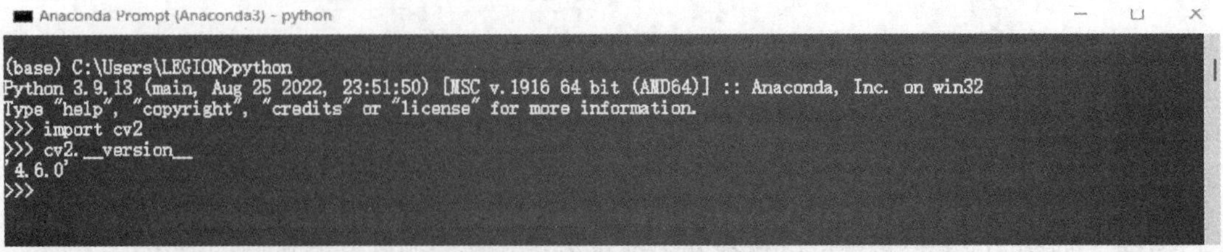

```
Anaconda Prompt (Anaconda3) - python                                    —    □    ✕

(base) C:\Users\LEGION>python
Python 3.9.13 (main, Aug 25 2022, 23:51:50) [MSC v.1916 64 bit (AMD64)] :: Anaconda, Inc. on win32
Type "help", "copyright", "credits" or "license" for more information.
>>> import cv2
>>> cv2.__version__
'4.6.0'
>>>
```

图 1-54　检验 OpenCV 的安装

说明：本节介绍的仅是一种开发环境的安装方法，读者也可根据自己的需要搜索方法并搭建自己所需的环境，另外如果在安装过程中出现报错，也可以根据报错提示的代码信息，在博客上搜索方法来"排雷"。

1.5 小 结

本章内容为后续图像相关技术的内容提供了主要的图像理论基础，目前绝大部分数字信息都是以图片或视频的形式存在，若能对这些信息充分有效地分析利用，则可以解决很多研究的相关问题，因此图像技术的应用前景还是非常广阔的。此外，由于本书篇幅有限，无法在介绍图像理论知识时做到面面俱到，希望读者自行查找相关资料。另外，还有一点值得注意的是，在入门图像技术之前，读者需有一定的编程语言基础。

思 考 题

1-1 什么是图像、模拟图像、数字图像，区别是什么？

1-2 连续图像和数字图像是怎样相互变换的？

1-3 数字图像的基本类型有哪些，分别有什么特点？

1-4 什么是图像的采样和量化，量化级别有什么意义？

1-5 图像的空间、灰度分辨率同时变化时会对图像质量产生什么影响？

1-6 JPEG 图像格式的特点是什么？

1-7 以数码相机为例，给出其基本工作原理流程。

参 考 文 献

[1] 齐童巍，龙迪勇. 从文学到图像：论中国现代文学中的媒介转换现象 [J]. 当代文坛，2021（6）：131-136.

[2] 王冲，董玉河. "摄影术"的诞生与发展及其在摄影史上的影响 [J]. 青岛农业大学学报（社会科学版），2017，29（4）：72-77.

[3] 包兆会. "图文"体中图像的叙述与功用——以传统文学和摄影文学中的图像为例 [J]. 文艺理论研究，2006（4）：74-82.

[4] Chris Dainty. Film photography is dead：long live film：what can digital photography learn from the film Era？[J]. IEEE Consumer Electronics Magazine，2012，1（1）：61-64.

[5] Yang Zhen, Ni Changshuang, Li Lin, et al. Three-stage pavement crack localization and segmentation algorithm based on digital image processing and deep learning techniques [J]. Sensors，2022，22（21）：8459.

[6] Sreedhara Sachin, Sorensen Taylor J, Poursaee Amir, et al. Practical application of digital image processing in measuring concrete crack widths in field studies [J]. Practice Periodical on Structural Design and Construction，2023，28（1）：7860.

[7] 刘杰，唐洪宇，杨渝南，等. 基于图像数字技术的砂岩裂隙可视化渗流特性试验研究 [J]. 岩土工程学报，2020，42（11）：2024-2033.

[8] 许颖. 船舶尾流图像的数字化处理和特征描述技术 [J]. 舰船科学技术，2022，44（20）：157-160.

[9] 张一帆. 数字图像处理技术及其应用 [J]. 无线互联科技，2022，19（10）：108-109.

[10] 赵杰，孙伟，徐中达，等. 基于形态学预处理的数字图像相关方法研究 [J]. 实验力学，2022，37（5）：629-637.

[11] 段梦月，赵宏亮. 微型 CMOS 图像采集存储系统设计 [J]. 仪表技术与传感器，2021（9）：78-

81，86.

［12］Yusuke M，Sunao K，Masayuki T，et al. A practical one-shot multispectral imaging system using a single image sensor.［J］. IEEE transactions on image processing：a publication of the IEEE Signal Processing Society，2015，24（10）：3048-3059.

［13］张玉荣，王强强，吴琼，等. 基于 Python-OpenCV 图像处理技术的小麦不完善粒识别研究［J］. 河南工业大学学报（自然科学版），2021，42（6）：105-112.

［14］陈振宁. 数字散斑场优化及其应用研究［D］. 南京：东南大学，2018.

［15］胡冰涛. 彩色图像的 JPEG 重压缩检测研究［D］. 南京：南京信息工程大学，2022.

［16］冈萨雷斯，伍兹. 数字图像处理［M］.3 版. 阮秋琦，等译. 北京：电子工业出版社，2011.

［17］魏溪含，涂铭，张修鹏. 深度学习与图像识别：原理与实践［M］. 北京：机械工业出版社，2019.

［18］明日科技，赵宁，赛奎春，等.Python OpenCV 从入门到实践［M］. 长春：吉林大学出版社，2021.

［19］高翔，张涛. 视觉 SLAM 十四讲：从理论到实践［M］. 北京：电子工业出版社，2019.

［20］图形的起源与发展 https：//zhidao. baidu. com/question/2122529160741736467. html.

［21］摄影术发展历程 https：//baijiahao. baidu. com/s？id=1735766545920977853&wfr=spider&for=pc.

［22］模拟图像与数字图像区分 https：//zhuanlan. zhihu. com/p/252635549.

［23］数字图像处理基本知识 https：//blog. csdn. net/Strive_0902/article/details/78026816.

［24］图像基本原理 https：//blog. csdn. net/A_Small_Man/article/details/125949920.

［25］图像原理 https：//blog. csdn. net/mrliuzhe/article/details/46503337.

［26］数字图像基础知识详解 https：//blog. csdn. net/skyereeee/article/details/7272987.

［27］位图和矢量图 https：//blog. csdn. net/weixin_34010461/article/details/119095836.

［28］点阵图（位图）和矢量图的区别 https：//blog. csdn. net/iteye_9303/article/details/81933309.

［29］位图（标量图）和矢量图 https：//blog. csdn. net/wxl1555/article/details/80651016.

［30］人眼的视觉特性 https：//blog. csdn. net/weixin_43392489/article/details/101481192.

［31］数字图像的基本概念 https：//blog. csdn. net/plm199513100/article/details/105057194.

［32］数字图像处理：图像采样与量化 https：//blog. csdn. net/weixin_45476502/article/details/108753733.

［33］图像处理-采样与量化 https：//blog. csdn. net/qq_39297053/article/details/113706386.

［34］dpi 的概念 https：//blog. csdn. net/u010087338/article/details/126501766.

［35］什么是数字图像 https：//blog. csdn. net/webzhuce/article/details/80473905.

［36］数字图像的表示与类型（学习篇）https：//blog. csdn. net/u010608296/article/details/84255859.

［37］图像如何存储在计算机中 https：//blog. csdn. net/woshicver/article/details/116112821.

［38］OpenCV 中常见的图像存储格式 https：//blog. csdn. net/qq_51701007/article/details/122381376.

［39］图像的大小计算 位深和色深 https：//blog. csdn. net/limingmin2020/article/details/116160196.

［40］图像表示的相关概念：图像深度、像素深度、位深的区别和关系 https：//blog. csdn. net/LaoYuanPython/article/details/109569968.

［41］常用图片格式介绍 https：//blog. csdn. net/qq_37996632/article/details/121007521.

［42］数码相机计算机应用属于，数码相机是什么 https：//blog. csdn. net/weixin_33554506/article/details/118124501.

［43］相机基础知识讲解：CMOS 和 CCD https：//blog. csdn. net/Coppa/article/details/107274059.

［44］传感器分类、单目相机、双目相机、深度相机 https：//blog. csdn. net/Robot_Starscream/article/details/83338660.

［45］camera 理论基础和工作原理 https：//blog. csdn. net/ysum6846/article/details/54380169.

2 传统图像工程

本章重难点

本章主要从图像的特征与噪声、图像增强、特征提取以及机器学习与图像工程四个方面介绍传统图像工程，其中有最著名的支持向量机（SVM）。本章的重点是学习图像增强以及特征提取的具体方法以及特点，而本章的难点是掌握图像增强处理的相关内容。

思维导图

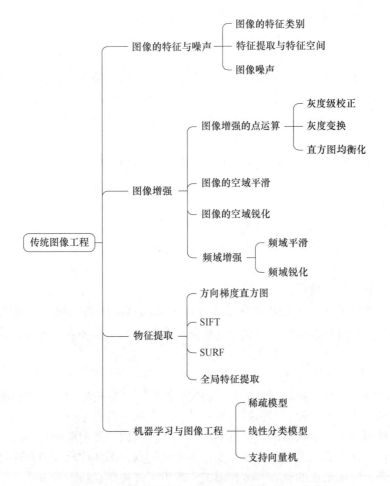

2.1 图像的特征与噪声

2.1.1 图像的特征类别

图像特征是图像分析的重要依据，它可以是视觉能分辨的自然特征，也可以是人为定义的某些特性或参数,即人工特征。数字图像的像素亮度、边缘轮廓等属自然特征;图像经过变换得到的频谱和灰度直方图等属人工特征。

2.1.1.1　自然特征

图像是空间景物反射或者辐射的光谱能量的记录,因而具有光谱特征、几何特征和时相特征。

A　光谱特征

同一景物对不同波长的电磁波具有不同的反射率,不同景物对同一波长也可能具有不同的反射率,因而不同类型的景物在各个波段的数字成像,就构成了数字图像的光谱特征。

多波段图像的光谱特征是识别目标的重要依据。

B　几何特征

几何特征主要表现为图像的空间分辨率、图像纹理结构及图像变形等几个方面。

空间分辨率反映了所采用设备的性能。比如,SPOT卫星全色图像地面分辨率设计为10m。

纹理结构是指影像细部的形状、大小、位置、方向以及分布特征,是图像目视判读的主要依据。

图像变形导致获取图像中目标的几何形状与目标平面投影不相似。

C　时相特征

时相特征主要反映在不同时间获取同一目标的各图像之间存在的差异,是对目标进行监测、跟踪的主要依据。

2.1.1.2　人工特征

图像的人工特征很多,主要包括:

(1) 直方图特征。直方图是一种对数据分布情况的图形表示,是一种二维统计图表,它的两个坐标分别是统计样本(图像、视频帧)和样本的某种属性(亮度、像素值、梯度、方向、色彩等任何特征)。

(2) 灰度边缘特征。图像灰度在某个方向上的局部范围内表现出不连续性,这种灰度明显变化点的集合称为边缘。灰度边缘特征反映了图像中目标或对象所占的面积大小和形状。

2.1.1.3　角点与线特征

角点是图像的一种重要局部特征,它决定了图像中目标的形状,所以在图像匹配、目标描述与识别以及运动估计、目标跟踪等领域,角点提取具有十分重要的意义。在计算机视觉和图像处理中,对于角点的定义有不同的表述,图像边界上曲率足够高的点,图像边界上曲率变化明显的点,图像边界方向变化不连续的点,图像中梯度值和梯度变化率都很高的点,等等。因而角点的存在有多种形式,产生了多种角点检测的方法。

线是面与面的分界线、体与体的分割线,存在于两个面的交接处,立体形的转折处、两种色彩交接处等。

2.1.2　特征提取与特征空间

获取图像特征信息的操作称作特征提取。它是模式识别、图像分析与理解等的关键步骤之一。通过特征提取，可以获得特征构成的图像（称为特征图像）和特征参数。

把从图像提取的 m 个特征量 y_1，y_2，…，y_m，用 m 维的向量 $Y = [y_1, y_2, …, y_m]^T$ 表示称为特征向量。由各特征构成的 m 维空间叫作特征空间，那么特征向量 Y 在这个特征空间对应于一点。具有类似特征量的目标上各个点在特征空间上形成群（称为聚类），把特征空间按照聚类的分布，依靠某种标准进行分割，就可以判断各个像点属于哪一类。也可用鉴别函数对特征空间进行分割。图 2-1 为图像特征提取的流程示意图。

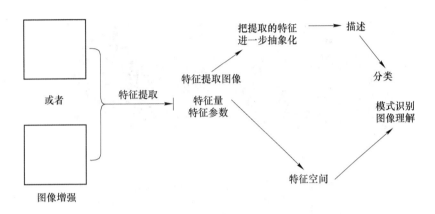

图 2-1　图像的特征提取

2.1.3　图像噪声

所谓噪声，就是妨碍人的视觉器官或系统传感器对所接收图像信息进行理解或分析的各种因素。一般噪声是不可预测的随机信号，它只能用概率统计的方法去认识。由于噪声影响图像的输入、采集、处理的各个环节以及输出结果的全过程，尤其是图像输入、采集中的噪声必然影响处理全过程乃至最终结果，因此抑制噪声已成为图像处理中极重要的问题。

图像常见噪声基本上有三种，分别是高斯噪声、泊松噪声、椒盐噪声。

如图 2-2 所示，四张图片分别是原图、高斯噪声、泊松噪声和椒盐噪声。

高斯噪声是指它的概率密度函数服从高斯分布（即正态分布）的一类噪声。如果一个噪声，它的幅度分布服从高斯分布，而它的功率谱密度又是均匀分布的，则称它为高斯噪声。高斯噪声的二阶矩不相关，一阶矩为常数，是指先后信号在时间上的相关性（一阶矩可以计算某个形状的重心，而二阶矩是拿来计算形状的方向）。

高斯噪声的产生原因：

（1）图像传感器在拍摄时视场不够明亮、亮度不够均匀；

（2）电路各元器件自身噪声和相互影响；

（3）图像传感器长期工作，温度过高。

泊松噪声，就是符合泊松分布的噪声模型，泊松分布适合于描述单位时间内随机事件发生的次数的概率分布。如某一服务设施在一定时间内受到的服务请求的次数、电话交换机接到呼叫的次数、汽车站台的候客人数、机器出现的故障数、自然灾害发生的次数、

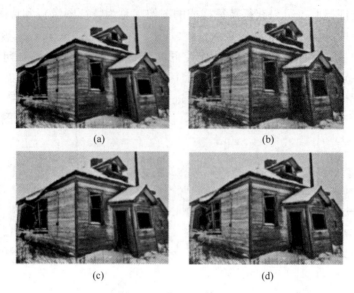

图 2-2　原图及图像噪声

（a）原图；（b）高斯噪声；（c）泊松噪声；（d）椒盐噪声

DNA 序列的变异数、放射性原子核的衰变数等。

椒盐噪声，又称脉冲噪声，它随机改变一些像素值，是由图像传感器、传输信道、解码处理等产生的黑白相间的亮暗点噪声。椒盐噪声往往由图像切割引起。

2.2　图　像　增　强

在获取图像的过程中，由于多种因素的影响，图像质量多少会有所退化。图像增强的目的在于：（1）采用一系列技术改善图像的视觉效果，提高图像的清晰度；（2）将图像转换成一种更适合人或机器进行分析处理的形式。它不是以图像保真度为原则，而是通过处理，设法有选择地突出便于人或机器分析某些感兴趣的信息，抑制一些无用的信息，以提高图像的使用价值。

图像增强目前还缺乏统一的理论，这与没有衡量图像增强质量通用的、客观的标准有关。增强的方法往往具有针对性，增强的结果只是靠人的主观感觉加以评价。因此，图像增强方法只能有选择地使用。

图像增强方法从增强的作用域出发，可分为空间域增强和频率域增强两种。空间域增强是直接对图像像素灰度进行操作，频率域增强是对图像经傅里叶变换后的频谱成分进行操作，然后经傅里叶逆变换获得所需结果。如图 2-3 所示是图像增强包含的主要内容。

2.2.1　图像增强的点运算

在图像处理中，点运算是一种简单而又很重要的技术。对于一幅输入图像，经过点运算将产生一幅输出图像，输出图像上每个像素的灰度值仅由相应输入像素的值决定。对比度增强、对比度拉伸或灰度变换都属于点运算。它是图像数字化软件和图像显示软件的重要组成部分。

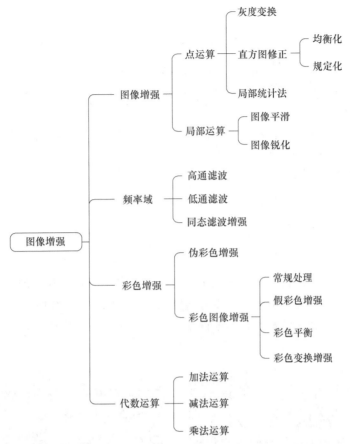

图 2-3　图像增强所包含的主要内容

2.2.1.1　灰度级校正

在成像过程中，扫描系统、光电转换系统中的很多因素，如光照强弱、感光部件灵敏度、光学系统不均匀性、元器件特性不稳定等均可造成图像亮度分布的不均匀，导致某些部分亮，某些部分暗。灰度级校正就是在图像采集系统中对图像像素进行修正使整幅图像成像均匀。

令输入系统输出的图像为 $f(i, j)$，实际获得的降质图像为 $g(i, j)$，则有：

$$g(i, j) = e(i, j)f(i, j) \tag{2-1}$$

式中，$e(i, j)$ 为降质函数或观测系统的灰度失真系数。显然，只要知道了 $e(i, j)$，就可求出不失真图像 $f(i, j)$。

标定系统失真系数的方法之一是采用一幅灰度级为常数 C 的图像成像，若经成像系统的实际输出为 $g(i, j)$，则有：

$$g_e(i, j) = e(i, j)c \tag{2-2}$$

从而可得降质函数：

$$e(i, j) = g_c(i, j)c^{-1} \tag{2-3}$$

就可得降质图像 $g(i, j)$ 经校正后所恢复的原始图像 $f(i, j)$：

$$f(i, j) = C \frac{g(i, j)}{g_c(i, j)} \tag{2-4}$$

值得注意的是，经灰度级校正后的图像为连续图像，由于乘了一个系数 $C/g(i, j)$，所以校正后的 $f(i, j)$ 有可能出现"溢出"现象，即灰度级值可能超过某些记录器件或显示器的灰度输入许可范围，因此需再作适当修正。最后，对修正后的图像进行量化。

2.2.1.2　灰度变换

灰度变换可使图像动态范围增大，图像对比度扩展，图像变清晰，特征明显，是图像增强的重要手段之一。

A　线性变换

令原图像 $f(i, j)$ 的灰度范围为 $[a, b]$，线性变换后图像 $g(i, j)$ 的范围为 $[a', b']$，$g(i, j)$ 与 $f(i, j)$ 之间的关系式为：

$$g(i, j) = a' + \frac{b' - a'}{b - a}[f(i, j) - a] \tag{2-5}$$

在曝光不足或过度的情况下，图像灰度可能会局限在一个很小的范围内。这时在显示器上看到的将是一个模糊不清、似乎没有灰度层次的图像。采用线性变换对图像每一个像素灰度作线性拉伸，将有效地改善图像视觉效果。利用线性变换处理之后的图片如图 2-4 所示。

（a）　　　　　　　　　　　　　　　　　　　（b）

图 2-4　线性变换

（a）变换前；（b）变换后

B　分段线性变换

为了突出感兴趣的目标或灰度区间，相对抑制那些不感兴趣的灰度区间，可采用分段线性变换。常用的是三段线性变换，对应的数学表达式为：

$$g(i, j) = \begin{cases} (c/a)f(i, j), & 0 \leqslant f(i, j) \leqslant a \\ [(d - c)/(b - a)][f(i, j) - a] + c, & a \leqslant f(i, j) < b \\ [(M_g - d)/(M_f - b)][f(i, j) - b] + d, & b \leqslant f(i, j) < M_f \end{cases} \tag{2-6}$$

利用分段线性变换处理之后的图片如图 2-5 所示。

C　非线性灰度变换

当用某些非线性函数如对数函数、指数函数等作为映射函数时，可实现图像灰度的非线性变换。

(a)　　　　　　　　　　　　　　(b)

图 2-5　分段线性变换

（a）变换前；（b）变换后

（1）对数变换。对数变换的一般表达式为：

$$g(i, j) = a + \frac{\ln[f(i, j) + 1]}{b \cdot \ln c} \tag{2-7}$$

这里 a、b、c 是为了调整曲线的位置和形状而引入的参数。当希望对图像的低灰度区进行较大的拉伸而对高灰度区压缩时，可采用这种变换，它能使图像灰度分布与人的视觉特性相匹配。如图 2-6 所示是利用对数变换处理之后的效果图。

(a)　　　　　　　　　　　　　　(b)

图 2-6　对数变换

（a）变换前；（b）变换后

（2）指数变换。指数变换的一般表达式为：

$$g(i, j) = b^{c[f(i, j) - a]} - 1 \tag{2-8}$$

这里参数 a、b、c 用来调整曲线的位置和形状。这种变换能对图像的高灰度区给予较大的拉伸。图 2-7 是利用指数变换处理之后原图与变换之后图片的比较。

2.2.1.3　直方图均衡化

灰度直方图反映了数字图像中每一灰度级与其出现频率间的统计关系。它能描述该图像的概貌，例如图像的灰度范围、每个灰度级的出现频率、灰度级的分布、整幅图像的平均明暗和对比度等，为图像进一步处理提供了重要依据。大多数自然图像由于其灰度分布集中在较窄的区间，导致图像细节不够清晰。采用直方图修整后可使图像的灰度间距拉开

(a)   (b)

图 2-7 指数变换
（a）变换前；（b）变换后

或使灰度分布均匀，从而增大反差，使图像细节清晰，达到增强图像的目的。

直方图均衡化是通过对原图像进行某种变换使原图像的灰度直方图修正为均匀的直方图的一种方法。下面先讨论连续图像的均衡化问题，然后推广到离散的数字图像上。

为讨论方便起见，以 r 和 s 分别表示归一化了的原图像灰度和经直方图修正后的图像灰度。即

$$0 \leqslant r, s \leqslant 1 \tag{2-9}$$

在 ［0，1］ 区间内的任一个 r，经变换 $T(r)$ 都可产生一个，且

$$s = T(r) \tag{2-10}$$

$T(r)$ 为变换函数，应满足下列条件：

（1）在 $0 \leqslant r \leqslant 1$ 内为单调递增函数；

（2）在 $0 \leqslant r \leqslant 1$ 内，有 $0 \leqslant T(r) \leqslant 1$。

条件（1）保证灰度级从黑到白的次序不变，条件（2）确保映射后的像素灰度在允许的范围内。

反变换关系为：

$$r = T^{-1}(s) \tag{2-11}$$

$T^{-1}(s)$ 对 s 同样满足上述两个条件（1）与（2）。

由概率论理论可知，如果已知随机变量 r 的概率密度为 $p_r(r)$，而随机变量 s 是 r 的函数，则 s 的概率密度 $p_s(s)$ 可以由 $p_r(r)$ 求出。假定随机变量 s 的分布函数用 $F_r(s)$ 表示，根据分布函数定义，则有：

$$F_i(s) = \int_{-\infty}^{r} p_s(s)\,\mathrm{d}r = \int_{-\infty}^{r} p_r(r)\,\mathrm{d}r \tag{2-12}$$

根据密度函数是分布函数的导数的关系，等式两边对 s 求导，有：

$$p_t(s) = \frac{\mathrm{d}}{\mathrm{d}s}\left[\int_{-\infty}^{r} p_r(r)\,\mathrm{d}r\right] = p_r \frac{\mathrm{d}r}{\mathrm{d}s} = p_r \frac{\mathrm{d}}{\mathrm{d}s}\left[T^{-1}(s)\right] \tag{2-13}$$

从上式看出，通过变换函数 $T(r)$ 可以控制图像灰度级的概率密度函数，从而改善图像的灰度层次，这就是直方图修改技术的基础。

从人眼视觉特性来考虑，一幅图像的直方图如果是均匀分布的，即 $p_i(s) = k$（归一化

后 $k=1$）时，信息量最大，感觉上该图像色调比较协调。因此要求将原图像进行直方图均衡化，以满足人眼视觉要求的目的。

因为归一化假定：

$$p_i(s) = 1 \tag{2-14}$$

则有：

$$\mathrm{d}s = p_r(r)\mathrm{d}r \tag{2-15}$$

两边积分得：

$$s = T(r) = \int_0^r p_r(r)\mathrm{d}r \tag{2-16}$$

上式就是所求得的变换函数。它表明当变换函数 $T(r)$ 是原图像直方图累积分布函数时，能达到直方图均衡化的目的。

对于灰度级为离散的数字图像，用频率来代替概率，则变换函数 $T(r)$ 的离散形式可表示为：

$$s_k = T(r_k) = \sum_{j=0}^{k} p_r(r_j) = \sum_{j=0}^{k} \frac{n_j}{n}$$

$$0 \leqslant r_k \leqslant 1 (k = 0,\ 1,\ 2,\ \cdots,\ L-1) \tag{2-17}$$

可见，均衡化后各像素的灰度值 s_k 可由原图的直方图算出。如图 2-8 是采用直方图均衡化后原图与处理后图片的对比。

（a） （b）

图 2-8 直方图均衡化对比图

（a）原图；（b）处理后图片

2.2.2 图像的空域平滑

任何一幅原始图像，在获取和传输等过程中，会受到各种噪声的干扰，使图像质量下降，图像模糊，特征湮没，对图像分析不利。

为抑制噪声、改善图像质量所进行的处理称为图像平滑或去噪。它可以在空间域和频率域中进行。本节介绍空间域的几种平滑法。

2.2.2.1 局部平滑法

局部平滑法（邻域平均法或移动平均法）是一种直接在空间域上进行平滑处理的技术，如图 2-9 所示。假设图像由许多灰度恒定的小块组成，相邻像素间存在很高的空间相关性，而噪声则是统计独立的，可用像素领域内的各像素的灰度平均值代替该像素原来的灰度值，实现图像的平滑。

最简单的局部平均法称为非加权邻域平均，它均等地对待邻域中的每个像素，即各个像素灰度平均值作为中心像素的输出值。设有一幅 $N \times N$ 图像 $f(x, y)$ 用非加权邻域平均法所得的平滑图像为 $g(x, y)$，则：

$$g(x, y) = \frac{1}{M} \sum_{i,j \in s} f(i, j) \qquad (2\text{-}18)$$

图 2-9　局部平滑法示意图

式中，$x, y = 0, 1, \cdots, N-1$；s 为 (x, y) 的邻域中像素坐标的集合，即去心邻域；M 为集合 s 内像素的总数。常用的邻域为 4-邻域和 8-邻域。

设图像中的噪声是随机不相关的加性噪声，窗口内各点噪声是独立同分布的，经过上述平滑后，信号与噪声的方差比可望提高 M 倍。

这种算法简单，处理速度快，但它的主要缺点是在降低噪声的同时使图像产生模糊，特别是在边缘和细节处，而且邻域越大，在去噪能力增强的同时模糊程度越严重。为克服简单局部平均法的弊病，目前已提出许多保边缘、保细节的局部平滑算法。它们的出发点都集中在如何选择邻域的大小、形状、方向、参加平均的像素数及邻域各点的权重系数等。

2.2.2.2　超限像素平滑法

对上述算法稍加改进，可导出一种称为超限像素平滑法的方法。它是将 $f(x, y)$ 和 $g(x, y)$ 差的绝对值与选定的阈值进行比较，决定点 (x, y) 的输出值 $g'(x, y)$。$g'(x, y)$ 的表达式为：

$$g'(x, y) = \begin{cases} g(x, y), & \text{当} \ |f(x, y) - g(x, y)| > T \\ f(x, y), & \text{否则} \end{cases} \qquad (2\text{-}19)$$

式中，T 为选定的阈值。

这种算法对抑制椒盐噪声比较有效，对保护仅有微小灰度差的细节及纹理也有效。可见随着邻域增大，去噪能力增强，但模糊程度也变大。同局部平滑法相比，超限像元平滑法去椒盐噪声效果更好。

2.2.2.3　灰度最相近的 K 个邻点平均法

该算法的出发点是：在 $N \times N$ 窗口内，属于同一集合体本（类）的像素，它们的灰度值与高度相关。因此，窗口中心像素的灰度值可用窗口内与中心像素灰度最接近的 K 个邻像素的平均灰度来代替。较少的 K 值使噪声方差下降少，但保持细节也较好；而较大的 K 值平滑噪声较好，但会使图像边缘模糊。实验证明，对于 3×3 的窗口，取 $K = 6$ 为宜。

2.2.2.4　空间低通滤波法

空间低通滤波法是应用模板卷积方法对图像每　像素进行局部处理。模板（或掩模）就是一个滤波器，设它的响应为 $H(r, s)$，于是滤波输出的数字图像 $g(x, y)$ 可以用离散卷积表示：

$$g(x, y) = \sum_{r=-k}^{k} \sum_{s=-1}^{s} f(x-r, y-s) H(r, s) \tag{2-20}$$

式中：x，$y = 0$，1，2，…，$N-1$，根据所选邻域大小来决定。

具体过程如下：

（1）将模板在图像中按从左到右、从上到下的顺序移动，将模板中心与每个像素依次重合（边缘像素除外）；

（2）将模板中的各个系数与其对应的像素一一相乘，并将所有的结果相加（或进行其他四则运算）；

（3）将（2）中的结果赋给图像中对应模板中心位置的像素，如图 2-10 所示。

P_4	P_3	P_2
P_5	P_0	P_1
P_6	P_7	P_8

K_4	K_3	K_2
K_5	K_0	K_1
K_6	K_7	K_8

		r

图 2-10　对应模板中心位置像素

对于空间低通滤波而言，采用的是低通滤波器。由于模板尺寸小，因此具有计算量小、使用灵活、适于并行计算等优点。常用的 3×3 低通滤波器模板如图 2-11 所示。

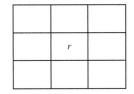

$$H_1 = \frac{1}{9} \begin{bmatrix} 1 & 1 & 1 \\ 1 & 1 & 1 \\ 1 & 1 & 1 \end{bmatrix}, \quad H_2 = \frac{1}{10} \begin{bmatrix} 1 & 1 & 1 \\ 1 & 2 & 1 \\ 1 & 1 & 1 \end{bmatrix}, \quad H_3 = \frac{1}{16} \begin{bmatrix} 1 & 2 & 1 \\ 2 & 4 & 2 \\ 1 & 2 & 1 \end{bmatrix},$$

$$H_4 = \frac{1}{8} \begin{bmatrix} 1 & 1 & 1 \\ 1 & 0 & 1 \\ 1 & 1 & 1 \end{bmatrix}, \quad H_5 = \frac{1}{2} \begin{bmatrix} 0 & \frac{1}{4} & 0 \\ \frac{1}{4} & 1 & \frac{1}{4} \\ 0 & \frac{1}{4} & 0 \end{bmatrix}$$

图 2-11　常用低通滤波器模板

模板不同，邻域内各像素重要程度也就不相同。但不管什么样的掩模，必须保证全部权系数之和为 1，这样可保证输出图像灰度值在许可范围内，不会产生灰度"溢出"现象。

2.2.2.5　中值滤波

中值滤波由 Tukey 首先用于一维信号处理，后来很快被用到二维图像平滑中。

中值滤波是对一个滑动窗口内的诸像素灰度值排序，用其中值代替窗口中心像素的灰度值的滤波方法，因此它是一种非线性的平滑法，对脉冲干扰及椒盐噪声的抑制效果好，在抑制随机噪声的同时能有效保护边缘少受模糊。但它对点、线等细节较多的图像却不太合适。例如，若一个窗口内各像素的灰度是 56、3510 和 5，它们的灰度中值是 6，中心像素原灰度为 35，滤波后就变成了 6。如果 35 是一个脉冲干扰，中值滤波后将被有效抑制。相反，若 35 是有用的信号，则滤波后也会受到抑制。

图 2-12 是一维中值滤波的几个例子，窗口尺寸 5×5。由图 2-12 可见，离散阶跃信号、斜升信号没有受到影响，离散三角信号的顶部则变平了。对于离散的脉冲信号，当其连续出现的次数小于窗口尺寸的一半时，将被抑制掉，否则将不受影响。由此可见，正确选择窗口尺寸的大小是用好中值滤波器的重要环节。一般很难事先确定最佳的窗口尺寸，需通过从小窗口到大窗口的试验，再从中选取最好的结果。

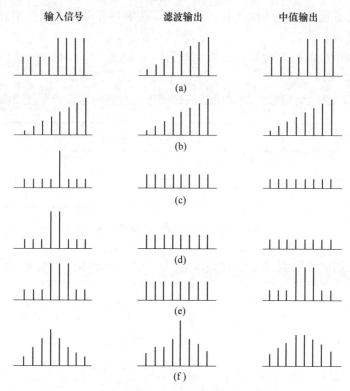

图 2-12　一维中值滤波的例子

（a）阶跃信号；（b）斜坡信号；（c）单脉冲信号；（d）双脉冲信号；（e）三脉冲信号；（f）三角波信号

一维中值滤波的概念很容易推广到二维。一般来说，二维中值滤波器比一维滤波器更能抑制噪声。二维中值滤波器的窗口形状可以有多种，如线状、方形、十字形、圆形、菱形等。不同形状的窗口产生不同的滤波效果，使用中必须根据图像的内容和不同的要求加以选择。从以往的经验看，方形或圆形窗口适宜于外廓线较长的物体图像，而十字形窗口对有尖顶角状的图像效果好。图 2-13 是中值滤波常用窗口。

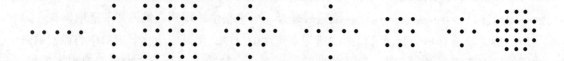

图 2-13　中值滤波器常用窗口

图 2-14 给出了一个中值滤波法示例。其中，左边为原图像，右边为加椒盐噪声的图像。

图 2-14　二维中值滤波示意图

2.2.3　图像的空域锐化

在图像的判断或识别中常需要突出边缘和轮廓信息。图像锐化就是增强图像的边缘或轮廓。图像平滑是通过积分过程使得图像边缘模糊，那么图像锐化则是通过微分而使图像边缘突出、清晰。

图像锐化法最常用的是梯度法。对于图像 $g(x, y)$，在 (x, y) 处的梯度定义为：

$$\text{grad}(x, y) = \begin{bmatrix} f'_x \\ f'_y \end{bmatrix} = \begin{bmatrix} \dfrac{\partial f(x, y)}{\partial x} \\ \dfrac{\partial f(x, y)}{\partial y} \end{bmatrix} \tag{2-21}$$

梯度是一个矢量，其大小和方向分别为：

$$(x, y) = \sqrt{f'^2_x + f'^2_y} = \sqrt{\left[\dfrac{\partial f(x, y)}{\partial x}\right]^2 + \left[\dfrac{\partial f(x, y)}{\partial y}\right]^2}$$

$$\theta = \arctan(f'_y / f'_x) = \arctan\left[\dfrac{\partial f(x, y)}{\partial y}\right] \Big/ \left[\dfrac{\partial f(x, y)}{\partial x}\right] \tag{2-22}$$

对于离散图像处理而言，常用到梯度的大小，因此把梯度的大小习惯称为"梯度"，并且一阶偏导数采用一阶差分近似表示，即

$$f'_x = f(x, y + 1) - f(x, y)$$
$$f'_y = f(x + 1, y) - f(x, y) \tag{2-23}$$

为简化梯度的计算，经常使用下面的近似表达式：

$$\text{grad}(x, y) = \max(|f'_x|, |f'_y|)$$
$$\text{或 } \text{grad}(x, y) = |f'_x| + |f'_y| \tag{2-24}$$

对于一幅图像中突出的边缘区，其梯度值较大；对于平滑区，梯度值越小；对于灰度级为常数的区域，梯度为零。

除梯度算子以外，还可采用 Roberts、Prewitt 和 Sobel 算子计算梯度，来增强边缘。Roberts 对应的模板如图 2-15 所示。差分计算式如下：

$$f'_x = |f(x + 1, y + 1) - f(x, y)|$$
$$f'_y = |f(x + 1, y) - f(x, y + 1)| \tag{2-25}$$

 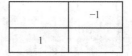

图 2-15　Roberts 梯度算子

为在锐化边缘的同时减少噪声的影响，Prewitt 从加大边缘增加算子的模板出发，由 2×2 扩大到 3×3 来计算差分，如图 2-16 所示。

−1	0	1
−1	0	1
−1	0	1

−1	−1	−1
0	0	0
1	1	1

图 2-16　Prewitt 算子

Sobel 在 Prewitt 算子的基础上，对 4−邻域采用带权的方法计算差分，对应的模板如图 2-17 所示。

−1	0	1
−2	0	2
−1	0	1

−1	−2	−1
0	0	0
1	2	1

图 2-17　Sobel 算子

计算出 Roberts、Prewitt 和 Sobel 梯度。一旦梯度算出后，就可根据不同的需要生成不同的增强图像。

第一种增强图像的方法是使各点 (x, y) 的灰度 $g(x, y)$ 等于梯度，即

$$G(x, y) = \text{grad}(x, y) \tag{2-26}$$

此法的缺点是增强的图像仅显示灰度变化比较陡的边缘轮廓，而灰度变化比较平缓或均匀的区域则呈黑色。

第二种增强图像的方法是使

$$g(x, y) = \begin{cases} \text{grad}(x, y), & \text{grad}(x, y) \geq T \\ f(x, y), & \text{其他} \end{cases} \tag{2-27}$$

式中，T 为一个非负的阈值。适当选取 T，即可使明显的边缘轮廓得到突出，又不会破坏原来灰度变化比较平缓的背景。

第三种增强图像的方法是使

$$g(x, y) = \begin{cases} L_C, & \text{grad}(x, y) \geq T \\ f(x, y), & \text{其他} \end{cases} \tag{2-28}$$

式中，L 为根据需要指定的一个灰度级，它将明显边缘用一固定的灰度级 L_C 来表现。

第四种增强图像的方法是使

$$g(x,\ y)=\begin{cases}\text{grad}(x,\ y), & \text{grad}(x,\ y)\geqslant T\\ L_B, & \text{其他}\end{cases} \tag{2-29}$$

此方法将背景用一个固定的灰度级 L_B 来表现，便于研究边缘灰度的变化。

第五种增强图像的方法是使

$$g(x,\ y)=\begin{cases}L_C, & \text{grad}(x,\ y)\geqslant T\\ L_B, & \text{其他}\end{cases} \tag{2-30}$$

这种方法将明显边缘和背景分别用灰度级 L_C 和 L_B 表示，生成二值图像，便于研究边缘所在位置。图 2-18 是 Sobel 算子与 Roberts 算子的锐化效果。

图 2-18　Sobel 算子与 Roberts 算子的锐化效果

（1）拉普拉斯 Lapliacian 增强算子。Lapliacian 算子是线性二阶微分算子。即

$$\nabla^2 f(x,\ y)=\frac{\partial^2 f(x,\ y)}{\partial x^2}+\frac{\partial^2 f(x,\ y)}{\partial y^2} \tag{2-31}$$

对离散的数字图像而言，二阶偏导数可用二阶差分近似表示，由此可推导出 Lapliacian 算子表达式为：

$$\nabla^2 f(x,\ y)=f(x+1,\ y)+f(x-1,\ y)+f(x,\ y+1)+f(x,\ y-1)-4f(x,\ y) \tag{2-32}$$

Lapliacian 增强算子为：

$$\begin{aligned}g(x,\ y)&=f(x,\ y)-\nabla^2 f(x,\ y)\\ &=5f(x,\ y)-\left[f(x+1,\ y)+f(x-1,\ y)+f(x,\ y+1)+f(x,\ y-1)\right]\end{aligned} \tag{2-33}$$

常用的拉普拉斯算子模板：

$$\boldsymbol{H}_1=\begin{bmatrix}0 & 1 & 0\\ 1 & -4 & 1\\ 0 & 1 & 0\end{bmatrix},\ \boldsymbol{H}_2=\begin{bmatrix}1 & 1 & 1\\ 1 & -8 & 1\\ 1 & 1 & 1\end{bmatrix},\ \boldsymbol{H}_3=\begin{bmatrix}1 & -2 & 1\\ -2 & 4 & -2\\ 1 & -2 & 1\end{bmatrix},$$

$$\boldsymbol{H}_3=\begin{bmatrix}0 & -1 & 0\\ -1 & 4 & -1\\ 0 & -1 & 0\end{bmatrix},\ \boldsymbol{H}_5=\begin{bmatrix}-1 & -1 & -1\\ -1 & 8 & -1\\ -1 & -1 & -1\end{bmatrix}$$

利用拉普拉斯对应五个模板锐化图像之后的效果如图 2-19 所示。

（2）高通滤波。高通滤波法就是在空间域用高通滤波算子和图像卷积来增强边缘。常用的算子有：

$$H_1 = \begin{pmatrix} 0 & -1 & 0 \\ -1 & 5 & -1 \\ 0 & -1 & 0 \end{pmatrix} \qquad H_2 = \begin{pmatrix} -1 & -2 & -1 \\ -2 & 5 & -2 \\ -1 & -2 & -1 \end{pmatrix}$$

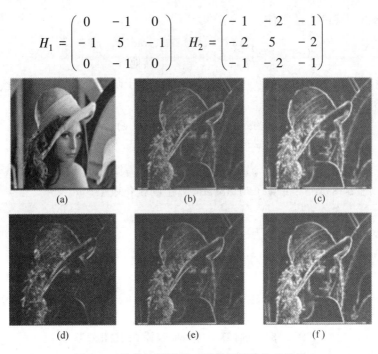

图 2-19　拉普拉斯算子对图像进行锐化的效果

（a）原图像；（b）用 H_1 锐化的效果；（c）用 H_2 锐化的效果；

（d）用 H_3 锐化的效果；（e）用 H_4 锐化的效果；（f）用 H_5 锐化的效果

2. 2. 4　频域增强

2. 2. 4. 1　频域平滑

图像的平滑除了在空间域中进行外，也可以在频率域中进行。由于噪声主要集中在高频部分，为去除噪声，改善图像质量，采用低通滤波器 $H(u, v)$ 来抑制高频部分，然后再进行傅里叶逆变换获得滤波图像，就可达到平滑图像的目的。常用的频率域低通滤波器 $H(u, v)$ 有三种。

（1）理想低通滤波器。设傅里叶平面上理想低通滤波器离开原点的截止频率为 D，则理想低通滤波器的传递函数为：

$$H(u, v) = \begin{cases} 1 & D(u, v) \leqslant D_0 \\ 0 & D(u, v) > D_0 \end{cases} \tag{2-34}$$

式中，$D(u, v) = \sqrt{u^2 + v}$。D_0 有两种定义：一种是取 $H(u, 0)$ 降到 1/2 时对应的频率；另一种是取 $H(u, 0)$ 降低到 1/2。这里采用第一种。在理论上，$F(u, v)$ 在 D_0 内的频率分量无损通过；而在 $D > D_0$ 的分量却被除掉。然后经傅里叶逆变换得到平滑图像。由于高频成分包含有大量的边缘信息，因此采用该滤波器在去噪声的同时将会导致边缘信息损失而使图像边缘模糊，并且产生振铃效应。

（2）Butterworth 低通滤波器。n 阶 Butterworth 低通滤波器的传递函数为：

$$H(u, v) = \frac{1}{1 + \left[\dfrac{D(u, v)}{D_0} \right]^{2n}} \tag{2-35}$$

Butterworth低通滤波器的特性是连续性衰减，而不像理想低通滤波器那样陡峭和明显的不连续性。因此采用该滤波器在滤波抑制噪声的同时，图像边缘的模糊程度大大减小，没有振铃效应产生，但计算量大于理想低通滤波法。

（3）指数低通滤波器。指数低通滤波器是图像处理中常用的另一种平滑滤波器。它的传递函数为：

$$H(u, v) = e^{\left[-\frac{D(u, v)}{D_0}\right]^n} \tag{2-36}$$

式中，n 决定指数的衰减率。

采用该滤波器滤波在抑制噪声的同时，图像边缘的模糊程度较用Butterworth低通滤波器产生的大些，无明显的振铃效应。

2.2.4.2　频域锐化

图像的边缘、细节主要在高频部分得到反映，而图像模糊的产生原因是高频成分比较弱。为了消除模糊，突出边缘，则采用高通滤波器让高频成分通过，使低频成分削弱，再经傅里叶逆变换得到边缘锐化的图像。

二维理想高通滤波器的传递函数为：

$$H(u, v) = \begin{cases} 0 & D(u, v) \leqslant D_0 \\ 1 & D(u, v) > D_0 \end{cases} \tag{2-37}$$

图2-20、图2-21是经过高斯高通滤波器滤波的效果，可以看出，随着 D_0 值的增大，增强效果更加明显，即使对于微小的物体和细线条，用高斯高通滤波后也比较清晰。

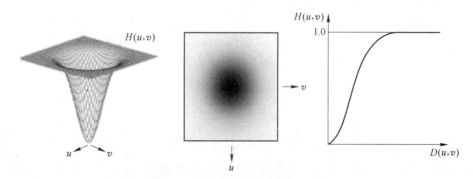

图2-20　高斯高通滤波器的特性

图2-21　高斯高通滤波的效果

2.3　特　征　提　取

在计算机视觉领域，图像的特征提取与表示是必不可少的环节，提取特征的好坏将直接影响系统整体的性能。图像本身由像素阵列构成，特征提取的第一步是从这些彩色或灰度图像像素中提取有效的、有判别力的视觉特征。目前特征提取算法主要分为两种，一种是全局特征，另一种是局部特征。

局部特征提取的基本流程包括特征点检测和描述子提取。特征点检测的目的是从图像中找出具有显著特征的像素点，而描述子提取则负责以特征点为中心，计算固定长度的特征向量。局部特征提取是考虑图像在以特征点为中心的一定大小的邻域内的特征。全局特征提取从全局或者整个图像的角度对图像进行描述。一般来说，全局特征提取方便，计算简单，但它很难反应图像某些区域的明显变化。

2.3.1　方向梯度直方图

方向梯度直方图（histogram of oriented gradient，HOG）是应用在计算机视觉和图像处理领域，用于目标检测的特征描述器。这项技术是用来计算局部图像梯度的方向信息的统计值。HOG 描述器是在一个网格密集的大小统一的细胞单元上计算，而且为了提高性能，还采用了重叠的局部对比度归一化技术。

方向梯度直方图的算法可以分为三个步骤：

（1）梯度计算。首先，不管原图像有多大，需要把原图像分割成 8×8 的小块，在 HOG 算法中，这个 8×8 的小块一般被称为细胞（cell）。在一个细胞内，对所有像素求水平和垂直方向的梯度，具体做法是使用如下两个空间滤波器对图像进行滤波：

$$(-1\ 0\ 1)$$
$$\begin{pmatrix} -1 \\ 0 \\ 1 \end{pmatrix}$$

一个 8×8 的细胞通过上面两个滤波器得到两个 8×8 的矩阵，分别表示该图像块上在水平和垂直方向的梯度。通过这种方式可以得到每一个位置的两个方向的梯度 dx，dy。然后将每一个点的 dx 和 dy 转换为角度和幅度，具体算法如下：

$$\text{magnitude} = \sqrt{dx^2 + dy^2}$$
$$\text{direction} = \arctan \frac{dx}{dy} \tag{2-38}$$

最后每一个细胞都可以得到一个 8×8 的幅度矩阵和 8×8 的角度矩阵。

（2）梯度直方图统计。通过梯度计算，从每一个 8×8 的细胞中计算出了一个 8×8 的幅度矩阵和一个 8×8 的角度矩阵。如果以此直接为特征的，那么特征就有 8×8×2 = 128 维，维度太高完全不需要。HOG 的解决方法是以这 128 维原始特征为基础，统计出一个 9 个维度的直方图，该直方图以角度为依据，每 20° 一个划分，这九个维度分别表示 0、20、40、60、80、100、120、140 和 160。HOG 综合考虑梯度的赋值和角度进行投票，最后确定直方图每个维度的权重。该过程数学公式表示如下：

$$\delta_1 = g\frac{\theta - \theta_1}{20}$$

$$\delta_r = g\frac{\theta_r - \theta}{20} \qquad (2\text{-}39)$$

式中，θ 为该点的方向角度；下标 l 为在该点左边离该点最近的角度；下标 r 为在该点右边离该点最近的角度；δ_1 为左边维度的直方图增加量；δ_r 为右边维度的直方图增加量；g 为该点的幅度。

（3）重叠的局部对比度归一化。为了让得到的特征对光照的变化具有稳健性，HOG 算法对计算得到的特征向量进行归一化操作。HOG 采用的方法是在 16×16 的区域内进行归化，16×16 的区域内包含了 4 个细胞，这个区域一般被称为区块（blck）。一般来说，相邻区块之间有 8 个像素的重叠区域。

HOG 计算出一个区块内 4 个细胞共 4×9＝36 维的特征向量，通过归一化该 36 维向量的长度得到最后的特征向量。

综上所述，不难发现，HOG 提取特征的基本单位是 16×16 的区块，输出为 36 维的归一化的特征向量。

由此得知，当图片很大的时候，提取出的 HOG 特征向量的维度还是很大。不过不用担心，因为 HOG 的主要使用场景是行人检测。大体思路是利用滑动窗口 HOG 来检测行人，因此不会对整幅图计算 HOG 特征。

2.3.2　尺度不变特征变换

尺度不变特征变换（scale invariant feature transform，SIFT），总体来说首先对一幅图像进行特征点检测，检测出若干个（数量不定）特征点，然后以这些特征点为中心，计算出一个 128 维的特征向量。该特征向量具有对图像缩放、平移、旋转不变的特点，对于光照、仿射和投影变换也有一定的不变性，是一种非常优秀的局部特征描述算法。SIFT 的应用范围包含物体辨识、机器人地图感知与导航、影像缝合，3D 模型建立手势辨识、影像追踪和动作比对等。

2.3.2.1　SIFT 算法的特点

SIFT 算法有如下特点：

（1）SIFT 特征是图像的局部特征，其对旋转、尺度缩放、亮度变化保持不变性，对视角变化仿射变换，噪声也保持一定程度的稳定性。

（2）独特性（distinctiveness）好，信息量丰富，适用于在海量特征数据库中进行快速、准确的匹配。

（3）多量性，即使少数的几个物体也可以产生大量的 SFT 特征向量。

（4）高速性，经优化的 SIFT 匹配算法甚至可以达到实时的要求。

（5）可扩展性，可以很方便地与其他形式的特征向量进行联合。

2.3.2.2　SIFT 算法的流程

SIFT 算法的流程可以大致分为四步。

（1）尺度空间极点检测。

1）尺度空间。

2）高斯差分。

3）高斯金字塔和高斯差分金字塔，如图 2-22 所示。

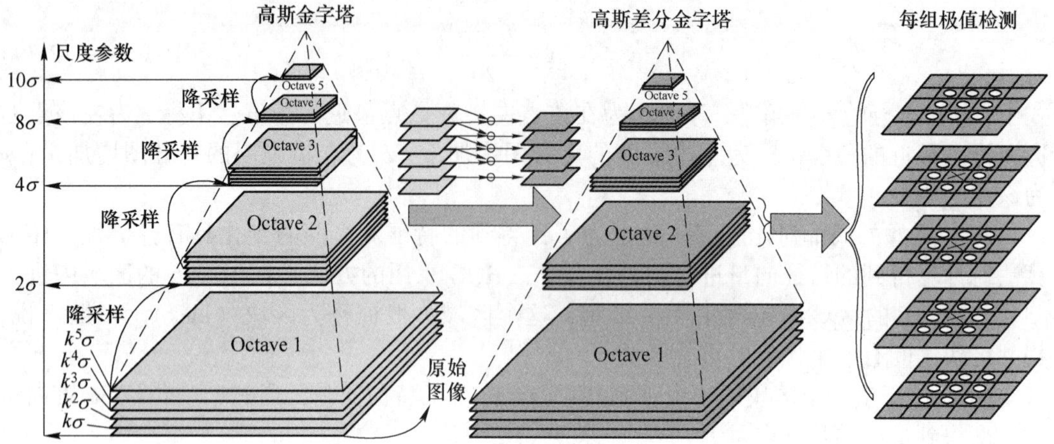

图 2-22　高斯金字塔和高斯差分金字塔

4）极值点的选取。如图 2-22 的最右方所示，只有当前点与其周围 26 个点值相比是最大值或者最小值时，该点为极值点，否则不是。

（2）特征点的精确定位。

1）特征点精确定位。以上方法检测到的极值点是离散空间的极值点，以下通过拟合三维二次函数来精确确定关键点的位置和尺度，同时去除低对比度的关键点和不稳定的边缘响应点（因为 DG 算子会产生较强的边缘响应），以增强匹配稳定性、提高抗噪声能力。

离散空间的极值点并不是真正的极值点，利用已知的离散空间点插值得到的连续空间极值点的方法称为子像素插值（sub-pixel interpolation）。

为了提高关键点的稳定性，需要对尺度空间 DoG 函数进行曲线拟合。利用 DoG 函数在尺度空间的 Taylor 展开式（拟合函数）为：

$$D(X) = D + \frac{\partial D^{\mathrm{T}}}{\partial X} X + \frac{1}{2} X^{\mathrm{T}} \frac{\partial^2 D}{\partial X^2} X \tag{2-40}$$

式中，$X = (x,\ y,\ \sigma)$。

求导并令导数为 0，可得极值点的偏移量为：

$$\hat{X} = -\frac{\partial^2 D^{-1}}{\partial X^2} \frac{\partial D}{\partial X} \tag{2-41}$$

$$D(\hat{X}) = D + \frac{1}{2} \frac{\partial D^{\mathrm{T}}}{\partial X} \hat{X} \tag{2-42}$$

此时只要上面得到的偏移量大于 0.5，则认为偏移量过大，需要把位置移动到拟合后的新位置，继续进行迭代求偏移量；若迭代过一定次数后偏移量仍然大于 0.5，则抛弃该点；如果迭代过程中有偏移量小于 0.5，则停止迭代。

2）去除不稳定极值点。有些极值点的位置是在图像的边缘，因为图像的边缘点很难定位，同时也容易受到噪声的干扰，所以应该把这些点看成是不稳定的极值点，需要进行去除。由于图像中的物体的边缘位置的点的主曲率一般会比较高，因此可以通过主曲率来判断该点是否在物体的边缘位置。

（3）特征点的方向确定。为了实现特征点的旋转不变性，因此需要计算特征点的角度。在计算特征点的方向时是根据特征点所在的高斯尺度图像中的局部特征计算的。该高斯尺度 σ 是已知的，所谓的局部特征就是特征点的邻域区域内所有像素的梯度幅角和梯度幅值，这里邻域区域定义为在该图像中以特征点为圆心，以 r 为半径的圆形区域：

$$r = 3 \times 1.5\sigma \tag{2-43}$$

这里的 σ 就是上面提到的相对于该组的基准图像的尺度。

像素的梯度幅值计算公式为：

$$m(x, y) = \{[L(x+1, y) - L(x-1, y)]^2 + [L(x, y+1) - L(x, y-1)]^2\}^{1/2} \tag{2-44}$$

像素梯度幅角的计算公式为：

$$\theta(x, y) = \arctan\left[\frac{L(x, y+1) - L(x, y-1)}{L(x+1, y) - L(x-1, y)}\right] \tag{2-45}$$

因为在特征点的邻域范围内并不是所有的像素的权值都是相同的，因此还需要对该邻域范围内的像素点进行加权，这里采用的是高斯加权，该高斯加权的方差为 $\sigma_m = 1.5\sigma$，这里的 σ 也是相对于该组的基准图像的尺度。

在完成邻域范围内的梯度幅值和幅角的计算以后，需要建立直方图来对邻域内各个像素点的幅角进行记录。在这里直方图一共分为 36 个柱，每个柱表示 10°。把邻域内的所有像素点按所在的幅角范围进行分类，这里以 0°、9° 为例，把邻域内的所有幅角在该范围内的像素点的幅角乘以加权后的值相加作为该柱的高度。通过这一系列步骤，就能得到该特征点的主方向。

（4）特征向量的生成。通过以上步骤，对于每一个关键点，拥有三个信息：位置、尺度以及方向。接下来就是为每个关键点建立一个描述符，用一组向量将这个关键点描述出来，使其不随各种变化而改变，比如光照变化、视角变化等。这个描述子不但包括关键点，也包含关键点周围对其有贡献的像素点，并且描述符应该有较高的独特性，以便于提高特征点正确匹配的概率。

SIFT 描述子是特征点邻域高斯图像梯度统计结果的一种表示。通过对关键点周围图像区域分块，计算块内梯度直方图，生成具有独特性的向量，这个向量是该区域图像信息的一种抽象，具有唯一性。

首先在特征点所在的尺度空间，以特征点为圆点，取一个邻域，并把该邻域划分为 4×4 个子区域。每一个子区域的大小和计算主方向时的区域大小一致。

接着对这个邻域进行旋转，让坐标轴方向和主方向一致，这样 SIFT 就具有了旋转不变性。

然后计算和统计每个子区域内八个方向的梯度，最后归一化。这样每个子区域得到一个 8 维度的向量，一共有 4×4 个子区域，所以最后的向量维度是 4×4×8＝128。

2.3.3 加速稳健特征

加速稳健特征（speeded up robust features，SURF）是一个稳健的图像识别和描述算法。这个算法可被用于计算机视觉任务，如物件识别和 3D 重构。它部分的灵感来自于

SIFT 算法。SURF 标准的版本比 SIFT 要快数倍，并且其作者声称在不同图像变换方面比 SIFT 更加稳健。

与 SIFT 算法一样，SURF 算法的基本路程也可以分为四大部分：尺度空间建立、特征点定位、特征点方向确定、特征点描述。

基本的流程都是一样的，那么 SURF 是怎么改进其执行效率的呢？主要还是在两个关键的优化点：积分图在 Hessian（黑塞矩阵）上的使用和降维的特征描述子的使用。

（1）积分图。众所周知图像是由一系列的离散像素点组成，所以图像的积分其实就是所有的像素点求和，图像积分图中每个点的值是原图像中该点左上角的所有像素值之和。

（2）Hessian 矩阵。Hessian 矩阵就是一个多元函数的二阶偏导数构成的方阵，描述了函数的局部曲率。此外还有 Jacob 矩阵也是描述函数的局部曲率的，是一个多元函数的一阶偏导数构成的方阵。

Hessian 矩阵为：

$$H = \begin{bmatrix} D_{xx} & D_{xy} \\ D_{xy} & D_{yy} \end{bmatrix} \tag{2-46}$$

Hessian 就是描述的一个点周围像素梯度大小的变化率，其极值就是生成图像稳定的边缘点（突变点），其两个特征值代表在两个相互垂直方向上的梯度的变化率，当两个特征值越大时，其图像中的像素点的像素值波动越大，因此用两个特征值相加即 Hessian 的判别式（即行列式的值）来量化。

（3）构建尺度空间。同 SIFT 算法一样，SURF 算法的尺度空间由 O 组 S 层组成，不同的是，SIFT 算法下一组图像的长宽均是上一组的一半，同一组不同层图像之间尺寸一样，但是所使用的尺度空间因子（高斯模糊系数 σ）逐渐增大；而在 SURF 算法中，不同组间图像的尺寸都是一致的，不同的是不同组间使用的盒式滤波器的模板尺寸逐渐增大，同一组不同层图像使用相同尺寸的滤波器，但是滤波器的尺度空间因子（即高斯模糊系数 σ）逐渐增大。

如图 2-23 所示，左图表示的是传统方式建立一个金字塔结构。图像的大小是变化的，而且运算会重复使用高斯函数对子层进行平滑处理。图 2-23 右半部分说明 SURF 算法使原始图像保持不变而仅仅改变滤波器大小。SURF 采用这样的方法节省了降采样过程，其处理速度自然也就提上去了。

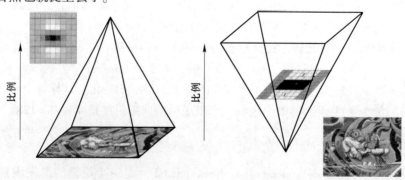

图 2-23　传统方式与 SURF 算法金字塔示意图

（4）特征点定位。这一部分和 SIFT 查找方式一样，找到尺度空间的局域极大值，然后删除响应比较弱的关键点以及错误定位的关键点，最后进行亚像素分析。

（5）特征点方向确认。SIFT 特征点方向分配是采用在特征点邻域内统计其梯度直方图，取直方图最大值的及超过最大值 80% 的那些方向作为特征点的主方向。

而在 SURF 中，采用的是统计特征点圆形邻域内的 harr 小波特征。即在特征点的圆形邻域内，统计 60° 扇形内所有点的水平、垂直 harr 小波特征总和，然后扇形以 0.2rad 大小的间隔进行旋转并再次统计该区域内 harr 小波特征值之后，最后将值最大的那个扇形的方向作为该特征点的主方向。该过程示意图如图 2-24 所示。

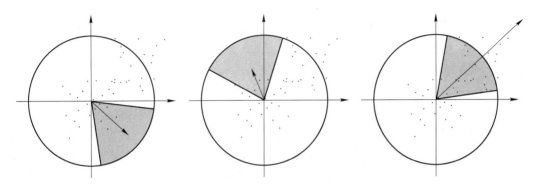

图 2-24　特征点方向确认

（6）生成特征点描述向量。在 SIFT 中，是提取特征点周围 44 个区域块，统计每小块内 8 个梯度方向，用 44×8 = 128 维向量作为 SIFT 特征的描述子。

SURF 算法中，也是在特征点周围取一个 4×4 的矩形区域块，但是所取的矩形区域方向是沿着特征点的主方向。每个子区域统计 25 个像素的水平方向和垂直方向的 harr 小波特征，这里的水平和垂直方向都是相对主方向而言的。该 harr 小波特征为水平方向值之后、垂直方向值之后、水平方向绝对值之后以及垂直方向绝对值之和 4 个方向。

2.3.4　全局特征提取

常用的图像特征有颜色特征、纹理特征、形状特征、空间关系特征。

2.3.4.1　颜色特征

颜色特征是一种全局特征，描述了图像或图像区域所对应的景物的表面性质。一般颜色特征是基于像素点的特征，此时所有属于图像或图像区域的像素都有各自的贡献。由于颜色对图像或图像区域的方向、大小等变化不敏感，所以颜色特征不能很好地捕捉图像中对象的局部特征。另外，仅使用颜色特征查询时，如果数据库很大，常会将许多不需要的图像也检索出来。颜色直方图是最常用的表达颜色特征的方法，其优点是不受图像旋转和平移变化的影响，进一步借助归一化还可不受图像尺度变化的影响，其缺点是没有表达出颜色空间分布的信息。

2.3.4.2　纹理特征

纹理特征也是一种全局特征，它也描述了图像或图像区域所对应景物的表面性质。但由于纹理只是一种物体表面的特性，并不能完全反映出物体的本质属性，所以仅仅利用纹理特征是无法获得高层次图像内容的。与颜色特征不同，纹理特征不是基于像素点的特征，它需要在包含多个像素点的区域中进行统计计算。在模式匹配中，这种区域性的特征具有较大的优越性，不会由于局部的偏差而无法匹配成功。作为一种统计特征，纹理特征常具有旋转不变性，并且对于噪声有较强的抵抗能力。但是，纹理特征也有其缺点，一个很明显的缺点是当图像的分辨率变化的时候，所计算出来的纹理可能会有较大偏差。

例如，水中的倒影，光滑的金属面互相反射造成的影响等都会导致纹理的变化。由于这些不是物体本身的特性，因而将纹理信息应用于检索时，有时这些虚假的纹理会对检索造成"误导"。

在检索具有粗细、疏密等方面较大差别的纹理图像时，利用纹理特征是一种有效的方法。但当纹理之间的粗细、疏密等易于分辨的信息之间相差不大的时候，通常的纹理特征很难准确地反映出人的视觉感觉不同的纹理之间的差别。

2.3.4.3　形状特征

各种基于形状特征的检索方法都可以比较有效地利用图像中感兴趣的目标来进行检索，但它们也有一些共同的问题，包括：（1）目前基于形状的检索方法还缺乏比较完善的数学模型；（2）如果目标有变形时检索结果往往不太可靠；（3）许多形状特征仅描述了目标局部的性质，要全面描述目标常对计算时间和存储量有较高的要求；（4）许多形状特征所反映的目标形状信息与人的直观感觉不完全一致，或者说，特征空间的相似性与人视觉系统感受到的相似性有差别。

2.3.4.4　空间关系特征

所谓空间关系，是指图像中分割出来的多个目标之间的相互的空间位置或相对方向关系，这些关系也可分为连接/邻接关系、交叠/重叠关系和包含/包容关系等。通常空间位置信息可以分为两类：相对空间位置信息和绝对空间位置信息。前一种关系强调的是目标之间的相对情况，如上下左右关系等，后一种关系强调的是目标之间的距离大小以及方位。显而易见，由绝对空间位置可推出相对空间位置，但表达相对空间位置信息常比较简单。空间关系特征的使用可加强对图像内容的描述区分能力，但空间关系特征常对图像或目标的旋转、反转、尺度变化等比较敏感。另外，实际应用中，仅仅利用空间信息往往是不够的，不能有效准确地表达场景信息。为了检索，除使用空间关系特征外，还需要其他特征来配合。

2.4　机器学习与图像工程

如果提取图像的局部特征，则会发现一张图像可以提取出数量不定的特征点。做图像分类需要整体特征，因此需要做特征聚合。本节介绍特征聚合的经典方法以及图像识别的模型。

2.4.1　稀疏模型

稀疏模型来源于神经生理学，它认为视网膜神经元细胞对外界刺激采用独立编码的策略。20世纪初，一种新的采样理论——压缩感知被提出来，压缩感知也对信号做出了稀疏性假设。随着压缩感知理论的发展，它对稀疏模型的理论进行了补充和完善，使得稀疏模型成为图像处理和计算机视觉领域的研究热点。

本小节介绍合成稀疏模型和分析稀疏模型。首先介绍了压缩感知的基本原理、理论基础和应用。然后重点分析稀疏模型的两个基本问题——字典学习和稀疏编码。最后，详细介绍了字典学习和稀疏编码中常用的经典算法。

2.4.1.1 合成稀疏模型理论

A 稀疏模型的基本问题

CS 中，计算信号 f 的过完备字典 Ψ 和接收端已知测量向量 f 重构稀疏表示 x 两个步骤都和稀疏模型密切相关。在稀疏模型中，假设信号 y 在过完备字典 D 下拥有稀疏表示 x。如果过完备字典 D 已知，只需要求解稀疏表示 x，该问题为稀疏编码问题，其求解算法为稀疏编码算法。

如果完备字典 D 和稀疏表示 x 都未知，则该问题被称为字典学习问题，对应的算法为字典学习算法。一般字典学习时需要提供大量的信号样本 Y，而不是稀疏编码时的一个信号 y，所以得到的稀疏表示也是一个矩阵 X。字典学习的最优化函数如下：

$$\arg\min_{D,X} |Y - DX|_F^2 + \lambda \sum_i |x_i|_p$$
$$\text{s. t. } |d_i|_2^2 = 1 \tag{2-47}$$

式中，p 可以取 0 或 1；λ 为权衡重构误差和稀疏性约束的参数；约束条件 $\| d_i \|_2^2 = 1$ 对过完备字典 D 中的每一列做归一化。

B 稀疏编码

实际问题中很多信号（图像、视频和音频等）的稀疏性早已得到证实。本章前面的大部分内容也已证明，虽然 l_0 范数是稀疏性最直接的约束，但是直接解 l_0 问题是困难的。因此有学者证明，在满足一定的条件下，l_1 问题拥有和 l_0 一样的解。因此为了高效准确地求解稀疏模型，需要对稀疏编码问题做近似。目前的稀疏编码算法中的近似大致有两种思路：（1）在问题的数学形式不变的情况下，放弃寻找全局最优解，而用局部最优解近似全局最优解；（2）将问题的数学表达式做近似，得到更易于求解的式子，用该近似后的数学模型的最优解近似原问题的最优解。现在求解稀疏问题的主要方法有贪心类算法、凸优化类算法和基于概率类的稀疏编码算法等。

C 字典学习

稀疏模型中的核心是过完备字典 D，它对信号的稀疏表示有着直接的影响。例如人脸图像在过完备 DCT 字典下也拥有稀疏表示，但是过完备 DCT 字典却不适合用于分类，因为它会不分类别地把图像映射为一个非零项集中在低频分量上的稀疏表示，这对图像识别是不利的。字典学习问题的最优化函数如下：

$$\arg\min_{D,X} |Y - DX|_F^2 + \lambda \sum |x_i|_P$$
$$\text{s. t. } |d_i|_2^2 = 1 \tag{2-48}$$

在字典学习算法中，稀疏编码步骤一般使用的是经典稀疏编码算法，而字典更新步骤中的字典更新策略是字典学习算法的核心。经典的字典学习算法有最优方向法、K 奇异值分解法等。

2.4.1.2　分析稀疏模型

和合成稀疏模型相对的另外一种模型为分析稀疏模型（analysis sparse coding），又被称为 cosparse model，是 Elad 提出的。合成稀疏模型认为一个信号可以在过完备字典下表示为一个稀疏系数。本质上就是说具有同一性质的任何信号都可以表示成一个过完备字典中各列的稀疏线性组合，因此可以看是信号是由过完备字典和稀疏系数一起合成的，这也是合成稀疏模型名字的由来。

在信号处理领域，合成和分析是一对孪生子，既然有合成稀疏模型，那么应该就有对应的分析稀疏模型。分析稀疏模型认为，信号通过一个分析算子 Ω 之后得到的结果应该是稀疏的。其中 $\Omega\, p \times d$ 是一个冗余分析算子。现成的分析算子有移不变小波变换、有限差分算子、curvelet 小波变换。

和合成稀疏模型一样，分析稀疏模型也有字典学习和系数求解的过程。Eld 等人提出了 AnalysisK-SVD 算法学习稀疏字典，该算法将加噪后的图像信号作为训练样本自适应地学习解析字典，首先采用 BG（baekward-greedy）算法或 OBG（optimized backward-greedy）算法对信号进行稀疏求解，寻找信号与当前待更新字典的行向量正交的样本集的索引，得到训练集中与这些索引对应的子矩阵，对该子矩阵进行奇异值分解，用最小奇异值对应的特征向量更新当前待更新字典的行向量。Gribonval 等人提出了约束解析字典学习算法（constrained analysis operator learnin，AOL），该算法使用 1 范数作为稀疏向量的稀疏性度量，约束解析字典到归一化紧框架，保证了解析字典行向量的范数为 1，列与列之间相互正交。

分析模型和合成模型一样，最近也受到国内外学者的关注，大量实验也表明分析稀疏模型在运算效率上的优势。

2.4.2　线性分类模型

分类的目的是将输入变量 x 分到 K 个离散的类别 C_k，$k=1$，…，Kc_k，$k=1$，…，K 中的一类。一般情况下，类别是互不相交的，因此每个输入被分到唯一的一个类别中。输入空间被决策边界（decision boundary）或决策面（decision surface）划分成不同的决策区域（decision region）。本节考虑线性分类模型。所谓线性分类模型是指决策面是输入向量 x 的线性函数，因此它定义了 D 维输入空间中的（D-1）维超平面。如果数据集可以被线性决策面精确地分类，那么就说这个数据集是线性可分的（linearly separable）。

对于回归问题，一般希望预测的变量是一个实数向量。在分类问题中，有很多不同的方式来表达目标变量的标签。对于概率模型，二分类问题最方便的表达方式是二元表示方法。这种方法中，目标变量 $t \in (0，1)$，其中 $t=1$ 表示类别 C_t，而 $t=0$ 表示类别 C_z。可以把 t 的值解释为分类结果为 C_1 的概率，其中概率只取极限值 0，1。对于 $K>2$ 的情况，比较方便的方法是使用 "1-of-K" 编码规则。这种方法是：t 是一个长度为 K 的向量。如果类别为 C_j，那么 t 的所有元素 t_k，除了 t_j 等于 1，其余的都等于 0。例如，如果有 5 个类别，那么来自第 2 个类别的模式给出的目标向量为 $t=(0，1，0，0，0)^{\mathrm{T}}$。同样地，也可以把 t_k 的值解释为分类为 C_k 的概率。对于非概率模型，目标变量使用其他表示方法有时候会更方便。

最简单的方法是构造一个直接把向量 x 分到具体的类别中判别函数（discriminant function）。但是，一个更强大的方法是在推断阶段对条件概率分布 $p(C|x)$ 进行建模，然后使用这个概率分布进行最优决策。有两种不同的方法来确定条件概率 $p(C|x)$。一种是直接对它建模，例如，把条件概率分布表示为参数模型，然后使用训练集来最优化参数。另一种是生成式的方法。在这种方法中，对类条件概率密度 $p(C|x)$ 以及先验概率分布 $p(C|x)$ 建模，然后使用贝叶斯定理来计算需要的后验概率分布。非线性分类模型与线性分类模型如图 2-25 所示。

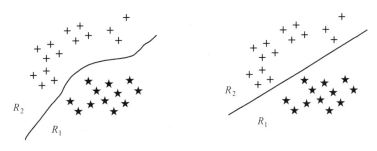

图 2-25　非线性分类模型与线性分类模型

2.4.3　支持向量机

支持向量机（SVM）方法是 20 世纪 90 年代初 Vapnik 等人根据统计学习理论提出的一种新的机器学习方法，它以结构风险最小化原则为理论基础，通过适当地选择函数子集及该子集中的判别函数，使学习机器的实际风险达到最小，保证了通过有限训练样本得到的小误差分类器，对独立测试集的测试误差仍然较小。

支持向量机的基本思想：首先，在线性可分情况下，在原空间寻找两类样本的最优分类超平面。在线性不可分的情况下，加入了松弛变量进行分析，通过使用非线性映射将低维输入空间的样本映射到高维属性空间使其变为线性情况，从而使得在高维属性空间采用线性算法对样本的非线性进行分析成为可能，并在该特征空间中寻找最优分类超平面。其次，它通过使用结构风险最小化原理在属性空间构建最优分类超平面，使得分类器得到全局最优，并在整个样本空间的期望风险以某个概率满足一定上界。

SVM 学习的基本想法是求解能够正确划分训练数据集并且几何间隔最大的分离超平面。如图 2-26 和图 2-27 所示，$w \cdot x + b = 0$ 即为分离超平面，对于线性可分的数据集来说，这样的超平面有无穷多个（即感知机），但是几何间隔最大的分离超平面却是唯一的。

其突出的优点表现在：（1）基于统计学习理论中结构风险最小化原则，具有良好的泛化能力，即由有限的训练样本得到的小的误差能够保证使独立的测试集仍保持小的误差。（2）支持向量机的求解问题对应的是一个凸优化问题，因此局部最优解一定是全局最优解。（3）核函数的成功应用，将非线性问题转化为线性问题求解。（4）分类间隔的最大化，使得支持向量机算法具有较好的鲁棒性。由于 SVM 自身的突出优势，因此被越来越多的研究人员作为强有力的学习工具，以解决模式识别、回归估计等领域的难题。

2.4.3.1　核方法

选择满足 Mercer 条件的不同内积核函数，就构造了不同的 SVM，这样也就形成了不

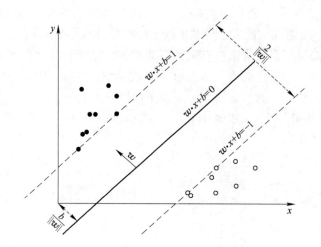

图 2-26   线性可分支持向量机

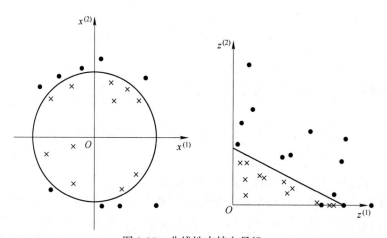

图 2-27   非线性支持向量机

同的算法。目前研究最多的核函数主要有三类：

（1）多项式核函数。

$$K(x, x_i) = [(x \cdot x_i) + 1]^q \tag{2-49}$$

式中，q 为多项式的阶次，所得到的是 q 阶多项式分类器。

（2）径向基函数（RBF）。

$$K(x, x_i) = \exp\left(-\frac{|x - x_i|^2}{\sigma^2}\right) \tag{2-50}$$

所得的 SVM 是一种径向基分类器，它与传统径向基函数方法的基本区别是，这里每一个基函数的中心对应于一个支持向量，它们及输出权值都是由算法自动确定的。径向基形式的内积函数类似人的视觉特性，在实际应用中经常用到，但是需要注意的是，选择不同的 S 参数值，相应的分类面会有很大差别。

（3）S 形核函数。

$$K(x, x_i) = \tanh[v(x \cdot x_i) + c] \tag{2-51}$$

这时的 SVM 算法中包含了一个隐层的多层感知器网络，不但网络的权值，而且网络的隐层结点数也是由算法自动确定的，而不像传统的感知器网络那样由人凭借经验确定。此外，该算法不存在困扰神经网络的局部极小点的问题。

在上述几种常用的核函数中，最为常用的是多项式核函数和径向基核函数。除了上面提到的三种核函数外，还有指数径向基核函数、小波核函数等其他一些核函数，应用相对较少。事实上，需要进行训练的样本集有各式各样，核函数也各有优劣。B. Bacsens 和 S. Viaene 等人曾利用 LS-SVM 分类器，采用 UCI 数据库，对线性核函数、多项式核函数和径向基核函数进行了实验比较，从实验结果来看，对不同的数据库，不同的核函数各有优劣，而径向基核函数在多数数据库上得到略为优良的性能。

2.4.3.2 支持向量机的应用研究现状

SVM 方法在理论上具有突出的优势，贝尔实验室率先在美国邮政手写数字库识别研究方面应用了 SVM 方法，取得了较大的成功。在随后的近几年内，有关 SVM 的应用研究得到了很多领域的学者的重视，在人脸检测、验证和识别、说话人/语音识别、文字/手写体识别、图像处理及其他应用研究等方面取得了大量的研究成果，从最初的简单模式输入的直接的 SVM 方法研究，进入到多种方法取长补短的联合应用研究，对 SVM 方法也有了很多改进。

A 人脸检测、验证和识别

Osuna 最早将 SVM 应用于人脸检测并取得了较好的效果。其方法是训练非线性 SVM 分类器完成人脸与非人脸的分类。由于 SVM 的训练需要大量的存储空间，并且非线性 SVM 分类器需要较多的支持向量，速度很慢。为此，马勇等提出了一种层次型结构的 SVM 分类器，它由一个线性 SVM 组合和一个非线性 SVM 组成。检测时，由前者快速排除掉图像中绝大部分背景窗口，而后者只需对少量的候选区域做出确认；训练时，在线性 SVM 组合的限定下，与"自举（bootstrapping）"方法相结合可收集到训练非线性 SVM 的更有效的非人脸样本，简化 SVM 训练的难度。大量实验结果表明这种方法不仅具有较高的检测率和较低的误检率，而且具有较快的速度。

人脸检测研究中更复杂的情况是姿态的变化。叶航军等提出了利用支持向量机方法进行人脸姿态的判定，将人脸姿态划分成 6 个类别，从一个多姿态人脸库中手工标定训练样本集和测试样本集，训练基于支持向量机姿态分类器，分类错误率降低到 1.67%，明显优于在传统方法中效果最好的人工神经元网络方法。

在人脸识别中，面部特征的提取和识别可看作是对 3D 物体的 2D 投影图像进行匹配的问题。由于许多不确定性因素的影响，特征的选取与识别就成为一个难点。凌旭峰等及张燕昆等分别提出基于 PCA 与 SVM 相结合的人脸识别算法，充分利用了 PCA 在特征提取方面的有效性以及 SVM 在处理小样本问题和泛化能力强等方面的优势，通过 SVM 与最近邻距离分类器相结合，使得所提出的算法具有比传统最近邻分类器和 BP 网络分类器更高的识别率。王宏漫等在 PCA 基础上进一步做 ICA，提取更加有利于分类的面部特征的主要独立成分；然后采用分阶段淘汰的支持向量机分类机制进行识别。对两组人脸图像库的测试结果表明，基于 SVM 的方法在识别率和识别时间等方面都取得了较好的效果。具体应用如图 2-28 所示。

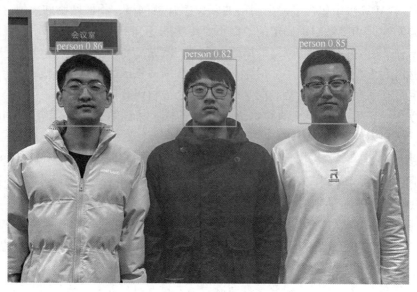

图 2-28   人脸识别

B   文字/手写体识别

贝尔实验室对美国邮政手写数字库进行的实验，人工识别平均错误率是 2.5%，专门针对该特定问题设计的 5 层神经网络错误率为 5.1%（其中利用了大量先验知识），而用 3 种 SVM 方法（采用 3 种核函数）得到的错误率分别为 4.0%、4.1% 和 4.2%，且是直接采用 16×16 的字符点阵作为输入，表明了 SVM 的优越性能。

手写体数字 0~9 的特征可以分为结构特征、统计特征等。柳回春等在 UK 心理测试自动分析系统中组合 SVM 和其他方法成功地进行了手写数字的识别实验。另外，在手写汉字识别方面，高学等提出了一种基于 SVM 的手写汉字的识别方法，表明了 SVM 对手写汉字识别的有效性。

2.5   小   结

本章内容是传统图像技术中一些基本概念、具有代表性图像处理技术、传统人工设计的特征提取器方法以及传统的机器学习算法。这些方法均为后续学习深度学习与图像识别提供了理论依据。其中，图像增强通常用于图像实验数据的预处理；而传统人工设计的特征提取器则是不断寻找各种描述子来提取图像中的基本特征，提出自适应的图像描述符，会忽略图像中的部分特征，使得准确率不是很理想。另外，传统的机器学习算法无法实现端对端的训练，只能分步进行（数据获取、数据预处理、特征提取、分类器），不能进行全局的反向传播，使得无法优化参数，而且也大大增加训练难度，本章通过对图像进行图像空域平滑、空域锐化以及相应的频域增强，使图像变得更容易识别得到相应的所需数据。最后，介绍传统图像工程常见的三个模型，分别是稀疏模型、线性分类模型以及支持向量机。

思 考 题

2-1 图像有哪些基本特征？

2-2 图像的人工特征主要包括几种？

2-3 图像常见的噪声有哪三种，产生的原因是什么？

2-4 灰度变换常用什么方法？

2-5 列举空间域的常见的几种平滑法。

2-6 特征提取算法主要分为哪两种？

2-7 SIFT 算法有什么特点？

参 考 文 献

[1] 贾永红. 数字图像处理 [M]. 武汉：武汉大学出版社，2010.

[2] 柳杨. 数字图像物体识别理论详解与实战 [M]. 北京：北京邮电大学版社，2018.

[3] 博客"闲下来的符号"OpenCV 模型训练 https：//blog. csdn. net/u013453816/article/details/108051719.

[4] 特征提取博客"青城山小和尚"https：//blog. csdn. net/qq_36359022/article/list.

[5] 卢官明，唐贵进，崔子冠，数字图像与视频处理 [M]. 北京：机械工业出版社，2017.

[6] 章毓晋. 中国图像工程：2020 [J]. 中国图像图形学报，2021，26（5）：978-990.

[7] 张德丰. 数字图像处理 [M]. 北京：人民邮电出版社，2015.

[8] 张铮，徐超，任淑霞，等. 数字图像处理与机器视觉 [M]. 北京：人民邮电出版社，2014.

[9] 李博. 机器学习实践作用 [M]. 北京：人民邮电出版社，2017.

[10] 机器学习之支持向量 https：//blog. csdn. net/havefun00/article/details/79631294.

[11] 机器学习算法/模型 https：//blog. csdn. net/Robin_Pi/article/details/104434355.

[12] 稀疏线性模型_QQQiZZZ 的博客-CSDN 博客_稀疏回归模型 https：//blog. csdn. net/marmove/article/details/85260241.

[13] 线性分类模型（一）——线性判别函数-简书（jianshu. com）https：//www. jianshu. com/p/8d59f38792e5.

[14] 稀疏模型：特征选择、L0 正则、L1 正则、Lasso-知乎（zhihu. com）https：//zhuanlan. zhihu. com/p/164642684.

[15] SURF 算法学习笔记-简书(jianshu. com)https：//wenku. baidu. com/view/726aac35fc00bed5b9f3f90f76c66137ee064fb1? fr=sogou&_wkts_=1670473172161.

[16] 卢文峰，黄小龙. 图像工程技术综述 [J]. 通信电源技术，2018：50-54.

3 深度学习与计算机视觉

本章彩图

本章重难点

在本章的学习过程中，我们需要理解神经元、线性神经网络和多层感知机的定义及其结构，掌握卷积神经网络的组成。对所介绍的模型部分，需要掌握每个模型的结构，同时，横向对比模型之间的优缺点，以便对模型有更深刻的理解。

思维导图

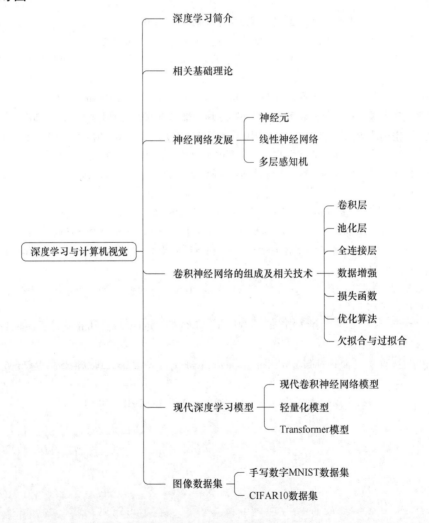

3.1 深度学习简介

科幻电影般的世界已经变成了现实，人工智能战胜过日本将棋、国际象棋的冠军，甚至又打败了围棋冠军；智能手机可以理解人们说的话，在视频通话中进行实时的"机器翻译"；配备了摄像头的"自动防撞汽车"保护着人们的生命安全，自动驾驶技术的实用化也越发完善，图 3-1 为自动驾驶汽车；智能家务机器人，让人们的生活更加轻松，图 3-2 是正在打扫卫生的智能家务机器人。原来被认为只有人类才能做到的事情，现在人工智能都能毫无差错地完成甚至试图超越人类。因为人工智能的发展，我们所处的世界正在逐渐变成一个崭新的世界。

图 3-1　自动驾驶汽车

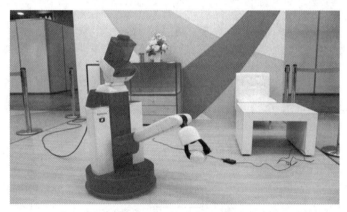

图 3-2　智能家务机器人

在这个发展速度惊人的世界背后，深度学习技术发挥着重要的作用。对于深度学习，世界各地的研究人员不吝褒奖之辞，称赞其为革新性技术，甚至有人认为它是几十年才有的一次突破。

3.1.1　什么是深度学习

深度学习的概念起源于人工神经网络的研究，深度指的是网络学习得到的函数中非线性运算组合水平的数量。深度学习是想通过模仿人脑的思考方式，实现对数据的分析，一般是指通过训练多层网络结构对未知数据进行分类或回归。目前，深度学习主要解决目标识别、语音感知和语言理解等人工智能相关的任务。

深度学习有监督学习和无监督学习两种类型，监督学习包括深度前馈网络、卷积神经网络、循环神经网络等，无监督学习包括深度信念网、深度玻耳兹曼机，深度自编码器等，学习模型根据学习框架的类型来确定。

3.1.2　机器学习与深度学习

机器学习，指借助算法来分析数据规律，并利用规律来预测结果的算法，分为监督学习、无监督学习和强化学习。深度学习是神经网络算法的扩展，是机器学习的第二个阶段。也就是说，深度学习还是属于机器学习的范畴领域，如图 3-3 所示。因为机器学习中的单层感知机只适用于线性可分问题，无法处理线性不可分问题。但深度学习中的多层感知机可以实现，它针对浅层学习的劣势——维度灾难（特征的维度过高，无法有效表达特征），通过它的层次结构、低层次特征中提取高层次特征，弥补浅层学习的不足。图 3-4 为深度学习与机器学习的对比流程。

由于机器学习的发展，机器学习自动学习数据隐含高等级特征的能力，随着模型的改进以及训练数据的扩充而逐步提升，深度学习也随之发展。

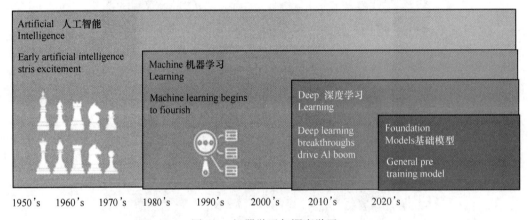

图 3-3　机器学习与深度学习

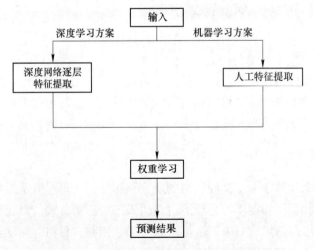

图 3-4　深度学习和机器学习对比流程

3.1.3 深度学习的应用场景

3.1.3.1 计算机视觉

传统的机器视觉方法，主要取决于自定义的特征，然而这些特征不能抓取高等级的边界信息。为了弥补小规模样本的不足——不能有效表达复杂特征，计算机视觉开始转向深度学习，比如2012年A Krizhevsky对LSVRC 2010数据集（有1000个种类的120万个图像）用深度神经网络（deep neural networks，DNN）来分类。在top1和top5上的错误率依次是37.5%和17.0%，超过了传统方法。除此之外，深度学习在人脸识别中也取得很好的识别效果，图3-5为人脸识别点位图，在2014年Sun Yi用深度隐藏身份特征（deep hidden identity feature）来表示面部特征，在LFW上测试准确度达到97.45%。

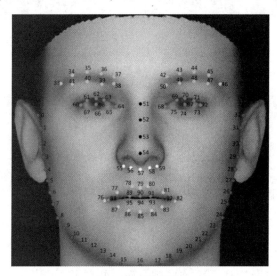

图3-5 人脸识别

3.1.3.2 语音识别

语音识别（如图3-6所示）现已发展了几十年，传统的方法是统计学方法，主要基于隐马尔可夫-高斯混合模型（HNM-GMM）。传统方法的特征无法涵盖语音数据的原有结构特征，因而对数据相关性的容忍度低，而DNN替换GMM后可以弥补此不足。比如2012年微软的语音视频检索系统，通过深度学习方法将单词错误率（word error rate）由27.4%降到18.5%。DNN相比于HIMM-GMM有10%左右的提升，卷积神经网络（convolutional neural networks，CNN）相比DNN数据的相关性适应能力更强。

3.1.3.3 自然语言处理

深度学习在自然语言处理的应用主要包括语言模型、情感分析、神经机器翻译、神经自动摘要、机器阅读理解和自然语言推理。语言模型是根据之前词预测下一个单词，情感分析是分析文本体现的情感（如正负向、正负中或多态度类型），神经机器翻译是基于统计语言模型的多语种互译，神经自动摘要是根据文本自动生成摘要，机器阅读理解是通过阅读文本回答问题、完成选择题或完形填空，自然语言推理是根据一句话（前提）推理出另一句话（结论）。

图 3-6　语音识别

3.2　深度学习基础理论

3.2.1　线性代数

在开始深度学习之前，需要简要地回顾一下线性代数的基本部分内容。线性代数有助于了解和实现本书中介绍的多数模型，包括线性代数中的基本数学对象、算术和运算，并用数学符号和相应的代码实现来表示它们。

（1）标量。只有一个元素表示的张量称之为标量。

（2）向量。标量值组成的列表称之为向量。

（3）矩阵。向量将标量从零阶推广到一阶，矩阵将向量从一阶推广到二阶。矩阵，我们通常用粗体、大写字母来表示（例如，X、Y 和 Z）。在数学表示法中，我们使用 $A \in R^{m \times n}$ 来表示矩阵 A，其由 m 行和 n 列的实值标量组成。直观地，我们可以将任意矩阵 $A \in R^{m \times n}$ 视为一个表格，其中每个元素 a_{ij} 属于第 i 行第 j 列：

$$A = \begin{bmatrix} a_{11} & a_{12} & \cdots & a_{1n} \\ a_{21} & a_{22} & \cdots & a_{2n} \\ \vdots & \vdots & \ddots & \vdots \\ a_{m1} & a_{m2} & \cdots & a_{mn} \end{bmatrix}$$

对于任意 $A \in R^{m \times n}$，A 的形状是（m，n）或 $m \times n$。当矩阵具有相同数量的行和列时，其形状将变为正方形，因此，它被称为方矩阵（square matrix）。

（4）张量。向量是标量的推广，矩阵是向量的推广，因此，我们可以构建具有更多轴的数据结构。张量（本小节中的"张量"指代数对象）为我们提供了描述具有任意数量轴的 n 维数组的通用方法。例如，向量是一阶张量，矩阵是二阶张量。张量用特殊字体的大写字母（例如，X、Y 和 Z）表示，它们的索引机制（例如 X_{ijk} 和 $[X]_{1,2i-1,3}$）与矩阵类似。

（5）点积。给定两个向量 x，$y \in R^d$，它们的点积（dotproduct）$x^T y$ 是相同位置的按

元素乘积的和:

$$\boldsymbol{x}^{\mathrm{T}}\boldsymbol{y} = \sum_{i=1}^{d} x_i y_i \tag{3-1}$$

(6) 矩阵向量积。我们将矩阵 $\boldsymbol{A}$ 用它的行向量表示:

$$\boldsymbol{A} = \begin{bmatrix} \boldsymbol{a}_1^{\mathrm{T}} \\ \boldsymbol{a}_2^{\mathrm{T}} \\ \vdots \\ \boldsymbol{a}_m^{\mathrm{T}} \end{bmatrix} \tag{3-2}$$

每个 $\boldsymbol{a}_i^{\mathrm{T}} \in \boldsymbol{R}^n$ 都是行向量,表示矩阵的第 i 行。矩阵向量积 $\boldsymbol{Ax}$ 是一个长度为 m 的列向量,其第 i 个元素是点积 $\boldsymbol{a}_i^{\mathrm{T}} x$。

$$\boldsymbol{Ax} = \begin{bmatrix} \boldsymbol{a}_1^{\mathrm{T}} \\ \boldsymbol{a}_2^{\mathrm{T}} \\ \vdots \\ \boldsymbol{a}_m^{\mathrm{T}} \end{bmatrix} \boldsymbol{x} = \begin{bmatrix} \boldsymbol{a}_1^{\mathrm{T}} \boldsymbol{x} \\ \boldsymbol{a}_2^{\mathrm{T}} \boldsymbol{x} \\ \vdots \\ \boldsymbol{a}_m^{\mathrm{T}} \boldsymbol{x} \end{bmatrix} \tag{3-3}$$

我们可以把一个矩阵 $\boldsymbol{A} \in \boldsymbol{R}^{m \times n}$ 乘法看作是一个从 $\boldsymbol{R}^n$ 到 $\boldsymbol{R}^m$ 向量的转换。这些转换证明是非常有用的。例如,可以用方阵的乘法来表示旋转,这将在后续章节中讲到,也可以使用矩阵向量积来描述在给定前一层的值,以此来进行神经网络每一层所需的复杂计算。

(7) 矩阵-矩阵乘法。假设有两个矩阵 $\boldsymbol{A} \in \boldsymbol{R}^{n \times k}$ 和 $\boldsymbol{B} \in \boldsymbol{R}^{k \times m}$:

$$\boldsymbol{A} = \begin{bmatrix} ca_{11} & a_{12} & \cdots & a_{1k} \\ a_{21} & a_{22} & \cdots & a_{2k} \\ \vdots & \vdots & \ddots & \vdots \\ a_{n1} & a_{n2} & \cdots & a_{nk} \end{bmatrix}, \boldsymbol{B} = \begin{bmatrix} cb_{11} & b_{12} & \cdots & b_{1m} \\ b_{21} & b_{22} & \cdots & b_{2m} \\ \vdots & \vdots & \ddots & \vdots \\ b_{k1} & b_{k2} & \cdots & b_{km} \end{bmatrix} \tag{3-4}$$

用行向量 $\boldsymbol{a}_i^{\mathrm{T}} \in \boldsymbol{R}^k$ 表示矩阵 $\boldsymbol{A}$ 的第 i 行,并让列向量 $\boldsymbol{b}_j \in \boldsymbol{R}^k$ 作为矩阵 $\boldsymbol{B}$ 的第 j 列。要生成矩阵积 $\boldsymbol{C}$,最简单的方法是考虑 $\boldsymbol{A}$ 的行向量和 $\boldsymbol{B}$ 的列向量。

$$\boldsymbol{A} = \begin{bmatrix} \boldsymbol{a}_1^{\mathrm{T}} \\ \boldsymbol{a}_2^{\mathrm{T}} \\ \vdots \\ \boldsymbol{a}_n^{\mathrm{T}} \end{bmatrix}, \boldsymbol{B} = \begin{bmatrix} l\boldsymbol{b}_1 & \boldsymbol{b}_2 & \cdots & \boldsymbol{b}_m \end{bmatrix} \tag{3-5}$$

当我们简单地将每个元素 $\boldsymbol{C}_{ij}$ 计算为点积 $\boldsymbol{a}_i^{\mathrm{T}} \boldsymbol{b}_j$:

$$\boldsymbol{C} = \boldsymbol{AB} = \begin{bmatrix} \boldsymbol{a}_1^{\mathrm{T}} \\ \boldsymbol{a}_2^{\mathrm{T}} \\ \vdots \\ \boldsymbol{a}_n^{\mathrm{T}} \end{bmatrix} \begin{bmatrix} l\boldsymbol{b}_1 & \boldsymbol{b}_2 & \cdots & \boldsymbol{b}_m \end{bmatrix} = \begin{bmatrix} c\boldsymbol{a}_1^{\mathrm{T}}\boldsymbol{b}_1 & \boldsymbol{a}_1^{\mathrm{T}}\boldsymbol{b}_2 & \cdots & \boldsymbol{a}_1^{\mathrm{T}}\boldsymbol{b}_m \\ \boldsymbol{a}_2^{\mathrm{T}}\boldsymbol{b}_1 & \boldsymbol{a}_2^{\mathrm{T}}\boldsymbol{b}_2 & \cdots & \boldsymbol{a}_2^{\mathrm{T}}\boldsymbol{b}_m \\ \vdots & \vdots & \ddots & \vdots \\ \boldsymbol{a}_n^{\mathrm{T}}\boldsymbol{b}_1 & \boldsymbol{a}_n^{\mathrm{T}}\boldsymbol{b}_2 & \cdots & \boldsymbol{a}_n^{\mathrm{T}}\boldsymbol{b}_m \end{bmatrix} \tag{3-6}$$

可以将矩阵-矩阵乘法 $\boldsymbol{AB}$ 看作是简单地执行 m 次矩阵-向量积,并将结果拼接在一起,形成一个 $n \times m$ 矩阵。矩阵-矩阵乘法可以简单地称为矩阵乘法。

3.2.2 微积分

在 2500 年前，古希腊把一个多边形分成三角形，并把它们的面积相加，才找到计算多边形面积的方法。为了求出曲线形状（例如圆）的面积，古希腊人在这样的形状上刻内接多边形。如图 3-7 所示，内接多边形的等长边越多，就越接近圆，这个过程也被称为逼近法（method of exhaustion）。

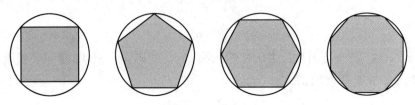

图 3-7　逼近法

事实上，逼近法就是积分的起源，2000 多年后，微积分的另一支，微分（differential calculus），被发明出来。在微分学最重要的应用是优化问题，即考虑如何把事情做到最好，而这种问题在深度学习中是无处不在的。

在深度学习中，"训练"模型，不断更新它们，使它们在看到越来越多的数据时变得越来越好。通常情况下，变得更好意味着最小化一个损失函数，即一个衡量"我们的模型有多糟糕"这个问题的分数。这个问题比看上去要微妙得多。最终，我们真正关心的是生成一个能够在我们从未见过的数据上表现良好的模型，但只能将模型与实际能看到的数据相拟合。因此，可以将拟合模型的任务分解为两个关键问题：优化（optimization）和泛化（generalization）。

3.2.2.1 导数

首先讨论导数的计算，这是几乎所有深度学习优化算法的关键步骤。在深度学习中，通常选择对于模型参数可微的损失函数。简而言之，这意味着，对于每个参数，如果把这个参数增加或减少一个无穷小的量，就可以知道损失会以多快的速度增加或减少。假设我们有一个函数 $f: \mathbf{R}^n \rightarrow \mathbf{R}$，其输入和输出都是标量，$f$ 的导数被定义为：

$$f'(x) = \lim_{h \to 0} \frac{f(x+h) - f(x)}{h} \tag{3-7}$$

如果这个极限存在，即 $f'(a)$ 存在，则称 f 在 a 处是可微（differentiable）的。如果 f 在一个区间内的每个数上都是可微的，则此函数在此区间中是可微的。我们可以将上式中的导数 $f'(x)$ 解释为 $f(x)$ 相对于 x 的瞬时（instantaneous）变化率。所谓的瞬时变化率是基于 x 中的变化 h，且 h 接近 0。

3.2.2.2 微分

首先熟悉一下导数的几个等价符号。给定 $y = f(x)$，其中 x 和 y 分别是函数 f 的自变量和因变量。以下表达式是等价的：

$$f'(x) = y' = \frac{dy}{dx} = \frac{df}{dx} = \frac{d}{dx}f(x) = \mathrm{D}f(x) = \mathrm{D}_x f(x) \tag{3-8}$$

其中符号 d/dx 和 D 是微分运算符，表示微分操作。可以使用以下规则来对常见函数求微分：

- $DC = 0$（C 是一个常数）
- $Dx^n = nx^{n-1}$（幂律（power rule），n 是任意实数）
- $De^x = e^x$
- $D\ln(x) = 1/x$

3.2.2.3 偏导数

在深度学习中，函数通常依赖于许多变量。因此，需要将微分的思想推广到多元函数（multivariate function）上。设 $y = f(x_1, x_2, \cdots, x_n)$ 是一个具有 n 个变量的函数。y 关于第 i 个参数 x_i 的偏导数（partial derivative）为：

$$\frac{\partial y}{\partial x_i} = \lim_{h \to 0} \frac{f(x_1, \cdots, x_{i-1}, x_i + h, x_{i+1}, \cdots, x_n) - f(x_1, \cdots x_i, \cdots, x_n)}{h} \quad (3-9)$$

为了计算 $\dfrac{\partial y}{x_i}$，可以简单地将 $x_1, \cdots, x_{i-1}, x_{i+1}, \cdots, x_n$ 看作常数，并计算 y 关于 x_i 的导数。对于偏导数的表示，以下是等价的：

$$\frac{\partial y}{\partial x_i} = \frac{\partial f}{\partial x_i} = f_{x_i} = f_i = D_i f = D_{x_i} f \quad (3-10)$$

3.2.2.4 梯度

可以连接一个多元函数对其所有变量的偏导数，以得到该函数的梯度向量。设函数 $f: R^n \to R$ 的输出是一个 n 维向量 $\boldsymbol{x} = [x_1, x_2, \cdots, x_n]^T$，并且输出是一个标量。函数 $f(\boldsymbol{x})$ 相对于 $\boldsymbol{x}$ 的梯度是一个包含 n 个偏导数的向量：

$$\nabla_{\boldsymbol{x}} f(\boldsymbol{x}) = \left[\frac{\partial f(\boldsymbol{x})}{\partial x_1}, \frac{\partial f(\boldsymbol{x})}{\partial x_2}, \cdots, \frac{\partial f(\boldsymbol{x})}{\partial x_n}\right]^T \quad (3-11)$$

其中 $\nabla_{\boldsymbol{x}} f(x)$ 通常在没有歧义时被 $\nabla f(\boldsymbol{x})$ 取代。

假设 $\boldsymbol{x}$ 为 n 维向量，在微分多元函数时经常使用以下规则：

(1) 对于所有 $\boldsymbol{A} \subset R^{m \times n}$，都有 $\nabla_{\boldsymbol{x}} \boldsymbol{A} \boldsymbol{x} = \boldsymbol{A}^T$；

(2) 对于所有 $\boldsymbol{A} \in R^{m \times n}$，都有 $\nabla_{\boldsymbol{x}} \boldsymbol{x}^T \boldsymbol{A} = \boldsymbol{A}$；

(3) 对于所有 $\boldsymbol{A} \in R^{m \times n}$，都有 $\nabla_{\boldsymbol{x}} \boldsymbol{x}^T \boldsymbol{A} \boldsymbol{x} = (\boldsymbol{A} + \boldsymbol{A}^T) \boldsymbol{x}$；

(4) $\nabla_{\boldsymbol{x}} \|\boldsymbol{x}\|^2 = \nabla_{\boldsymbol{x}} \boldsymbol{x}^T \boldsymbol{x} = 2\boldsymbol{x}$。

同样，对于任何矩阵 $\boldsymbol{X}$，都有 $\nabla_{\boldsymbol{X}} \|x\|_F^2 = 2\boldsymbol{X}$。正如之后看到的，梯度对于设计深度学习中的优化算法有很大用处。

3.2.3 概率

在某种形式上，机器学习就是做出预测。根据临床病史，我们可能想预测他们在下一年心脏病发作的概率。在异常检测中，可能想要评估飞机喷气发动机的一组读数是正常运行情况的可能性有多大。当建立推荐系统时，也需要考虑概率，例如，假设为一家大型在线书店工作，那么可能希望估计特定用户购买特定图书的概率。为此，我们需要使用概率学。

前面的章节已经提到了概率，但没有明确说明它是什么，也没有给出具体的例子。现在请考虑第一个例子：根据照片区分猫和狗。这听起来可能很简单，但实际上是一个艰巨的挑战。首先，问题的难度可能取决于图像的分辨率。如图 3-8 所示，虽然人类很容易以 160×160 像素的分辨率识别猫和狗，但它在 40×40 像素下变得具有挑战性，而且在 10×10 像素下几乎是不可能的。换句话说，在很远的距离（降低分辨率）区分猫和狗的能力可能会接近不知情的猜测。概率提供了一种正式的途径来说明确定性水平。如果完全肯定图像是一只猫，则标签 y 是"猫"的概率，表示为 $P(y=$"猫"$)$ 等于 1。如果没有证据表明 $y=$"猫"或 $y=$"狗"，那么可以说这两种可能性是等可能的，把它表示为 $P(y=$"猫"$)=P(y=$"狗"$)=0.5$。如果有足够的信心，但不确定图像描绘的是一只猫，可以将概率赋值 $0.5<P(y=$"猫"$)<1$。因此，概率是一种灵活的语言，用于说明人们的确定程度。

图 3-8   区分猫与狗

（1）随机变量。在掷骰子的随机实验中，提出了随机变量（randomvariable）的概念。随机变量几乎可以是任何数量，并且不是确定性的。它可以在随机实验的一组可能性中取一个值。考虑一个随机变量 X，其值在掷骰子的样本空间 $S=\{1, 2, 3, 4, 5, 6\}$ 中。可以将事件"看到一个 5"表示为 $\{X=5\}$ 或 $X=5$，其概率表示为 $P(\{X=5\})$ 或 $P(X=5)$。通过 $P(X=a)$，可以区分随机变量 X 和 X 可以采取的值（例如 a）。然而，这可能会导致烦琐的表示方式。为了简化符号，一方面，可以将 $P(X)$ 表示为随机变量 X 上的分布，即 X 获得任意值的概率。另一方面，可以简单用 $P(a)$ 表示随机变量取值 a 的概率。由于概率论中的事件是来自样本空间的一组结果，因此可以为随机变量指定其值的可取范围。例如，$P(1 \leqslant X \leqslant 3)$ 表示事件 $\{1 \leqslant X \leqslant 3\}$，即 $\{X=1, 2$ 或 $3\}$ 的概率。等价地，$P(1 \leqslant X \leqslant 3)$ 表示随机变量 X 从 $\{1, 2, 3\}$ 中取值的概率。

（2）联合概率。联合概率（joint probability）指的是两个事件同时发生的概率，公式如下：

$$P(A, B) = P(B|A) \cdot P(A) \Rightarrow P(B|A) = \frac{P(A, B)}{P(A)} \tag{3-12}$$

因此当两事件独立时，$P(A, B) = P(A) \cdot P(B)$，此时，$P(B|A) = P(B)$，即事件 A 发不发生对事件 B 发生的概率没有影响。值得注意的是，对于任何 A 和 B，$P(A, B) \leqslant P(A)$，即 A 和 B 同时发生的概率不大于 A 发生的概率或是 B 单独发生的概率。

（3）条件概率。

$$0 \leqslant \frac{P(A = a, \; B = b)}{P(A = a)} \leqslant 1 \tag{3-13}$$

这个比值称为条件概率（conditional probability），并用 $P(B = b | A = a)$ 表示。它是 $B = b$ 的概率，前提是 $A = a$ 已发生。

3.3 神经网络发展

3.3.1 神经元

神经元是神经网络中最基本的结构，也是神经网络的基本单元，如图 3-9 所示。它的设计灵感来源于生物学上神经元的信息传播机制。一个神经元通常由树突、轴突、轴突末梢组成，树突通常有多个，主要用来传递信号，而轴突只有一条，轴突尾端有很多轴突末梢，可以用来给其他神经元传递信息。轴突末梢跟其他神经元的树突产生连接，连接的位置在生物学上叫作突触。神经元有两种状态：兴奋和抑制，一般情况下，大多数的神经元是处于抑制状态，但是一旦某个神经元受到刺激，导致它的电位超过一个阈值，那么这个神经元就会被激活，处于"兴奋"状态，进而向其他的神经元传播化学物质（其实就是信息）。

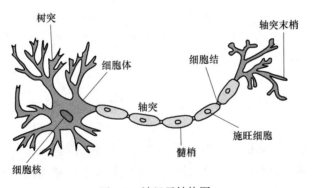

图 3-9 神经元结构图

1943 年，Mc Culloch 和 Pitts 将神经元结构用一种简单的模型进行了表示，构成了一种人工神经元模型，也就是现在经常用到的"M-P 神经元模型"。在神经元的输出式中，θ 为神经元的激活阈值；函数 $f(\cdot)$ 为激活函数；ω 是权值。同时，函数 $f(\cdot)$ 可以用一个阶跃方程表示，大于阈值激活，否则就抑制。但是阶跃函数不光滑、不连续、不可导，因此我们更常用的方法是用 sigmoid 函数来表示函数 $f(\cdot)$。

3.3.2 线性神经网络

线性神经网络是最简单的一种神经元网络，由一个或多个线性神经元构成，线性神经网络每个神经元的传递函数为线性函数，因此，线性神经网络的输出可取任意值。

线性神经网络的训练过程一般分为 3 个阶段，一是根据给定的输入向量计算网络的输出向量 $Y = WX + B$，与期望输出向量之间的误差 E，其中，Y 为输出列向量，X 为输入列向量，**W** 为权重矩阵，**B** 为阈值列向量。若用 **T** 表示网络的目标输出向量，则线性网络的输出误差函数定义为：

$$E(W, B) = (T - Y)2/2 = (T - WX - B)2/2 \tag{3-14}$$

由式（3-14）可知，当网络的输入和目标输出值给定时，其输出误差取决于网络的权重和阈值，而且其误差是一个具有抛物面型的结构，只有一个误差最小值。二是将网络输出误差的平方与其期望误差相比较，如果其值小于期望误差，或训练已经达到事先设定的最大训练次数，则终止训练，否则继续进行训练。三是采用 Window-Hoff 学习规则，计算新的权值和阈值，并返回到第一步。对于线性神经网络的学习规则，可以采用 Window-Hoff 或者 LMS 来训练网络，调整网络的权重和阈值。它采用梯度下降法，不断修正权重和阈值，使输出误差达到最小值。按照这种方法训练时，网络的下一个权重向量等于现在的权重（或阈值）向量加一个正比于均方误差梯度负值的变化量。为了便于实现，取当前位置上的误差函数的梯度作为均方误差梯度的估计，则 Window-Hoff 学习规则的权重和阈值的修正公式可分别表示为：

$$Wk + 1 = Wk - \eta \cdot Ek(W, B)/W = Wk + \eta(Tk - Yk)XTk \tag{3-15}$$

$$Bk + 1 = Bk - \eta \cdot Ek(W, B)/B = Bk + \eta(Tk - Yk) \tag{3-16}$$

式中，η 为学习速率，它决定网络的收敛速度，当 η 增大时，网络收敛速度加快，但是当 η 太大时，学习过程变得不稳定，而且误差会增大，因此要适当地选取学习速率（通常 $0.01 \leqslant \eta \leqslant 1$）。Window-Hoff 学习规则训练网络时，针对每一对训练样本，按照式(3-14)、式（3-15）修正权重和阈值，直到达到规定的误差精度或者规定的训练次数。

3.3.3　多层感知机

感知机是深度学习入门的基础模型，它从单层感知机发展到多层感知机。单层感知机是指只有输入层和输出层且两层直接连接的模型。输入层输入数据后，经过计算直接进入输出层输出结果。单层感知机只能用于简单的线性可分类问题。显然，单层感知机可解决的问题是有局限性的。随着更多理论知识的不断完善，多层感知机应运而生。多层感知机（multilayer perceptron，MLP）又称前向传播网络或深度前馈网络，是最基本的深度学习网络结构。区别于单层感知机，除了输入层与输出层外，MLP 增加多个隐藏层，最简单的 MLP 模型只设置一层隐藏层，如图 3-10 所示。MLP 中的输入层、隐藏层和输出层之间是全连接的，但每层的神经元之间互相独立无连接。MLP 传播过程为输入层输入数据后进入隐藏层，经过非线性激活函数等一系列计算后，输出层输出最终结果。

实际训练 MLP 模型的算法一般使用反向传播（BP）算法，这样能让计算机更好地学习到正确的权重和偏置，即更准确地到达好的分类效果。权重和偏置是感知机模型基本三要素中的两个要素，另外一个基本要素是激活函数。简单来说，权重表示输入数据在网络中的重要程度，偏置表示激活神经元的难易程度。MLP 中引入非线性激活函数，使得网络能够克服单层感知机的缺点，实现非线性分类。常用的非线性激活函数有 sigmoid 函数、tanh 函数和 reLU 函数等。一般来说，如果不知道选择哪个激活函数时，第一选择是 reLU 函数。

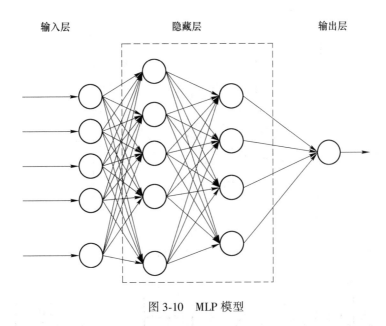

图 3-10　MLP 模型

3.4　卷积神经网络的组成及相关技术

卷积神经网络以传统的神经网络为基础进行改进，通常由卷积层、池化层和全连接层组成。卷积层通过卷积核在图像上平移运算提取图像的特征；池化层通过稀疏参数等操作来达到降低网络复杂度的效果；全连接层的作用相当于给特征加权，并实现图像分类的效果。

3.4.1　卷积层

卷积层（convolution layer，Conv）又称为特征提取层，主要用于提取图像的特征。卷积神经网络中，每层卷积层由若干卷积单元组成，每个卷积单元的参数都是通过反向传播算法最佳化得到的。卷积运算的目的是提取输入的不同特征，第一层卷积层可能只能提取一些低级的特征如边缘、线条和角等层级，更深层的网络能从低级特征中迭代提取更复杂的特征。目前主要采用 3×3 的卷积核，为了扩大感受野，通常会将多个 3×3 的卷积核叠加使用，如图 3-11 所示。

卷积层进行的处理就是卷积运算。卷积运算相当于图像处理中的"滤波器运算"，在介绍卷积运算时，首先看一个具体的例子，如图 3-12 所示。

卷积运算对输入数据应用滤波器。在这个例子中，输入数据是有高长方向的形状的数据，滤波器也一样，有高长方向上的维度。假设用（高度，长度）表示数据和滤波器的形状，则本例中输入大小是（4，4），滤波器大小是（3，3），输出大小是（2，2）。另外，有些文献也会用"核"这个词来表示"滤波器"。

图 3-12 中展示了卷积运算的计算顺序。

对于输入数据，卷积运算以一定间隔滑动滤波器的窗口并应用。这里所说的窗口是指图 3-13 中 3×3 的部分。如图 3-13 所示，将各个位置上滤波器的元素和输入的对应元素相

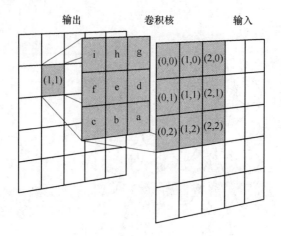

图 3-11　卷积层

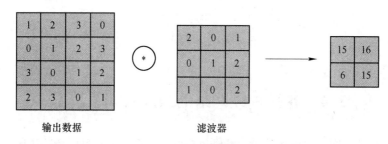

输出数据　　　　　　　　滤波器

图 3-12　卷积运算的例子

（用"＊"符号表示卷积运算）

乘，然后再求和（有时将这个计算称为乘积累加运算）。然后，将这个结果保存到输出的对应位置。将这个过程在所有位置都进行一遍，就可以得到卷积运算的输出。

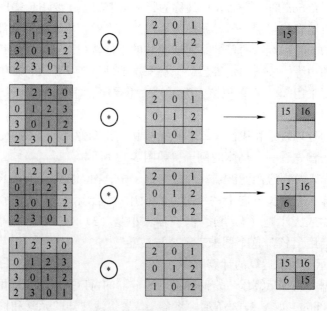

图 3-13　卷积运算的计算顺序

在全连接的神经网络中，除了权重参数，还存在偏置。CNN 中，滤波器的参数就对应之前的权重。并且，CNN 中也存在偏置。图 3-12 的卷积运算的例子只展示到了应用滤波器的阶段。包含偏置的卷积运算的处理流如图 3-14 所示。

如图 3-14 所示，向应用了滤波器的数据加上了偏置。偏置通常只有 1 个（1×1）（本例中，相对于应用了滤波器的 4 个数据，偏置只有 1 个），这个值会被加到应用了滤波器的所有元素上。

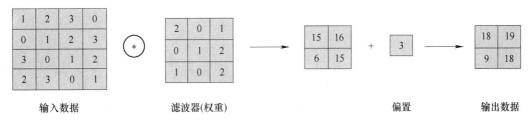

1 2 3 0
0 1 2 3
3 0 1 2
2 3 0 1
*
2 0 1
0 1 2
1 0 2
15 16
6 15
+
3
18 19
9 18
输入数据
滤波器(权重)
偏置
输出数据

图 3-14　卷积运算的偏置
（向应用了滤波器的元素加上某个固定值）

3.4.2　池化层

3.4.2.1　池化的概念

池化层也称下采样层，一般在连续两层卷积层之间进行降维操作，如图 3-15 为 LeNet-5 结构中的池化层。池化层的目的是保留主要特征，同时减少下一层的参数和计算量，防止过拟合；保持某种不变性，包括平移（translation）、旋转（rotation）、尺度（scale），常用的有均值池化（mean-pooling）和最大值池化（max-pooling）。均值池化会将感受野中的图像值求和后取均值作为输出，如图 3-16 所示；最大池化是将感受野中最大的像素值直接作为输出，如图 3-17 所示。

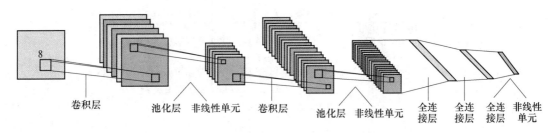

8
卷积层
池化层
非线性单元
卷积层
池化层
非线性单元
全连接层
全连接层
全连接层
非线性单元

图 3-15　LeNet-5 结构

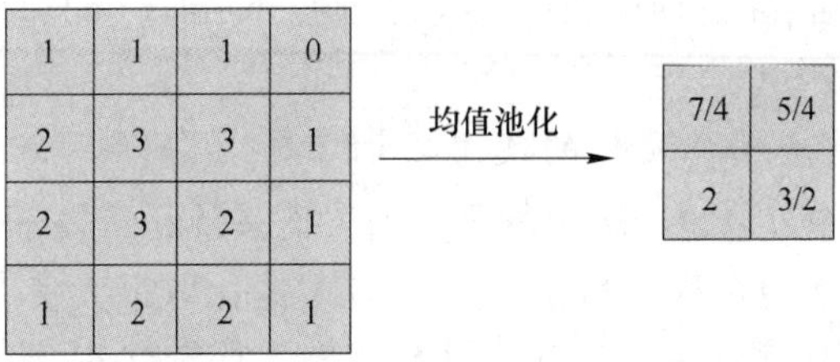

1 1 1 0
2 3 3 1
2 3 2 1
1 2 2 1
均值池化
7/4 5/4
2 3/2

图 3-16　均值池化

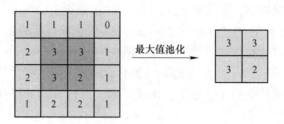

图 3-17 最大值池化

3.4.2.2 池化的作用

池化的作用主要表现为四个方面：第一是抑制噪声，降低信息冗余；第二是提升模型的尺度不变性、旋转不变性；第三是降低模型计算量；第四是防止过拟合。此外，最大池化作用包括保留主要特征，突出前景和提取特征的纹理信息。平均池化作用包括保留背景信息和突出背景。

3.4.2.3 池化回传梯度

池化回传梯度的原则是保证传递的 Loss（或者说梯度）总和不变。根据这条原则很容易理解最大池化和平均池化回传梯度方式的不同。

平均池化的操作是取每个块（如 2×2）的平均值，作为下一层的一个元素值，因此在回传时，下一层的每一元素的 Loss（或者说梯度）要除以块的大小（如 2×2 = 4），再分配到块的每个元素上，这是因为该 Loss 来源于块的每个元素。值得注意的是，如果块的每个元素直接使用下一层的那个梯度，将会造成 Loss 之和变为原来的 N 倍。具体如图 3-18 所示。

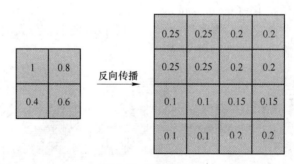

图 3-18 平均池化

最大池化的操作是取每个块的最大值作为下一层的一个元素值，因此下一个元素的 Loss 只来源于这个最大值，因此梯度更新也只更新这个最大值，其他值梯度为 0。因此，最大池化需要在前向传播中记录最大值所在的位置，即 max_id。这也是最大池化与平均池化的区别之一。

3.4.2.4 最大池化与平均池化的使用场景

根据最大池化的操作，取每个块中的最大值，而其他元素将不会进入下一层。众所周知，CNN 卷积核可以理解为在提取特征，对于最大池化取最大值，可以理解为提取特征图中响应最强烈的部分进入下一层，而其他特征进入待定状态（待定，是因为当回传梯度更新一次参数和权重后，最大元素可能就不是在原来的位置取到了）。

一般而言，前景的亮度会高于背景，因此，正如前面提到最大池化具有提取主要特征、突出前景的作用。但在个别场合，前景暗于背景时，最大池化就不具备突出前景的作用了。因此，当特征中只有部分信息比较有用时，使用最大池化。如网络前面的层，图像存在噪声和很多无用的背景信息，常使用最大池化。同理，平均池化取每个块的平均值，提取特征图中所有特征的信息进入下一层。因此当特征中所有信息都比较有用时，使用平均池化。如网络最后几层，最常见的是进入分类部分的全连接层前，常常都使用平均池化。这是因为最后几层都包含了比较丰富的语义信息，使用最大池化会丢失很多重要信息。

3.4.3 全连接层

3.4.3.1 定义

全连接层（full connected layer，FC 层），一般位于整个卷积神经网络的最后，负责将卷积输出的二维特征图转化成一维的一个向量，由此实现了端到端的学习过程（端到端，即输入一张图像或一段语音，输出一个向量）。FC 层的每一个结点都与上一层的所有结点相连，因而称之为全连接层。全连接的特性导致一般情况下 FC 层的参数也是最多的，可占整个网络参数 80%左右。

在全连接层中，所有神经元都有权重连接，通常全连接层在卷积神经网络尾部。当前面卷积层抓取到足以用来识别图片的特征后，接下来的就是如何进行分类。通常卷积网络的最后会将末端得到的长方体平摊成一个长长的向量，并送入全连接层配合输出层进行分类。

3.4.3.2 作用

卷积层的作用只是提取特征，但很多物体可能都有同一类特征，如猫、狗等都有鼻子、眼睛等，因此只用局部特征不足以进行类别判定，这时就需要使用组合特征进行判别，所以 FC 层就是组合特征和分类判别功能。FC 层将前层（卷积层、池化层等）计算得到的特征空间，映射到样本标记空间，简单地说，就是将特征表示整合成一个值。其优点在于减少特征位置对分类结果的影响，提高了整个网络的鲁棒性。形象表达：假设你是一只小蚂蚁，你的任务是找小面包。因为你的视野比较窄，只能看到很小一片区域。当你找到一片小面包之后，你不知道你找到的小面包是不是全部的小面包，所以你们全部的蚂蚁开了一个会，把所有的小面包都拿出来分享。全连接层就是这个蚂蚁大会。如果提前告诉你，全世界只有一片小面包，那么你找到面包之后就掌握了全部的信息，这种情况下就没必要召开蚂蚁大会，也就不需要全连接层了。

3.4.3.3 实现方式

全连接层实际上是采用大小为上层特征图大小的卷积核进行卷积运算，卷积后的结果是一个数值，对应着全连接层的一个节点。简而言之，相当于把前层提取的 N 张特征图浓缩为一个数值（注意：这里只是相当于卷积运算，不是真正意义上卷积层中的卷积运算，不存在参数共享和局部连接策略）。最后，若 FC 层需输出 M 个节点，则进行 M 次运算。

A 前层网络之后连接 FC 层

假设一个网络在 FC 层之前，生成了 5×3×3 的特征图，而 FC 层需输出 1×N 维的向量。此时，计算过程可理解为：

（1）输入为5×3×3的特征图；

（2）共需要 N 组过滤器；

（3）每组过滤器包含5个卷积核；

（4）每个卷积核的大小为3×3；

（5）输出为1×N 维向量。

此时，我们使用5个3×3的卷积核和激活函数，对5×3×3的特征图进行卷积运算，将5个卷积核输出的值相加求和，即可得到一个全连接层的输出值。使用 N 组不同参数的过滤器，重复以上操作，输出1×N 维的向量。在这个 FC 层计算过程中，需要 N 个5×3×3的卷积核，所需的参数量为（5×3×3+1）×N。由此可见，FC 层参数数量非常大，因此，一般只在网络的最后使用 FC 层。

B　FC 层之后连接 FC 层

若在该 FC 层（1×N 维向量）之后再接一个1×M 维的 FC 层，计算过程可理解为：

（1）输入为1×N 维向量；

（2）共需 M 组过滤器；

（3）每组过滤器包含 N 个卷积核；

（4）每个卷积核大小为1×1；

（5）输出为1×M 维向量。

在这个 FC 层计算过程中，需要 M 个 N×1×1的卷积核，所需的参数量为（N×1×1+1）×M。此时，相当于将 N 个特征组合起来进行 M 个分类，得分最高的类别就是网络预测的类别。

3.4.4　数据增强

数据增强的本质是通过图像处理方法，基于有限的数据产生更多的数据，以此增加训练样本的数量以及多样性，进而提升模型的泛化能力和鲁棒性，目前基本成为模型的标配。最近几年逐渐出了很多新的数据增强方法，本节将做一个总结，包括数据增强的作用、数据增强的分类、数据增强的常用方法和一些特殊的方法，如 Cutout、Random Erasing、Mixup、Hide-and-Seek、CutMix、GridMask 和 KeepAugment 等，以及一些基于多样本的增强方法，如 SMOTE、mosaic 和 SamplePairing。

3.4.4.1　数据增强的作用

（1）避免过拟合。当数据集具有某种明显的特征，如数据集中图片基本在同一个场景拍摄，使用 Cutout 方法和风格迁移变化等相关方法可避免模型学到跟目标无关的信息。

（2）提升模型鲁棒性，降低模型对图像的敏感度。当训练数据都属于比较理想的状态，碰到一些特殊情况，如遮挡，亮度，模糊等情况容易识别错误，对训练数据加上噪声，掩码等方法可提升模型鲁棒性。

（3）增加训练数据，提高模型泛化能力。

（4）避免样本不均衡。在工业缺陷检测和医疗疾病识别方面，容易出现正负样本极度不平衡的情况，通过对少样本进行一些数据增强方法，降低样本不均衡比例。

3.4.4.2 数据增强的分类

根据数据增强方式，可分为两类：在线增强和离线增强。这两者的区别在于离线增强是在训练前对数据集进行处理，往往能得到多倍的数据集，在线增强是在训练时对加载数据进行预处理，不改变训练数据的数量。离线增强一般用于小型数据集，在训练数据不足时使用，在线增强一般用于大型数据集。

3.4.4.3 数据增强的常用方法

比较常用的几何变换方法主要有翻转、旋转、裁剪、缩放、平移、抖动。值得注意的是，在某些具体的任务中，当使用这些方法时需要注意标签数据的变化，如目标检测中若使用翻转，则需要将 gt 框进行相应的调整。比较常用的像素变换方法有：加椒盐噪声、高斯噪声，进行高斯模糊，调整 HSV 对比度，调节亮度、饱和度，直方图均衡化，调整白平衡等。

3.4.4.4 特殊数据增强方法

（1）Cutout（2017）。该方法来源于论文 *Improved regularization of convolutional neural networks with Cutout*，在一些人体姿态估计、人脸识别、目标跟踪、行人重识别等任务中常常会出现遮挡的情况，为了提高模型的鲁棒性，提出了使用 Cutout 数据增强方法。该方法的依据是 Cutout 能够让 CNN 更好地利用图像的全局信息，而不是依赖于一小部分特定的视觉特征。

做法：对一张图像随机选取一个小正方形区域，将这个区域的像素值设置为 0 或其他统一的值（注：存在 50% 的概率不对图像使用 Cutout）。

（2）Random erasing（2017）。该方法来源于论文 *Random erasing data augmentation*。此方法在一定程度上类似于 Cutout，这两者也是同一年发表的。与 Cutout 不同的是，Random erasing 掩码区域的长宽，以及区域中像素值的替代值都是随机的，Cutout 是固定使用正方形，替代值都使用同一个，如图 3-19 所示。

图 3-19　Random erasing 效果图

（3）Mixup（2018）。该方法来源于论文 *Mixup：Beyond empirical risk minimization*。主要思想是将在数据集中随机选择两张图片按照一定比例融合，包括标签值。

（4）Hide-and-Seek（2018）。该方法来自论文 *Hide-and-Seek：A data augmentation technique for weakly-supervised localization and beyond*。其主要思想就是将图片划分为 5×5 的网格，每个网格按一定的概率（0.5）进行掩码。其中不可避免地会完全掩码掉一个完整的小目标。当这种思想用于行为识别时，做法是将视频帧分成多个小节，每一小节按一定的概率进行掩码。由于掩码所使用的替代值会对识别有一定的影响，经过一些理论计算，采用整个图像的像素值的均值的影响最小。

（5）CutMix（2019）。该方法来源于 *CutMix：Regularization strategy to train strong classifiers with localizable features*，此方法结合了 Cutout、Random erasing 和 Mixup 三者的思想，做了一些中间调和的改变，同样是选择一个小区域，进行掩码，但掩码的方式却是将另一张图片的该区域覆盖到这里。

（6）GridMask（2020）。该方法源于 *GridMask data augmentation*。主要思想是对前几种方法的改进，由于前几种对于掩码区域的选择都是随机的，因此容易出现对重要部位全掩盖的情况。而 GridMask 则最多出现部分掩盖，且几乎一定会出现部分掩盖。使用的方式是排列的正方形区域来进行掩码。

（7）KeepAugment（2020）。该方法来源于 *KeepAugment：A simple information-preserving data augmentation approach*，主要思想是对前几种方法中随机选择掩码区域的改进，通过得出 Saliency map，分析出最不重要的区域，选择这个区域进行 Cutout，或者分析出最重要区域进行 CutMix。

Saliency map 区域的计算方式与类可视化的方法一致，通过计算回传梯度，获得每个像素值的梯度，从而确定每个像素值对类别的影响程度。而最重要区域和最不重要区域的划分是通过这个区域的所有梯度值之和大于或小于某个相应的阈值来确定。

3.4.4.5　多样本数据增强方法

前面提到的方法除了 CutMix 和 Mixup 外，基本都属于单样本增强，此外还有多样本增强方法，主要原理是利用多个样本来产生新的样本。

（1）SMOTE。该方法来自 2002 年，主要应用在小型数据集上来获得新的样本，实现方式是随机选择一个样本，计算它与其他样本的距离，得到 K 近邻，从 K 近邻中随机选择多个样本构建出新样本。

（2）Mosaic。该方法来源于 YOLOv4，原理是使用四张图片拼接成一张图片。这样做的好处是图片的背景不再是单一的场景，而是在四种不同的场景下，且当使用 BN 时，相当于每一层同时在四张图片上进行归一化，可大大减少 batch-size。

（3）SamplePairing。该方法的原理是从训练集中随机选择两张图片，经过几何变化的增强方法后，逐像素取平均值的方式合成新的样本。

3.4.5　损失函数

3.4.5.1　损失函数分类与应用场景

损失函数可以分为三类：回归损失函数（regression loss）、分类损失函数

（classification loss）和排序损失函数（ranking loss）。

其主要应用场景分别为：回归损失主要用于预测连续的值，如预测房价、年龄等；分类损主要用于预测离散的值，如图像分类，语义分割等；排序损失主要用于预测输入数据之间的相对距离，如行人重识别。

3.4.5.2 常见损失函数

（1）L1 Loss。L1 Loss 也被称为 mean absolute error，简称 MAE，计算实际值和预测值之间的绝对差之和的平均值。表达式如下：

$$\text{Loss}(\text{pred}, y) = \sum |y - \text{pred}| \tag{3-17}$$

式中，y 为标签；pred 为预测值。其主要应用场合为回归问题。根据损失函数的表达式容易了解它的特性，当目标变量的分布具有异常值时，即与平均值相差很大的值，它被认为对异常值具有很好的鲁棒性。

（2）L2 Loss。L2 Loss 也称为 mean squared error，简称 MSE，计算实际值和预测值之间的平方差的平均值。表达式如下：

$$\text{Loss}(\text{pred}, y) = \sum (y - \text{pred})2 \tag{3-18}$$

其应用场合主要针对大部分回归问题，pytorch 默认使用 L2，即 MSE。使用平方意味着当预测值离目标值更远时在平方后具有更大的惩罚，预测值离目标值更近时在平方后惩罚更小，因此，当异常值与样本平均值相差格外大时，模型会因为惩罚更大而开始偏离，相比之下，L1 对异常值的鲁棒性更好。

（3）Negative Log-Likelihood Loss。Negative Log-Likelihood Loss 简称 NLL。表达式如下：

$$\text{Loss}(\text{pred}, y) = -(\log \text{pred}) \tag{3-19}$$

其应用场景主要为多分类问题。（NLL 要求网络最后一层使用 softmax 作为激活函数）通过 softmax 将输出值映射为每个类别的概率值。根据表达式，它的特性是惩罚预测准确而预测概率不高的情况。NLL 使用负号，因为概率（或似然）在 0 和 1 之间变化，并且此范围内的值的对数为负。最后，损失值变为正值。在 NLL 中，最小化损失函数有助于获得更好的输出。从近似最大似然估计（MLE）中检索负对数似然。这意味着尝试最大化模型的对数似然，从而最小化 NLL。

（4）Cross-Entropy Loss。Cross-Entropy Loss，其计算提供的一组出现次数或随机变量的两个概率分布之间的差异。它用于计算预测值与实际值之间的平均差异的分数。表达式如下：

$$\text{Loss}(\text{pred}, y) = -\sum y \log \text{pred} \tag{3-20}$$

其应用场景主要为二分类及多分类。特性是负对数似然损失不对预测置信度惩罚，与之不同的是，交叉熵惩罚不正确但可信的预测，以及正确但不太可信的预测。交叉熵函数有很多种变体，其中最常见的类型是 Binary Cross-Entropy（BCE）。BCE Loss 主要用于二分类模型，也就是说，模型只有 2 个类。

（5）Hinge Embedding Loss。Hinge Embedding Loss 的表达式如下：

$$\text{Loss}(\text{pred}, y) = \max(0, 1 - y * \text{pred}) \tag{3-21}$$

式中，y 为 1 或 -1。它的主要应用场景为分类问题，以及学习非线性嵌入或半监督学习任务。在分类问题中，特别是在确定两个输入是否不同或相似时，主要用 Hinge Embedding Loss。

（6）Margin Ranking Loss。Margin Ranking Loss 计算一个标准来预测输入之间的相对距离。这与其他损失函数（如 MSE 或交叉熵）不同，后者学习直接从给定的输入集进行预测。其表达式为：

$$\text{Loss}(\text{pred}, y) = \max[0, -y * (\text{pred1} - \text{pred2}) + \text{margin}] \tag{3-22}$$

标签张量 y 包含 1 或 -1。当 $y = 1$ 时，第一个输入将被假定为更大的值。它将排名高于第二个输入。如果 $y = -1$，则第二个输入将排名更高。其主要应用场景为排名问题。

（7）Triplet Margin Loss。Triplet Margin Loss 是计算三元组的损失。表达式如下：

$$\text{Loss}(a, p, n) = \max[0, \text{d}(a_i, p_i) - \text{d}(a_i, n_i) + \text{margin}] \tag{3-23}$$

三元组由 a(anchor)、p(正样本) 和 n(负样本) 组成。其主要应用场景为确定样本之间的相对相似性，以及用于基于内容的检索问题。

（8）KL Divergence Loss。KL Divergence Loss 是计算两个概率分布之间的差异。表达式如下：

$$\text{Loss}(\text{pred}, y) = y * (\log y - \text{pred}) \tag{3-24}$$

输出表示两个概率分布的接近程度。如果预测的概率分布与真实的概率分布相差很远，就会导致很大的损失。如果 KL Divergence 的值为零，则表示概率分布相同。KL Divergence 与交叉熵损失的关键区别在于它们如何处理预测概率和实际概率。交叉熵根据预测的置信度惩罚模型，而 KL Divergence 则没有。KL Divergence 仅评估概率分布预测与 ground truth 分布的不同之处。其应用场景主要为逼近复杂函数、多类分类任务、确保预测的分布与训练数据的分布相似。

3.4.6　优化算法

3.4.6.1　基本的梯度下降法

深度学习网络训练过程可以分成两大部分：前向计算过程与反向传播过程。前向计算过程，是指通过我们预先设定好的卷积层、池化层等，按照规定的网络结构一层层前向计算，得到预测的结果。反向传播过程，是为了将设定的网络中的众多参数一步步调整，使得预测结果能更加贴近真实值。那么，在反向传播过程中，很重要的一点就是：参数如何更新？或者更具体点：参数应该朝着什么方向更新？显然，参数应该是朝着目标损失函数下降最快的方向更新，更确切地说，要朝着梯度方向更新。

在深度学习中，有三种最基本的梯度下降算法：随机梯度下降法、批量梯度下降法、小批量梯度下降法，他们各有优劣。根据不同的数据量和参数量，可以选择一种具体的实现形式，在训练神经网络时，优化算法大体可以分为两类：一类是调整学习率，使得优化更稳定；另一类是梯度估计修正，优化训练速度。

A　随机梯度下降法

随机梯度下降法（stochastic gradient descent，SGD）每次迭代（更新参数）只使用单个训练样本 $(x(i), y(i))(x^{\hat{}}\{(i)\}, y^{\hat{}}\{(i)\})(x(i), y(i))$，其中 x 为输入数据，y 为标签。因此，参数更新表达式如下：

$$\theta = \theta - \eta \cdot \nabla_\theta J(\theta; x^{(i)}; y^{(i)}) \tag{3-25}$$

优缺点分析：SGD 一次迭代只需对一个样本进行计算，因此运行速度很快，还可用于在线学习。但是，由于单个样本的随机性，实际过程中，目标损失函数值会剧烈波动。一方面，SGD 的波动使它能够跳到新的可能更好的局部最小值；另一方面，使得训练永远不会收敛，而是会一直在最小值附近波动；除此之外，SGD 一次迭代只计算一张图片，没有发挥 GPU 并行运算的优势，使得整体计算效率不高。

B 批量梯度下降法

批量梯度下降法（batch gradient descent, BGD）每次迭代更新中使用所有的训练样本，参数更新表达式如下：

$$\theta = \theta - \eta \cdot \nabla_\theta J(\theta) \tag{3-26}$$

优缺点分析：BGD 能保证收敛到凸误差表面的全局最小值和非凸表面的局部最小值。但每迭代一次，需要用到训练集中的所有数据，如果数据量很大，那么迭代速度就会非常慢。

C 小批量梯度下降法

小批量梯度下降法（mini-batch gradient descent, MBGD）折中了 BGD 和 SGD 的方法，每次迭代使用 batch_size 个训练样本进行计算，参数更新表达式如下：

$$\theta = \theta - \eta \cdot \nabla_\theta J(\theta; x^{(i:i+n)}; y^{(i:i+n)}) \tag{3-27}$$

优缺点分析：因为每次迭代使用多个样本，所以 MBGD 比 SGD 收敛更稳定，也能避免 BGD 在数据集过大时迭代速度慢的问题。因此 MBGD 是深度学习网络训练中经常使用的梯度下降方法。

D Adagrad

$$\Delta x_t = - \frac{\eta_\eta}{\sqrt{\sum_{t=1}^{t} g_t^2 + \varepsilon}} g_t \tag{3-28}$$

$$n_t = n_{t-1} + g_t^2 \tag{3-29}$$

$$\Delta x_t = - \frac{\eta}{\sqrt{n_t + \varepsilon}} \times g_t \tag{3-30}$$

式中，g_t 为当前的梯度，连加和开根号都是元素级别的运算；η 为初始学习率，由于之后会自动调整学习率，所以初始值就不像之前的算法那样重要了；ε 为一个比较小的数，用来保证分母非 0。

特点：

(1) 前期 g_t 较小的时候，regularizer 较大，能够放大梯度；

(2) 后期 g_t 较大的时候，resularizer 较小，能够约束梯度；

(3) 适合处理稀疏梯度。

缺点：

(1) 由公式可以看出，仍依赖于人工设置一个全局学习率 η；η 设置过大的话，会使 regularizer 过于敏感，对梯度的调节过大。

(2) 中后期，分母上梯度平方的累加将会越来越大，使 gradient→0，使得训练提前结束。

E   Adadelta

Adadelta 是对 Adagrad 的扩展，最初方案依然是对学习率进行自适应约束，但是进行了计算上的简化。Adagrad 会累加之前所有的梯度平方，而 Adadelta 只累加固定大小的项，并且也不直接存储这些项，仅仅是近似计算对应的平均值。

$$n_t = \nu * n_{t-1} + (1 - \nu) * g_t^2$$

$$\Delta x_t = - \frac{\eta}{\sqrt{E\left[g^2\right]_t + \varepsilon}} g_t \tag{3-31}$$

$$\downarrow$$

$$E\left|g^2\right|_t = \rho * E\left|g^2\right|_{t-1} + (1 - \rho) * g_t^2$$

$$\Delta x_t = - \frac{\sqrt{E\left[\Delta x^2\right]_{t-1}}}{\sqrt{E\left[g^2\right]_t + \varepsilon}} g_t \tag{3-32}$$

特点：

（1）训练初中期，加速效果不错；

（2）训练后期，反复在局部最小值附近抖动。

F   RMSprop 优化器

RMSProp 算法的全称叫 Root Mean Square Prop（均方根传递），是 Hinton 在 Coursera 课程中提出的一种优化算法。为了进一步优化损失函数在更新中存在摆动幅度过大的问题，并且进一步加快函数的收敛速度，RMSProp 算法对权重 w 和偏置 b 的梯度使用了微分平方加权平均数。

RMSprop 可以算作 Adadelta（式（3-33））的一个特例，即当 $\rho = 0.5$ 时：

$$E\left|g^2\right|_t = \rho * E\left|g^2\right|_{t-1} + (1 - \rho) * g_t^2 \tag{3-33}$$

就变成了求梯度平方和的平均数。如果再求根的话，就变成了 RMS（均方根），公式如下：

$$\text{RMS}\left|g\right|_t = \sqrt{E\left|g^2\right|_t + \varepsilon} \tag{3-34}$$

此时，这个 RMS 就可以作为学习率 η 的一个约束。

$$\Delta x_t = - \frac{\eta}{\text{RMS}\left|g\right|_t} * g_t \tag{3-35}$$

假设在第 t 轮迭代过程中，各个公式如下所示：

$$s_{dw} = \beta s_{dw} + (1 - \beta) dW^2$$
$$s_{db} = \beta s_{db} + (1 - \beta) db^2 \tag{3-36}$$

$$W = W - \alpha \frac{dW}{\sqrt{s_{dw}} + \varepsilon}$$

$$b = b - \alpha \frac{db}{\sqrt{s_{db}} + \varepsilon} \tag{3-37}$$

在上面的公式中，s_{dw} 和 s_{db} 分别为损失函数在前 $t-1$ 轮迭代过程中累积的梯度平方动量；β 为梯度累积的一个指数。不同的是，RMSProp 算法对梯度计算了微分平方加权平均数。这种做法有利于消除了摆动幅度大的方向，用来修正摆动幅度，使得各个维度的摆动幅度都较小，另一方面也使得网络函数收敛更快。

特点：

（1）RMSprop 依然依赖于全局学习率；

（2）RMSprop 可以看作是 Adagrad 的一种发展和 Adadelta 的一种变体，效果趋于两者之间；

（3）适合处理非平稳目标；

（4）对于 RNN（循环神经网络）效果很好。

3.4.6.2 Momentum 动量梯度下降

Momentum 主要引入了基于梯度的移动指数加权平均的思想，即当前的参数更新方向不仅与当前的梯度有关，也受历史的加权平均梯度影响。对于梯度指向相同方向的维度，动量会积累并增加，而对于梯度改变方向的维度，动量会减少更新。这也就使得收敛速度加快，同时又不至于摆动幅度太大。

动量梯度下降（Momentum）的参数更新表达式如下所示：

$$v_t = \gamma v_{t-1} + \eta \nabla_\theta J(\theta)$$
$$\theta = \theta - v_t \tag{3-38}$$

式中，γ 为动量参数 Momentum；当 $\gamma = 0$ 时，即是普通的 SGD 梯度下降；$0 < \gamma < 1$，表示带了动量的 SGD 梯度下降参数更新方式，γ 通常取 0.9。

SGD 的缺点：SGD 很难在沟壑（即曲面在一个维度上比在另一个维度上弯曲得更陡的区域）中迭代，这在局部最优解中很常见。在这些场景中，SGD 在沟壑的斜坡上振荡，同时沿着底部向局部最优方向缓慢前进。为了缓解这一问题，引入了动量 Momentum。

本质上，当使用动量时，如同将球推下山坡。球在滚下坡时积累动量，在途中变得越来越快。同样的事情发生在参数更新上，对于梯度指向相同方向的维度，动量会积累并增加，而对于梯度改变方向的维度，动量会减少更新。结果，获得了更快的收敛和减少的振荡。

3.4.6.3 Adam 优化器

Adam 是另一种参数自适应学习率的方法，相当于 RMSprop+Momentum，利用梯度的一阶矩估计和二阶矩估计动态调整每个参数的学习率。公式如下：

$$m_t = \beta_1 m_{t-1} + (1 - \beta_1) g_t \tag{3-39}$$

$$v_t = \beta_2 v_{t-1} + (1 - \beta_2) g_t^2 \tag{3-40}$$

由于移动指数平均在迭代开始的初期会导致和开始的值有较大的差异，所以需要对上面求得的几个值做偏差修正。通过计算偏差校正的一阶和二阶矩估计来抵消这些偏差：

$$\hat{m}_t = \frac{m_t}{1 - \beta_1^t} \tag{3-41}$$

$$\hat{v}_t = \frac{v_t}{1 - \beta_2^t} \tag{3-42}$$

然后使用这些来更新参数，就像在 RMSprop 中看到的那样，Adam 的参数更新公式为：

$$\text{Large}\,\theta_{t+1} = \theta_t - \frac{\eta}{\sqrt{\hat{v}_t} + \varepsilon}\hat{m}_t \tag{3-43}$$

在 Adam 算法中，参数 β_1 所对应的就是 Momentum 算法中的 β 值，一般取 0.9，参数 β_2 所对应的就是 RMSProp 算法中的 β 值，一般我们取 0.999，而 ε 是一个平滑项，一般取值为 10^{-8}，而学习率则需要在训练的时候进行微调。

3.4.7　欠拟合与过拟合

3.4.7.1　欠拟合与过拟合的概念

在训练模型的过程中，我们通常希望达到以下两个目的：第一是训练的损失值尽可能的小；第二是训练的损失值与测试的损失值之间的差距尽可能的小。当第一个目的没有达到时，则说明模型没有训练出很好的效果，模型对于判别数据的模式或特征的能力不强，则认为它是欠拟合的。当第一个目的达到，第二个没有达到时，说明模型训练出了很好的效果，而测试的损失值比较大，则说明模型在新的数据上的表现很差，此时可认为模型过度拟合训练的数据，而对于未参与训练的数据不具备很好的判别或拟合能力，这种情况下，模型是过拟合的。过拟合在于将偶然的特征也作为识别身份的标志，而欠拟合在于了解的特征不够多，在机器学习中表示模型的学习能力不够，无法学到足够的数据特征。

在欠拟合中，训练的损失值很大，且测试的损失值也很大；而在过拟合中，训练的损失值足够小，而测试的损失值很大。对于一个足够复杂度或足够参数量的模型或神经网络来说，随着训练的进行，会经历一个"欠拟合—适度拟合—过拟合"的过程。对于一个复杂度不够的模型或参数量太少的神经网络来说，只有欠拟合。

3.4.7.2　欠拟合产生的原因与解决方法

根据欠拟合的特点来看，产生欠拟合的主要原因有两个：第一是模型的容量或复杂度不够，对神经网络来说是参数量不够或网络太简单，没有很好的特征提取能力。通常为了避免模型过拟合，会添加正则化，当正则化惩罚太过，会导致模型的特征提取能力不足。第二是训练数据量太少或训练迭代次数太少，导致模型没有学到足够多的特征。

根据欠拟合产生的原因，解决方法有两个：第一是换个更复杂的模型，对神经网络来说，换个特征提取能力强或参数量更大的网络，或减少正则化的惩罚力度。第二是增加迭代次数或想办法弄到足够的训练数据或想办法从少量数据上学到足够的特征，如适度增大 epoch、数据增强、预训练、迁移学习、小样本学习、无监督学习等。

3.4.7.3　过拟合产生的原因与解决方法

根据过拟合的特点来看，过拟合产生的原因有以下四个：第一是模型太复杂，对神经网络来说，参数太多或特征提取能力太强，模型学到了一些偶然的特征；第二是数据分布太单一，例如训练用的所有鸟类都在笼子里，模型很容易把笼子当成识别鸟的特征；第三是数据噪声太大或干扰信息太多，如人脸检测，训练图像的分辨率都是几百乘几百，而人脸只占了几十到几百个像素，此时背景太大，背景信息都属于干扰信息或噪声；第四是训练迭代次数太多，对数据反复地训练也会让模型学到偶然的特征。

根据过拟合产生的原因，解决方法有四个：第一是换一个复杂度低一点的模型或正则化，对神经网络来说，使用参数量少一点的网络或使用正则化；第二是使用不同分布的数据来训练，如数据增强、预训练等；第三是使用图像裁剪等方法对图像进行预处理；第四是及时地停止训练。如何判断什么时候该停止训练？使用 K 折交叉验证，若训练损失还在减少，而验证损失开始增加，则说明开始出现过拟合。

3.5 现代卷积神经网络模型

3.5.1 AlexNet

AlexNet 是 2012 年 ILSVRC 2012（ImageNet Large Scale Visual Recognition Challenge）竞赛的冠军网络，分类准确率由传统方法的 70% 以上提升到 80% 以上。它是由 Hinton 和他的学生 Alex Krizhevsky 设计的。也是在那年之后，深度学习开始迅速发展，图 3-20 是从 AlexNet 原论文中截取的网络结构图。

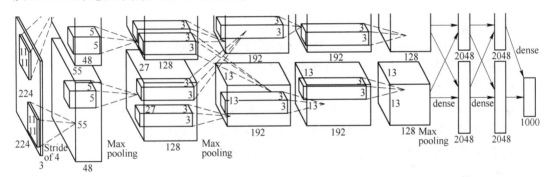

图 3-20　AlexNet 网络结构图

因为作者使用两块 GPU 进行并行训练，所以图中有上下两个部分，它们的结构是一模一样的，读者可以只看其中一个部分。该网络的亮点如下：

（1）首次利用 GPU 进行网络加速训练；

（2）使用 ReLU 激活函数，而不是传统的 Sigmoid 激活函数以及 Tanh 激活函数；

（3）使用了 LRN 局部响应归一化；

（4）在全连接层的前两层中使用了 Dropout 方法按一定比例随机失活神经元，以减少过拟合。

接着给出经卷积或池化后的矩阵尺寸大小计算公式：

$$N = (W - F + 2P)/S + 1$$

式中，W 为输入图片大小；F 为卷积核或池化核的大小；P 为 padding 的像素个数；S 为步距。

接下来对网络的每一层进行详细的分析。

（1）卷积层 1（由于使用了 2 块 GPU，所以卷积核的个数需要乘以 2）：

Conv1：kernels：48 * 2 = 96；kernel_size：11；padding：[1, 2]；stride：4

其中 kernels 代表卷积核的个数，kernel_size 代表卷积的尺寸，padding 代表特征矩阵上下左右补零的参数，stride 代表步距

输入的图像 shape：[224，224，3]，输出特征矩阵 shape：[55，55，96]

shape 计算：$N=(W-F+2P)/S+1=[224-11+(1+2)]/4+1=55$

最大池化下采样层 1

Maxpool1：kernel_size：3；padding：0；stride：2

其中 kernel_size 是池化核大小，padding 代表特征矩阵上下左右补零的参数，stride 代表步距

输入特征矩阵 shape：[55，55，96]，输出特征矩阵 shape：[27，27，96]

shape 计算：$N=(W-F+2P)/S+1=(55-3)/2+1=27$

（2）卷积层 2：

Conv2：kernels：128*2=256；kernel_size：5；padding：[2，2]；stride：1

输入特征矩阵 shape：[27，27，96]，输出特征矩阵 shape：[27，27，256]

shape 计算：$N=(W-F+2P)/S+1=(27-5+4)/1+1=27$

最大池化下采样层 2

Maxpool2：kernel_size：3；padding：0；stride：2

输入特征矩阵 shape：[27，27，256]，输出特征矩阵 shape：[13，13，256]

shape 计算：$N=(W-F+2P)/S+1=(27-3)/2+1=13$

（3）卷积层 3：

Conv3：kernels：192*2=384；kernel_size：3；padding：[1，1]；stride：1

输入特征矩阵 shape：[13，13，256]，输出特征矩阵 shape：[13，13，384]

shape 计算：$N=(W-F+2P)/S+1=(13-3+2)/1+1=13$

（4）卷积层 4：

Conv4：kernels：192*2=384；kernel_size：3；padding：[1，1]；stride：1

输入特征矩阵 shape：[13，13，384]，输出特征矩阵 shape：[13，13，384]

shape 计算：$N=(W-F+2P)/S+1=(13-3+2)/1+1=13$

（5）卷积层 5：

Conv5：kernels：128*2=256；kernel_size：3；padding：[1，1]；stride：1

输入特征矩阵 shape：[13，13，384]，输出特征矩阵 shape：[13，13，256]

shape 计算：$N=(W-F+2P)/S+1=(13-3+2)/1+1=13$

（6）最大池化下采样层 3：

Maxpool3：kernel_size：3；padding：0；stride：2

输入特征矩阵 shape：[13，13，256]，输出特征矩阵 shape：[6，6，256]

shape 计算：$N=(W-F+2P)/S+1=(13-3)/2+1=6$

（6）全连接层 1：

unit_size：4096（unit_size 为全连接层节点个数，两块 GPU 所以翻倍）

（7）全连接层 2：

unit_size：4096

（8）全连接层 3：

unit_size：1000（该层为输出层，输出节点个数对应分类任务的类别个数）

最后给出所有层参数见表3-1。

表 3-1　AlexNet 网络结构

图层名	卷积核尺寸	卷积核个数	填充	步距
Conv1	11	96	[1, 2]	4
Maxpool1	3	无	0	2
Conv2	5	256	[2, 2]	1
Maxpool2	3	无	0	2
Conv3	3	384	[1, 1]	1
Conv4	3	384	[1, 1]	1
Conv5	3	256	[1, 1]	1
Maxpool3	3	无	0	2
FC1	4096	无	无	无
FC2	4096	无	无	无
FC3	1000	无	无	无

3.5.2　VGG

VGG 网络是在 2014 年由牛津大学著名研究组 VGG（Visual Geometry Group）提出，斩获该年 ImageNet 竞赛中 Localization Task（定位任务）第一名和 Classification Task（分类任务）第二名。原论文名称是 *Very deep convolutional networks for large-scale image recognition*，在原论文中给出了一系列 VGG 模型的配置，图 3-21 是 VGG16 模型的结构简图。

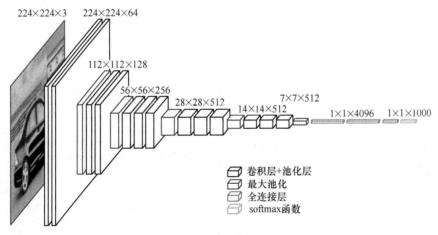

图 3-21　VGG16 网络图

该网络中的亮点为通过堆叠多个 3×3 的卷积层来替代大尺度卷积层（在拥有相同感受野的前提下能够减少所需参数）。论文中提到，可以通过堆叠两层 3×3 的卷积层替代一层 5×5 的卷积层，堆叠三层 3×3 的卷积层替代一层 7×7 的卷积层。下面给出一个示例：使用 7×7 卷积层所需参数，与堆叠三个 3×3 卷积层所需参数（假设输入输出特征矩阵深度 channel 都为 C）。

如果使用一层卷积层大小为 7 的卷积所需参数（第一个 C 代表输入特征矩阵的

channel，第二个 C 代表卷积核的个数也就是输出特征矩阵的深度）：

$$7 \times 7 \times C \times C = 49C27 \times 7 \times C \times C = 49C2$$

如果使用三层卷积层大小为 3 的卷积所需参数：

$$3\times3\times C\times C+3\times3\times C\times C+3\times3\times C\times C = 27C23\times3\times C\times C+3\times3\times C\times C+3\times3\times C\times C = 27C2$$

经过对比明显用 3 层大小为 3×3 的卷积层比使用一层 7×7 的卷积层参数更少。表 3-2 是从原论文中截取的几种 VGG 模型的配置，作者尝试了不同深度的配置（11 层，13 层，16 层，19 层），是否使用 LRN（local response normalization）以及 1×1 卷积层与 3×3 卷积层的差异。

表 3-2　VGG 网络结构

ConvNet Configuration					
A	A-LRN	B	C	D	E
11 weight layers	11 weight layers	13 weight layers	16 weight layers	16 weight layers	19 weight layers
input（224×224RGB image）					
Conv3-64	Conv3-64 LRN	Conv3-64 Conv3-64	Conv3-64 Conv3-64	Conv3-64 Conv3-64	Conv3-64 Conv3-64
maxpool					
Conv3-128	Conv3-128	Conv3-128 Conv3-128	Conv3-128 Conv3-128	Conv3-128 Conv3-128	Conv3-128 Conv3-128
maxpool					
Conv3-256 Conv3-256	Conv3-256 Conv3-256	Conv3-256 Conv3-256	Conv3-256 Conv3-256 Conv1-256	Conv3-256 Conv3-256 Conv3-256	Conv3-256 Conv3-256 Conv3-256 Conv3-256
maxpool					
Conv3-512 Conv3-512	Conv3-512 Conv3-512	Conv3-512 Conv3-512	Conv3-512 Conv3-512 Conv1-512	Conv3-512 Conv3-512 Conv3-512	Conv3-512 Conv3-512 Conv3-512 Conv3-512
maxpool					
Conv3-512 Conv3-512	Conv3-512 Conv3-512	Conv3-512 Conv3-512	Conv3-512 Conv3-512 Conv1-512	Conv3-512 Conv3-512 Conv3-512	Conv3-512 Conv3-512 Conv3-512 Conv3-512
maxpool					
FC-4096					
FC-4096					
FC-1000					
soft-max					

表 3-2 中的卷积层（Conv3-kernels，其中 kernels 代表卷积核的个数）全部都是大小为 3×3、步距为 1、padding 为 1 的卷积操作（经过卷积后不会改变特征矩阵的高和宽）。最大池化下采样层全部都是池化核大小为 2，步距为 2 的池化操作，每次通过最大池化下采样后特征矩阵的高和宽都会缩减为原来的一半。我们通常使用的 VGG 模型是表格中的 VGG16（D）配置。根据表格中的配置信息以及刚刚讲的卷积层和池化层的详细参数就能

搭建出 VGG 网络了。

3.5.3 GoogLeNet

GoogLeNet 在 2014 年由 Google 团队提出（与 VGG 网络同年，注意 GoogLeNet 中的 L 大写是为了致敬 LeNet），斩获当年 ImageNet 竞赛中 Classification Task（分类任务）第一名。原论文名称是 *Going deeper with convolutions*，图 3-22 是该网络的缩略图。

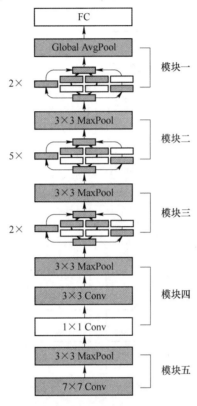

图 3-22　GoogLeNet 网络结构图

该网络中的亮点如下：

（1）引入了 Inception 结构（融合不同尺度的特征信息）；

（2）使用 1×1 的卷积核进行降维以及映射处理（虽然 VGG 网络中也有，但该论文介绍的更详细）；

（3）添加两个辅助分类器帮助训练；

（4）丢弃全连接层，使用平均池化层（大大减少模型参数，除去两个辅助分类器，网络大小只有 VGG 的 1/20）。

图 3-23 为 Inception 网络结构。图 3-23（a）为论文中提出的 Inception 原始结构，图 3-23（b）为 Inception 加上降维功能的结构。从图 3-23（a）可以看出，Inception 结构一共有 4 个分支，也就是说输入的特征矩阵并行地通过这四个分支得到四个输出，然后再将这四个输出在深度维度（channel 维度）进行拼接得到最终输出（为了让四个分支的输出能够在深度方向进行拼接，必须保证四个分支输出的特征矩阵高度和宽度都相同）。

　　分支 1 是卷积核大小为 1×1 的卷积层，stride = 1；

　　分支 2 是卷积核大小为 3×3 的卷积层，stride = 1，padding = 1 （保证输出特征矩阵的高和宽与输入特征矩阵相等）；

　　分支 3 是卷积核大小为 5×5 的卷积层，stride = 1，padding = 2 （保证输出特征矩阵的高和宽与输入特征矩阵相等）；

　　分支 4 是池化核大小为 3×3 的最大池化下采样，stride = 1，padding = 1 （保证输出特征矩阵的高和宽与输入特征矩阵相等）。

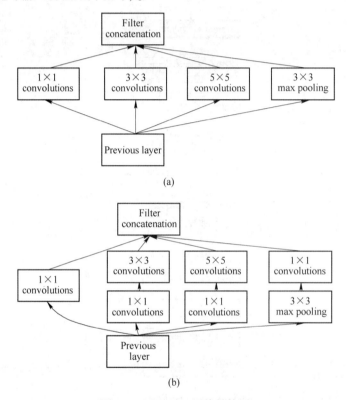

图 3-23　Inception 网络结构图

（a）Inception 模块，naïve 版本；（b）包含数据降维的 Inception 模块

　　对比图 3-23 （a），图 3-23 （b） 就是在分支 2、3、4 上加入了卷积核大小为 1×1 的卷积层，目的是降维，减少模型训练参数，减少计算量。下面分析 1×1 的卷积核是如何减少训练模型参数的。同样是对一个深度为 512 的特征矩阵使用 64 个大小为 5×5 的卷积核进行卷积，不使用 1×1 卷积核进行降维的话一共需要 819200 个参数，如果使用 1×1 卷积核进行降维一共需要 50688 个参数，明显少了很多。表 3-3 是原论文中给出的参数列表。

表 3-3　GoogLeNet 网络结构

Type	Patch size/stride	Output size	Depth	#1×1	#3×3 reduce	#3×3	#5×5 reduce	#5×5	Pool proj	Params	Ops
Convolution	7×7/2	112×112×64	1							2.7k	34M
Max pool	3×3/2	56×56×64	0								

续表 3-3

Type	Patch size/stride	Output size	Depth	#1×1	#3×3 reduce	#3×3	#5×5 reduce	#5×5	Pool proj	Params	Ops
Convolution	3×3/1	56×56×192	2		64	192				112k	360M
Max pool	3×3/2	28×28×192	0								
Inception（3a）		28×28×256	2	64	96	128	16	32	32	159k	128M
Inception（3b）		28×28×480	2	128	128	192	32	96	64	380k	304M
Max pool	3×3/2	14×14×480	0								
Inception（4a）		14×14×512	2	192	96	208	16	48	64	364k	73M
Inception（4b）		14×14×512	2	160	112	224	24	64	64	437k	88M
Inception（4c）		14×14×512	2	128	128	256	24	64	64	463k	100M
Inception（4d）		14×14×528	2	112	144	288	32	64	64	580k	119M
Inception（4e）		14×14×832	2	256	160	320	32	128	128	840k	170M
Max pool	3×3/2	7×7×832	0								
Inception（5a）		7×7×832	2	256	160	320	32	128	128	1072k	54M
Inception（5b）		7×7×1024	2	384	192	384	48	128	128	1388k	71M
Avg pool	7×7/1	1×1×1024	0								
Dropoul（40%）		1×1×1024	0								
Linear		1×1×1000	1							1000k	1M
Softmax		1×1×1000	0								

对于辅助分类器结构，网络中的两个分类器结构是一样的，如图 3-24 所示。

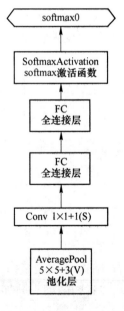

图 3-24　辅助分类器网络结构图

两个辅助分类器的输入分别来自 Inception（4a）和 Inception（4d）。辅助分类器的第一层是一个平均池化下采样层，池化核大小为 5×5，stride = 3。第二层是卷积层，卷积核大小为 1×1，stride=1，卷积核个数是 128。第三层是全连接层，节点个数是 1024。第四层是全连接层，节点个数是 1000（对应分类的类别个数）。

3.5.4　ResNet

ResNet 网络是在 2015 年由微软实验室提出，斩获当年 ImageNet 竞赛中分类任务第一名，目标检测第一名。获得 COCO 数据集中目标检测第一名，图像分割第一名。图 3-25 是 ResNet34 层模型的结构简图。

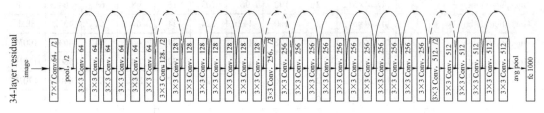

图 3-25　ResNet34 网络结构图

在 ResNet 网络中有如下亮点：

（1）提出 residual 结构（残差结构）并搭建超深的网络结构（突破 1000 层）；

（2）使用 batch normalization 加速训练（丢弃 dropout）。

在 ResNet 网络提出之前，传统的卷积神经网络都是通过将一系列卷积层与下采样层进行堆叠得到的。但是当堆叠到一定网络深度时，就会出现两个问题：（1）梯度消失或梯度爆炸；（2）退化问题（degradation problem）。ResNet 论文通过数据的预处理以及在网络中使用 BN（batch normalization）层能够解决梯度消失或者梯度爆炸问题。但是对于退化问题（随着网络层数的加深，效果还会变差，如图 3-26 所示）并没有很好的解决办法。

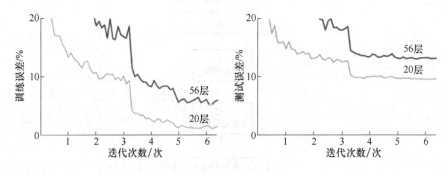

图 3-26　网络退化问题

所以 ResNet 论文提出了 residual 结构（残差结构）来减轻退化问题。图 3-27 是使用 residual 结构的卷积网络，可以看到随着网络的不断加深，效果并没有变差，反而变得更好了。

图 3-28 是论文给出的两种残差结构（residual）。左边的残差结构是针对层数较少网络，例如 ResNet18 层和 ResNet34 层网络。右边是针对网络层数较多的网络，例如 ResNet101、ResNet152 等。深层网络之所以要使用右侧的残差结构，是因为右侧的残差结

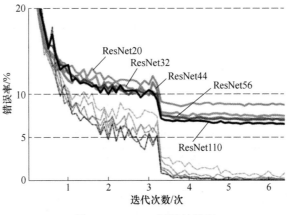

图 3-27　ResNet 网络效果图

构能够减少网络参数与运算量。同样输入、输出一个 channel 为 256 的特征矩阵，如果使用左侧的残差结构需要大约 1170648 个参数，但如果使用右侧的残差结构只需要 69632 个参数。搭建深层网络时，使用右侧的残差结构明显更合适。

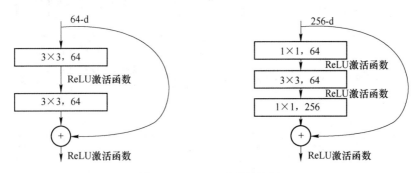

图 3-28　ResNet 残差结构图

首先对左侧的残差结构（针对 ResNet18/34）进行分析。该残差结构的主分支是由两层 3×3 的卷积层组成，而残差结构右侧的连接线是 shortcut 分支，也称捷径分支（注意：为了让主分支上的输出矩阵能够与捷径分支上的输出矩阵进行相加，必须保证这两个输出特征矩阵有相同的 shape）。仔细观察 ResNet34 网络结构图应该能够发现图中会有一些虚线的残差结构。在原论文中作者只是简单说了这些虚线残差结构有降维的作用，并在捷径分支上通过 1×1 的卷积核进行降维处理，而图 3-28 右侧给出了详细的虚线残差结构，应注意每个卷积层的步距 stride，以及捷径分支上的卷积核的个数（与主分支上的卷积核个数相同）。

在 ResNet50/101/152 残差结构中，主分支使用了三个卷积层，第一个是 1×1 的卷积层，用来压缩 channel 维度，第二个是 3×3 的卷积层，第三个是 1×1 的卷积层，用来还原 channel 维度（注意主分支上第一层卷积层和第二层卷积层所使用的卷积核个数是相同的，第三层是第一层的 4 倍）。该残差结构所对应的虚线残差结构如图 3-28 右侧所示，同样在捷径分支上有一层 1×1 的卷积层，它的卷积核个数与主分支上的第三层卷积层卷积核个数相同，应注意每个卷积层的步距（在图 3-28 右侧虚线残差结构的主分支中，第一个1×1

卷积层的步距是 2，第二个 3×3 卷积层步距是 1）。但在 pytorch 官方实现过程中是第一个 1×1 卷积层的步距是 1，第二个 3×3 卷积层步距是 2，这么做的好处是能够在 top1 上提升约 0.5% 的准确率。

表 3-4 为原论文给出的不同深度的 ResNet 网络结构配置，注意表中的残差结构给出了主分支上卷积核的大小与卷积核个数，表中的 ×N 表示将该残差结构重复 N 次。那到底哪些残差结构是虚线残差结构呢。

表 3-4　ResNet 网络结构图

Layer name	Output size	18-layer	34-layer	50-layer	101-layer	152-layer
Conv1	112×112	7×7, 64, stride 2				
Conv2_x	56×56	3×3 max pool, stride 2				
Conv2_x	56×56	$\begin{pmatrix} 3\times3,\ 64 \\ 3\times3,\ 64 \end{pmatrix}\times2$	$\begin{pmatrix} 3\times3,\ 64 \\ 3\times3,\ 64 \end{pmatrix}\times3$	$\begin{pmatrix} 1\times1,\ 64 \\ 3\times3,\ 64 \\ 1\times1,\ 256 \end{pmatrix}\times3$	$\begin{pmatrix} 1\times1,\ 64 \\ 3\times3,\ 64 \\ 1\times1,\ 256 \end{pmatrix}\times3$	$\begin{pmatrix} 1\times1,\ 64 \\ 3\times3,\ 64 \\ 1\times1,\ 256 \end{pmatrix}\times3$
Conv3_x	28×28	$\begin{pmatrix} 3\times3,\ 128 \\ 3\times3,\ 128 \end{pmatrix}\times2$	$\begin{pmatrix} 3\times3,\ 128 \\ 3\times3,\ 128 \end{pmatrix}\times4$	$\begin{pmatrix} 1\times1,\ 128 \\ 3\times3,\ 128 \\ 1\times1,\ 512 \end{pmatrix}\times4$	$\begin{pmatrix} 1\times1,\ 128 \\ 3\times3,\ 128 \\ 1\times1,\ 512 \end{pmatrix}\times4$	$\begin{pmatrix} 1\times1,\ 128 \\ 3\times3,\ 128 \\ 1\times1,\ 512 \end{pmatrix}\times8$
Conv4_x	14×14	$\begin{pmatrix} 3\times3,\ 256 \\ 3\times3,\ 256 \end{pmatrix}\times2$	$\begin{pmatrix} 3\times3,\ 256 \\ 3\times3,\ 256 \end{pmatrix}\times6$	$\begin{pmatrix} 1\times1,\ 256 \\ 3\times3,\ 256 \\ 1\times1,\ 1024 \end{pmatrix}\times6$	$\begin{pmatrix} 1\times1,\ 256 \\ 3\times3,\ 256 \\ 1\times1,\ 1024 \end{pmatrix}\times23$	$\begin{pmatrix} 1\times1,\ 256 \\ 3\times3,\ 256 \\ 1\times1,\ 1024 \end{pmatrix}\times36$
Conv5_x	7×7	$\begin{pmatrix} 3\times3,\ 512 \\ 3\times3,\ 512 \end{pmatrix}\times2$	$\begin{pmatrix} 3\times3,\ 512 \\ 3\times3,\ 512 \end{pmatrix}\times3$	$\begin{pmatrix} 1\times1,\ 512 \\ 3\times3,\ 512 \\ 1\times1,\ 2048 \end{pmatrix}\times3$	$\begin{pmatrix} 1\times1,\ 512 \\ 3\times3,\ 512 \\ 1\times1,\ 2048 \end{pmatrix}\times3$	$\begin{pmatrix} 1\times1,\ 512 \\ 3\times3,\ 512 \\ 1\times1,\ 2048 \end{pmatrix}\times3$
	1×1	average pool, 1000-d fc, softmax				
FLOPs		1.8×10^9	3.6×10^9	3.8×10^9	7.6×10^9	11.3×10^9

对于 ResNet18/34/50/101/152，表中 Conv3_x、Conv4_x、Conv5_x 所对应的一系列残差结构的第一层残差结构都是虚线残差结构，因为这一系列残差结构的第一层都有调整输入特征矩阵 shape 的使命（将特征矩阵的高和宽缩减为原来的一半，将深度 channel 调整成下一层残差结构所需的 channel）。

对于 ResNet50/101/152，其实在 Conv2_x 所对应的一系列残差结构的第一层也是虚线残差结构。因为它需要调整输入特征矩阵的 channel，根据表格可知通过 3×3 的 max pool 之后输出的特征矩阵 shape 应该是 [56, 56, 64]，但我们 Conv2_x 所对应的一系列残差结构中的实线残差结构它们期望的输入特征矩阵 shape 是 [56, 56, 256]（因为这样才能保证输入输出特征矩阵 shape 相同，才能将捷径分支的输出与主分支的输出进行相加），所以第一层残差结构需要将 shape 从 [56, 56, 64] 到 [56, 56, 256]。注意，这里只调整 channel 维度，高和宽不变（而 Conv3_x、Conv4_x、Conv5_x 所对应的一系列残差结构的第一层虚线残差结构不仅要调整 channel 还要将高和宽缩减为原来的一半）。

3.5.5 DenseNet

相比 ResNet，DenseNet 提出了一个更激进的密集连接机制，即互相连接所有的层，具体来说就是每个层都会接受其前面所有层作为其额外的输入。图 3-29（a）为 ResNet 网络的连接机制，作为对比，图 3-29（b）为密集连接机制。可以看到，ResNet 是每个层与前面的某层（一般是 2 ~ 3 层）短路连接在一起，连接方式是通过元素级相加。而在 DenseNet 中，每个层都会与前面所有层在 channel 维度上连接（concat）在一起（这里各个层的特征图大小是相同的，后面会有说明），并作为下一层的输入。对于一个 L 层的网络，DenseNet 共包含 $\dfrac{L(L+1)}{2}$ 个连接，相比 ResNet，这是一种密集连接。而且 DenseNet 是直接 concat 来自不同层的特征图，这可以实现特征重用，提升效率，这一特点是 DenseNet 与 ResNet 最主要的区别。

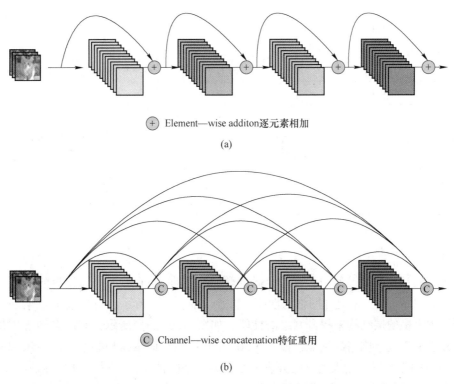

（a）

（b）

图 3-29　ResNet（a）与 DenseNet（b）密集连接机制

表 3-5 为整个网络的结构图。根据 dense block 的设计，后面几层可以得到前面所有层的输入，因此 concat 后的输入 channel 还是比较大的。另外，这里每个 dense block 的 3×3 卷积前面都包含了一个 1×1 的卷积操作，就是所谓的 bottleneck layer，目的是减少输入的 feature map 数量，既能降维减少计算量，又能融合各个通道的特征。另外为了进一步压缩参数，在每两个 dense block 之间又增加了 1×1 的卷积操作。因此，在实验中，如果存在 DenseNet-C 网络，表示增加了 translation layer 层，该层的 1×1 卷积的输出 channel 默认是输入 channel 的一半。相应地，如果存在 DenseNet-BC 网络，则表示既有 bottleneck layer

层，又有 translation layer 层。

表 3-5 DenseNet 结构

Layers	Output Size	DenseNet-121	DenseNet-169	DenseNet-201	DenseNet-264
Convolution	112×112	7×7 Conv, stride 2			
Pooling	56×56	3×3 max pool, stride 2			
Dense block (1)	56×56	$\begin{pmatrix} 1\times1,\ \text{Conv} \\ 3\times3,\ \text{Conv} \end{pmatrix}\times6$	$\begin{pmatrix} 1\times1,\ \text{Conv} \\ 3\times3,\ \text{Conv} \end{pmatrix}\times6$	$\begin{pmatrix} 1\times1,\ \text{Conv} \\ 3\times3,\ \text{Conv} \end{pmatrix}\times6$	$\begin{pmatrix} 1\times1,\ \text{Conv} \\ 3\times3,\ \text{Conv} \end{pmatrix}\times6$
Transition layer (1)	56×56	1×1 Conv			
	28×28	2×2 average pool, stride			
Dense block (2)	28×28	$\begin{pmatrix} 1\times1,\ \text{Conv} \\ 3\times3,\ \text{Conv} \end{pmatrix}\times12$	$\begin{pmatrix} 1\times1,\ \text{Conv} \\ 3\times3,\ \text{Conv} \end{pmatrix}\times12$	$\begin{pmatrix} 1\times1,\ \text{Conv} \\ 3\times3,\ \text{Conv} \end{pmatrix}\times12$	$\begin{pmatrix} 1\times1,\ \text{Conv} \\ 3\times3,\ \text{Conv} \end{pmatrix}\times12$
Transition layer (2)	28×28	1×1 Conv			
	14×14	2×2 average pool, stride			
Dense block (3)	14×14	$\begin{pmatrix} 1\times1,\ \text{Conv} \\ 3\times3,\ \text{Conv} \end{pmatrix}\times24$	$\begin{pmatrix} 1\times1,\ \text{Conv} \\ 3\times3,\ \text{Conv} \end{pmatrix}\times32$	$\begin{pmatrix} 1\times1,\ \text{Conv} \\ 3\times3,\ \text{Conv} \end{pmatrix}\times48$	$\begin{pmatrix} 1\times1,\ \text{Conv} \\ 3\times3,\ \text{Conv} \end{pmatrix}\times64$
Transition layer (3)	14×14	1×1 Conv			
	7×7	2×2 average pool, stride			
Dense block (4)	7×7	$\begin{pmatrix} 1\times1,\ \text{Conv} \\ 3\times3,\ \text{Conv} \end{pmatrix}\times16$	$\begin{pmatrix} 1\times1,\ \text{Conv} \\ 3\times3,\ \text{Conv} \end{pmatrix}\times32$	$\begin{pmatrix} 1\times1,\ \text{Conv} \\ 3\times3,\ \text{Conv} \end{pmatrix}\times32$	$\begin{pmatrix} 1\times1,\ \text{Conv} \\ 3\times3,\ \text{Conv} \end{pmatrix}\times48$
Classific action layer	1×1	7×7 global average pool			
		1000D fully-connected, softmax			

3.5.6 EfficientNet

在之前的一些网络模型中，有的会通过增加网络的 width 即增加卷积核的个数（增加特征矩阵的 channels）来提升网络的性能，如图 3-30（b）所示，有的会通过增加网络的深度即使用更多的层结构来提升网络的性能，如图 3-30（c）所示，有的会通过增加输入网络的分辨率来提升网络的性能，如图 3-30（d）所示。而本模型会通过同时增加网络的 width、网络的深度以及输入网络的分辨率来提升网络的性能，如图 3-30（e）所示。

表 3-6 为 EfficientNet-B0 的网络框架（B1～B7 就是在 B0 的基础上修改 resolution、channels 以及 layers），可以看出网络总共分成了 9 个 stage，第一个 stage 就是一个卷积核大小为 3×3 步距为 2 的普通卷积层（包含 BN 和激活函数 Swish），stage2～stage8 都是在重复堆叠 MBConv 结构（最后一列的 layers 表示该 stage 重复 MBConv 结构多少次），而 stage9 由一个普通的 1×1 的卷积层（包含 BN 和激活函数 Swish）、一个平均池化层和一个全连接层组成。表格中每个 MBConv 后会跟一个数字 1 或 6，这里的 1 或 6 就是倍率因子 n，即 MBConv 中第一个 1×1 的卷积层会将输入特征矩阵的 channels 扩充为 n 倍，其中 $k3\times3$ 或 $k5\times5$ 表示 MBConv 中 Depthwise Conv 所采用的卷积核大小。channels 表示通过该 stage 后输出特征矩阵的 channels。

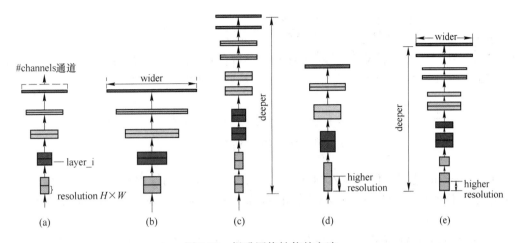

图 3-30 提升网络性能的方法

（a）基线；（b）宽度缩放；（c）深度缩放；（d）分辨率缩放；（e）复合缩放

表 3-6 EfficientNet-B0 网络框架

阶段 i	算子 $\hat{F}_i$	分辨率 $\hat{H}_i \times \hat{W}_i$	通道 $\hat{C}_i$	图层 $\hat{L}_i$
1	Conv 3×3	224×224	32	1
2	MBConv1, k3×3	112×112	16	1
3	MBConv6, k3×3	112×112	24	2
4	MBConv6, k5×5	56×56	40	2
5	MBConv6, k3×3	28×28	80	3
6	MBConv6, k5×5	14×14	112	3
7	MBConv6, k5×5	14×14	192	4
8	MBConv6, k3×3	7×7	320	1
9	Conv 1×1 & Pooling & FC	7×7	1280	1

3.5.6.1 MBConv 结构

MBConv 其实就是 MobileNetV3 网络中的 InvertedResidualBlock，但也有些许区别。一个是采用的激活函数不一样（EfficientNet 的 MBConv 中使用的都是 Swish 激活函数），另一个是在每个 MBConv 中都加入了 SE（Squeeze-and-Excitation）模块。图 3-31 为 MBConv 结构。

如图 3-31 所示，MBConv 结构主要由一个 1×1 的普通卷积（升维作用，包含 BN 和 Swish），一个 $k×k$ 的 Depthwise Conv 卷积（包含 BN 和 Swish）k 的具体值可看 EfficientNet-B0 的网络框架主要有 3×3 和 5×5 两种情况，一个 SE 模块，一个 1×1 的普通卷积（降维作用，包含 BN），以及一个 droupout 层构成。搭建过程中还需要注意几点：

（1）第一个升维的 1×1 卷积层，它的卷积核个数是输入特征矩阵 channel 的 n 倍。

（2）当 $n=1$ 时，不要第一个升维的 1×1 卷积层，即 stage2 中的 MBConv 结构都没有第一个升维的 1×1 卷积层（这和 MobileNetV3 网络类似）。

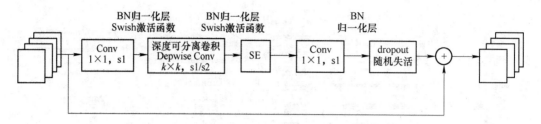

图 3-31　MBConv 结构图

关于 shortcut 连接，仅当输入 MBConv 结构的特征矩阵与输出的特征矩阵 shape 相同时才存在（代码中可通过 stride == 1 and inputc _ channels == output _ channels 条件来判断）。

SE 模块如图 3-32 所示，由一个全局平均池化，两个全连接层组成。第一个全连接层的节点个数是输入该 MBConv 特征矩阵，且使用 Swish 激活函数。第二个全连接层的节点个数等于 Depthwise Conv 层输出的特征矩阵 channels，且使用 Sigmoid 激活函数。

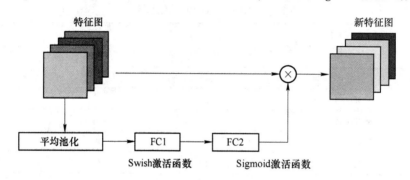

图 3-32　SE 结构图

3.5.6.2　EfficientNet（B0-B7）参数

表 3-7 为 Efficient Net-B0 的网络框架。总体看，分成了 9 个 stage：stage1 是一个卷积核大小为 3×3，步距为 2 的普通卷积层（包含 BN 和激活函数 Swish）；stage2～stage8 是在重复堆叠 MBConv 结构；stage9 是一个普通的 1×1 的卷积层（包含 BN 和激活函数 Swish），由一个平均池化层和一个全连接层组成。

表 3-7　**EfficientNet**

阶段	算子	分辨率	通道	图层
i	$\hat{F}_i$	$\hat{H}_i \times \hat{W}_i$	$\hat{C}_i$	$\hat{L}_i$
1	Conv 3×3	224×224	32	1
2	MBConv1, k3×3	112×112	16	1
3	MBConv6, k3×3	112×112	24	2
4	MBConv6, k5×5	56×56	40	2
5	MBConv6, k3×3	28×28	80	3
6	MBConv6, k5×5	14×14	112	3

阶段 i	算子 $\hat{F}_i$	分辨率 $\hat{H}_i \times \hat{W}_i$	通道 $\hat{C}_i$	图层 $\hat{L}_i$
7	MBConv6, $k5\times5$	14×14	192	4
8	MBConv6, $k3\times3$	7×7	320	1
9	Conv 1×1 & Pooling & FC	7×7	1280	1

表 3-8 为 EfficientNet（B0-B7）相关参数，其中：

（1）input_size 代表训练网络时输入网络的图像大小。

（2）width_coefficient 代表 channel 维度上的倍率因子，比如在 EfficientNetB0 中 stage1 的 3×3 卷积层所使用的卷积核个数是 32，那么在 B6 中就是 $32\times1.8 = 57.632 \backslash times$ $1.8 = 57.632\times1.8 = 57.6$，取整到离它最近的 8 的整数倍即 56，其他 stage 同理。

（3）depth_coefficient 代表 depth 维度上的倍率因子，仅针对 stage2 到 stage8。

（4）drop_connect_rate 是在 MBConv 结构中 dropout 层使用的 drop_rate，在官方 keras 模块的实现中 MBConv 结构的 drop_rate 是从 0 递增到 drop_connect_rate 的（具体实现查看官方源码，注意，在源码实现中只有使用 shortcut 时才会有 dropout 层）。此外，还需要注意的是，这里的 dropout 层是 stochastic depth，即会随机丢掉整个 block 的主分支（只剩捷径分支，相当于直接跳过该 block）也可以理解为减少了网络的深度。

（5）dropout_rate 是最后一个全连接层前的 dropout 层（在 stage9 的 pooling 与 FC 之间）的 dropout_rate。

表 3-8 EfficientNet（B0-B7）参数

Model	input_size	width_coefficient	depth_coefficient	drop_connect_rate	dropout_rate
EfficientNetB0	224×224	1.0	1.0	0.2	0.2
EfficientNetB1	240×240	1.0	1.1	0.2	0.2
EfficientNetB2	260×260	1.1	1.2	0.2	0.3
EfficientNetB3	300×300	1.2	1.4	0.2	0.3
EfficientNetB4	380×380	1.4	1.8	0.2	0.4
EfficientNetB5	456×456	1.6	2.2	0.2	0.4
EfficientNetB6	528×528	1.8	2.6	0.2	0.5
EfficientNetB7	600×600	2.0	3.1	0.2	0.5

3.5.7 ConvNeXt

在计算机视觉中，卷积神经网络凭借着其对图像特征的快速提取与识别物体准确率高一直占据着重要地位。ConvNeXt 网络是 2022 年由 Facebook 团队所提出的纯卷积神经网络架构模型。对于 ConvNeXt 网络，根据模型计算复杂度的不同，共有四个（T/S/B/L）版本。本书主要介绍 ConvNeXt-T 网络。在 ConvNeXt-T 网络中，主要是由 ConvNeXt 块所构成。对于 ConvNeXt 块来说，其输入特征图数据为 $h\times w\times dim$，经 Depthwise Conv2D（深度可分离 2D 卷积）以及 Layer Normalization（层标准化），目的是对多个特征通道进行融合，之后经过 Con2D（普通卷积）等操作，对特征图进行一系列升维与降维处理后，使其输

出特征数据为 $h×w×dim$，具体变化过程如图 3-33 所示。对于整个 ConvNeXt-T 网络结构，首先输入大小为 224×224×3 的图像，经过第一次卷积操作后特征图变为 56×56×96；其次，经过一系列 ConvNeXt 块操作，特征图变为 7×7×768；最后，经全局平均与层归一化等操作后，输出大小为 1000，具体结构见表 3-9。

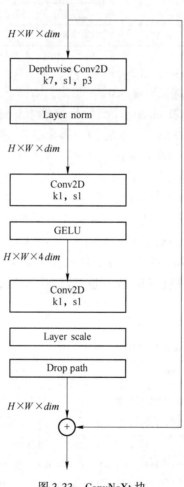

图 3-33　ConvNeXt 块

表 3-9　ConvNeXt-T 结构

层　名	输　入	ConvNeXt-T	输　出
Conv1	224×224×3	4×4, 96, stride4 Layer norm	56×56×96
Conv2_x	56×56×96	$\begin{bmatrix} d7×7, & 96 \\ 1×1, & 384 \\ 1×1, & 96 \end{bmatrix} ×3$	56×56×96
Conv3_x	56×56×96	Downsample $\begin{bmatrix} d7×7, & 192 \\ 1×1, & 768 \\ 1×1, & 192 \end{bmatrix} ×3$	28×28×192

层　名	输　入	ConvNeXt-T		输　出
Conv4 _ x	28×28×192	Downsample	$\begin{bmatrix} d7×7, & 384 \\ 1×1, & 1536 \\ 1×1, & 384 \end{bmatrix}×9$	14×14×384
Conv5 _ x	14×14×384	Downsample	$\begin{bmatrix} d7×7, & 768 \\ 1×1, & 3072 \\ 1×1, & 768 \end{bmatrix}×3$	7×7×768
	7×7×768	Global avg pooling layer norm linear		1000

3.5.7.1　Macro design

在原 ResNet 网络中，一般 conv4 _ x（即 stage3）堆叠的 block 的次数是最多的。ResNet50 中 stage1 到 stage4 堆叠 block 的次数是（3，4，6，3），比例大概是 1∶1∶2∶1，但在 Swin Transformer 中，比如 Swin-T 的比例是 1∶1∶3∶1，Swin-L 的比例是 1∶1∶9∶1。很明显，在 Swin Transformer 中，stage3 堆叠 block 的占比更高。所以最终 ResNet50 中的堆叠次数由（3，4，6，3）调整成（3，3，9），和 Swin-T 拥有相似的 FLOPs。进行调整后，其准确率由 78.8% 提升到了 79.4%。

Changing stem to "Patchify"，在之前的卷积神经网络中，一般最初的下采样模块 stem 都是由一个卷积核大小为 7×7 步距为 2 的卷积层和一个步距为 2 的最大池化下采样共同组成，高和宽都是下采样的 4 倍。但在 Transformer 模型中，一般都是通过一个卷积核非常大且相邻窗口之间没有重叠的（即 stride 等于 kernel _ size）卷积层进行下采样。比如在 Swin Transformer 中采用的是一个卷积核大小为 4×4 步距为 4 的卷积层构成 patchify，同样是下采样 4 倍。所以在 ResNet 中，stem 也换成了和 Swin Transformer 一样的 patchify。替换后准确率从 79.4% 提升到 79.5%，并且 FLOPs 也降低了一点。

3.5.7.2　ResNeXt-ify

ResNeXt-ify 借鉴了 ResNeXt 中的组卷积 grouped convolution，因为 ResNeXt 相比普通的 ResNet 而言在 FLOPs 以及 accuracy 之间做到了更好的平衡。而 ResNeXt-ify 采用的是更激进的 depthwise convolution，即 group 数和通道数 channel 相同。这样做的原因是 depthwise convolution 和 self-attention 中的加权求和操作很相似。除此之外，ResNeXt-ify 将最初的通道数由 64 调整成 96，与 Swin Transformer 保持一致，最终准确率达到了 80.5%。

3.5.7.3　Inverted Bottleneck

Transformer block 中的 MLP 模块非常像 MobileNetV2 中的 Inverted Bottleneck 模块，即两头细中间粗。因此，Inverted Bottleneck 采用的是 Inverted Bottleneck 模块。图 3-34（a）是 ReNet 中采用的 Bottleneck 模块，（b）是 MobileNetV2 采用的 Inverted Botleneck 模块，（c）是 ConvNeXt。

3.5.7.4　Large Kernel Sizes

在 Transformer 中一般都是对全局做 self-attention，比如 Vision Transformer。即使是

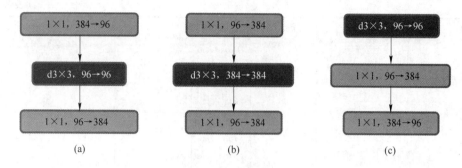

图 3-34   模块对比

（a）Bottleneck；（b）Inverted Bottleneck；（c）ConvNeXt

Swin Transformer 也有 7×7 大小的窗口。但现在主流的卷积神经网络都是采用 3×3 大小的窗口，因为之前 VGG 论文中说通过堆叠多个 3×3 的窗口可以替代一个更大的窗口，而且现在的 GPU 设备针对 3×3 大小的卷积核做了很多的优化，所以会更高效。此网络做了如下两个改动：

（1）Moving up depthwise Conv layer，即将 depthwise Conv 模块上移，原来是 1×1 Conv → depthwise Conv → 1×1 Conv，现在变成了 depthwise Conv → 1×1 Conv → 1×1 Conv。这么做是因为在 Transformer 中，MSA 模块是放在 MLP 模块之前的，所以这里进行效仿，将 depthwise Conv 上移。这样改动后，准确率下降到了 79.9%，同时 FLOPs 也减小了。

（2）Increasing the kernel size，将 depthwise Conv 的卷积核大小由 3×3 改成了 7×7（和 Swin Transformer 一样），当然也尝试了其他尺寸，包括 3、5、7、9、11，取到 7 时准确率就达到了饱和，并且准确率从 79.9%（3×3）增长到 80.6%（7×7）。

3.5.7.5   Micro Design

此网络聚焦到一些更细小的差异，比如激活函数以及 Normalization。

Replacing ReLU with GELU，在 Transformer 中激活函数基本用的都是 GELU，而在卷积神经网络中最常用的是 ReLU，于是激活函数被替换成了 GELU，替换后发现准确率没变化。

Fewer activation functions，使用更少的激活函数。在卷积神经网络中，一般会在每个卷积层或全连接后都接上一个激活函数。但在 Transformer 中并不是每个模块后都跟有激活函数，比如 MLP 中只有第一个全连接层后跟了 GELU 激活函数。当在 ConvNeXt Block 中也减少激活函数的使用时，发现准确率从 80.6% 增长到 81.3%。

Fewer normalization layers，使用更少的 Normalization。同样在 Transformer 中，Normalization 使用的也比较少，此网络减少了 ConvNeXt Block 中的 Normalization 层，只保留了 depthwise Conv 后的 Normalization 层。此时准确率已经达到了 81.4%，已经超过了 Swin-T。

Substituting BN with LN，将 BN 替换成 LN。Batch normalization（BN）在卷积神经网络中是非常常用的操作了，它可以加速网络的收敛并减少过拟合（但用得不好也是个大坑）。但在 Transformer 中基本都用的 layer normalization（LN），因为最开始 Transformer 是应用在 NLP 领域的，BN 又不适用于 NLP 相关任务。当把 BN 全部替换成了 LN，发现准确率仍有小幅提升，达到了 81.5%。

Separate downsampling layers，单独的下采样层。在 ResNet 网络中 stage2-stage4 的下采样都是通过将主分支上 3×3 的卷积层步距设置成 2，捷径分支上 1×1 的卷积层步距设置成 2 进行下采样的。但在 Swin Transformer 中是通过一个单独的 Patch Merging 实现的。因此，当 ConvNext 网络单独使用了一个下采样层（通过一个 layrer normalization 加上一个卷积核大小为 2 步距为 2 的卷积层构成），更改后准确率就提升到了 82.0%。

3.6 轻量化模型

3.6.1 Xception

基于 Inception_v3 模型，再对其做轻量化处理，Chollet（2017）提出了 Xception 模型，该模型可认为是 extreme Inception，它将 Inception 模块替换为深度可分离卷积。深度可分离卷积首先在输入的每个通道上独立执行空间卷积，即深度卷积（depthwise convolution），随后将深度卷积输出的通道投影到新的通道空间，即逐点卷积（pointwise convolution）。Xception 模型比具有同样参数量的 Inception v3 模型在大型数据集上表现更优异，其可以更有效地利用参数。

Xception 模型的创新之处是提出深度可分离卷积（depthwise separable convolution）。Inception_v3 的结构图如图 3-35 左图所示，去掉平均池化路径后变成右图。

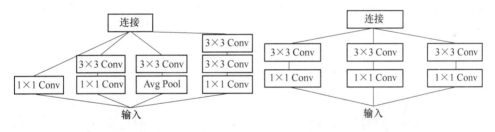

图 3-35　Inception_v3 模型去平均化

对图 3-35 右图做一个简化，可变成图 3-36 左图的形式。当其极端化时，就变成了图 3-36 右图所示结构。

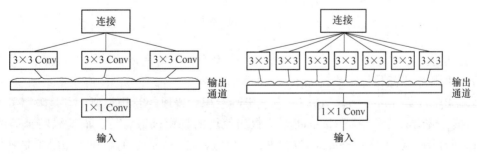

图 3-36　Inception 模型

因此，当使用一个 3×3 卷积对应一个通道时，也就形成了 extreme Inception。同时先进行 3×3 卷积，再进行 1×1 卷积不会有什么影响。因此对 extreme Inception 进行镜像，先进行深度卷积，再进行 1×1 卷积，形成了深度可分离卷积。此外，经过实验证明，在使用深度卷积后，不能再使用 ReLU 这种非线性激活函数，转而使用了线性激活函数，这样收敛速度更快，准确率更高。

3.6.2   MobileNet V1

传统卷积神经网络，内存需求大、运算量大导致无法在移动设备以及嵌入式设备上运行。VGG16 的权重大小有 450M，而 ResNet 中 152 层的模型，其权重模型 644M，这么大的内存需求是明显无法在嵌入式设备上进行运行的，而网络应该服务于生活，所以研究轻量级网络非常重要。

MobileNet 网络是由 Google 团队在 2017 年提出的，专注于移动端或者嵌入式设备中的轻量级 CNN 网络。相比传统卷积神经网络，在准确率小幅降低的前提下大大减少模型参数与运算量（相比 VGG16 准确率减少了 0.9%，但模型参数只有 VGG 的 1/32）。

MobileNet V1 的亮点：

（1）Depthwise convolution（大大减少运算量和参数数量）；

（2）增加超参数 α、β（其中 α 是控制卷积层卷积核个数的超参数，β 是控制输入图像的大小）。

MobileNet V1 的结构：

（1）DW 卷积。DW 卷积的结构如图 3-37 所示，其中：

1）卷积核 channel = 1；

2）输入特征矩阵 channel = 卷积核个数 = 输出特征矩阵 channel。

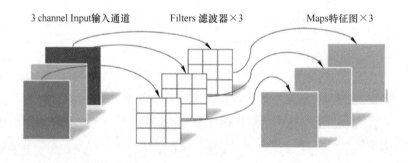

图 3-37   DW 卷积

也就是说，DW 卷积中的每一个卷积核，只会和输入特征矩阵的一个 channel 进行卷积计算，所以输出的特征矩阵就等于输入的特征矩阵。

（2）PW 卷积（Pointwise Conv）。其实 PW 卷积和普通的卷积类似，只是采用了 1×1 的卷积核，输出的特征矩阵 channel 的个数与使用的卷积核数相等，而输入特征矩阵的 channel 的个数与卷积核的 channel 数相等，所以它就是一个普通的卷积，如图 3-38 所示。

一般来说，以上的 PW 卷积与 DW 卷积是放在一起操作的，共同组成深度可分卷积操作。

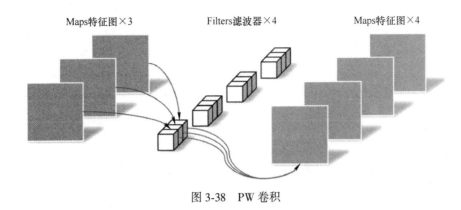

图 3-38　PW 卷积

3.6.3　ShuffleNet V1

ShuffleNet V1 是旷视科技的张翔雨 2017 年提出的一种适用于移动设备的轻量化网络。

Xception、ResNeXt、MobileNet 等网络都使用了 group Conv，他们有一个问题，是采用了密集的 1×1 pointwise Conv，这一步需要相当大的计算量。因此，一个非常自然的解决方案就是把 1×1 pointwise Conv 同样应用 group Conv ，这样就可以进一步降低计算量。但是，这又带来一个新的问题，"Outputs from a certain channel are only derived from a small fraction of input channels"。

3.6.3.1　逐点分组卷积

在说明逐点分组卷积（pointwise group convolution）之前先来了解一下什么是分组卷积和逐点卷积。所谓分组卷积，就是将原始的特征图分成几组后再分别对每一组进行卷积。用图 3-39 来进行解释，左图表示普通卷积，右图表示分组卷积。左图普通卷积输入特征图个数为 12，采用了 6 个卷积核对输入图像进行卷积，得到了 6 个输出的特征图；

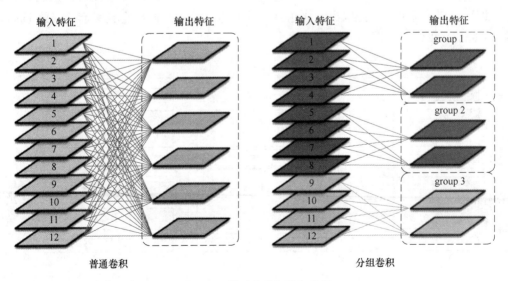

图 3-39　普通卷积与分组卷积

右图分组卷积输入特征图的个数也是 12，但其将 12 个特征图分成了 3 组（红、绿、黄），每组有 4 个特征图，这时同样需要 6 个卷积核，但需要注意的是这 6 个卷积核也被分成 3 组，即两两一组。然后将每组的输入特征图和对应的两个卷积核进行卷积，这时每组都会产生 2 个特征图，一共也会有 6 个输出特征图（注意：虽然普通卷积核分组卷积都需要 6 个卷积核，但他们卷积核的通道数是不一样的，对本列来说，普通卷积的卷积核通道数为 12，而分组卷积的卷积核通道数为 4）。

3.6.3.2 通道重排

由图 3-40 可以看到，不同组之间是没有任何联系的，即得到的特征图只和对应组别的输入有关系。这种分组因不同组之间没有任何联系，学习到的特征会非常有限，也很容易导致信息丢失，因此提出了通道重排（channel shuffle）。

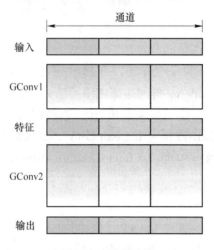

图 3-40　通道重排

channel shuffle 具体是怎么实现的呢？图 3-41 标实线框部分即为 channel shuffle 的操作，即从得到的特征图中提取出不同组别下的通道，并将它们组合在一起，最终 channel shuffle 完成后的结果如图中虚线框所示。

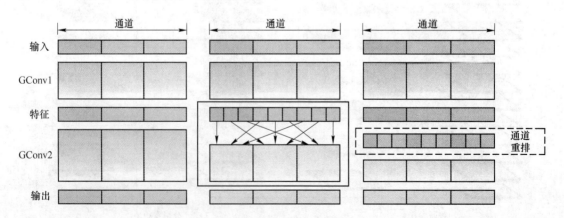

图 3-41　通道重排的实现过程

3.7 Transformer 模型

3.7.1 注意力机制

注意力机制（attention mechanism）模仿了生物观察行为的内部过程，增加部分区域观察精细度的机制。注意力机制可以快速提取稀疏数据的重要特征，因而被广泛应用于机器翻译、语音识别、图像处理等领域。注意力机制现在已成为神经网络领域的一个重要概念。其快速发展的原因主要有三个：首先，它是解决多任务较为先进的算法；其次，被广泛用于提高神经网络的可解释性；最后，有助于克服 RNN 中的一些挑战，如随着输入长度的增加导致性能下降，以及输入顺序不合理导致的计算效率低下。

3.7.2 Transformer

Transformer 是 2017 年的一篇论文 *Attention is all you need* 提出的一种模型架构，这篇论文里只针对机器翻译这一种场景做了实验，全面击败了当时的 SOTA，并且由于 encoder 端是并行计算的，训练的时间被大大缩短了。Transformer 在许多领域都被广泛采用，比如自然语言处理（NLP）、计算机视觉（CV）和语音处理等领域。它开创性的思想，颠覆了以往序列建模和 RNN 划等号的思路，现在被广泛应用于 NLP 的各个领域。目前在 NLP 各业务全面开花的语言模型如 GPT、BERT 等，都是基于 Transformer 模型。因此弄清楚 Transformer 模型内部的每一个细节就显得尤为重要。

以往的研究都过分看重加深网络深度来提高准确率，而对于模型开销的简化则研究甚少。所以，Zhang 等人提出 ShuffleNet 这一架构来降低模型开销，使其便于训练和部署，这一网络架构参考了分布式的理念，将不同通道（在图像中主要表现为 RGB 三通道）的卷积结果乱序以后再进行进一步处理，又称为群体卷积（group convolution）。将这一方法引入神经网络，可以使得网络在保证准确率的同时，相比于其他架构单元具有更强的泛化能力。

Transformer 采用编码器-解码器（encoder-decoder）架构，其编码器和解码器是基于自注意力的模块叠加而成的，源（输入）序列和目标（输出）序列的嵌入（embedding）表示将加上位置编码（positional encoding），再分别输入到编码器和解码器中。从宏观角度来看，Transformer 的编码器是由多个相同的层叠加而成的，每个层都有两个子层（子层表示为 sublayer），第一个子层是多头自注意力层（multi-head self-attention）；第二个子层是基于位置的前馈连接层（feed-forward）。解码器有三个子层结构，遮掩多头注意力层（masked multi-head attention），多头注意力层（multi-head attention）和前馈连接层（feed forward）。每个子层后面都加上残差连接（residual connection）和正则化层（layer normalization），结构如图 3-42 所示。从图 3-42 中可知，在解码器中多了一个遮掩多头注意力层，由于前面编码器训练的数据长度不同，而解码器通常以数据的最大长度作为计算单元进行训练，并且只会受到之前数据对当前的影响，不需要后续数据进行参考，因此该层会遮掩掉当前位置之后的数据。由于 Transformer 的计算抛弃了循环结构的递归和卷积，无法模拟文本中词语的位置信息，因而需要通过位置编码（positional encoding）进行人为添加。

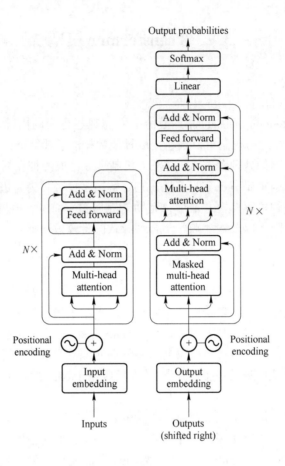

图 3-42   Transformer 模型结构

3.7.3   Vision Transformer

图 3-43 是 Vision Transformer（ViT）的模型框架。简单而言，模型由三个模块组成：

（1）Linear Projection of Flattened Patches（Embedding 层）；

（2）Transformer Encoder（图右侧有给出更加详细的结构）；

（3）MLP Head（最终用于分类的层结构）。

对于标准的 Transformer 模块，要求输入的是 token（向量）序列，即二维矩阵［num_token，token_dim］，如图 3-43 所示，token 0-9 对应的都是向量，以 ViT-B/16 为例，每个 token 向量长度为 768。

对于图像数据而言，其数据格式［H，W，C］是三维矩阵，明显不是 Transformer 想要的。所以需要先通过一个 Embedding 层来对数据做个变换。具体操作时，首先将一张图片按给定大小分成一堆 Patches。以 ViT-B/16 为例，将输入图片（224×224）按照 16×16 大小的 Patch 进行划分，划分后会得到（224/16）^2 = 196 Patches。接着通过线性映射将每个 Patch 映射到一维向量中，以 ViT-B/16 为例，每个 Patche 数据 shape 为［16，16，3］，通过映射得到一个长度为 768 的向量（后面都直接称为 token），［16，16，3］→［768］。

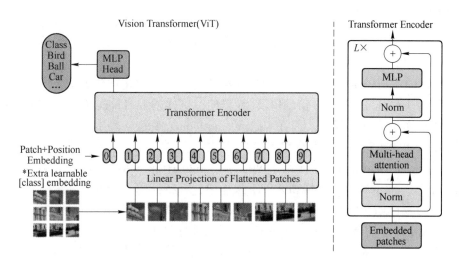

图 3-43　Vision Transformer 模型

在代码实现中，直接通过一个卷积层来实现。以 ViT-B/16 为例，直接使用一个卷积核大小为 16×16，步距为 16，卷积核个数为 768 的卷积来实现。通过卷积〔224，224，3〕→〔14，14，768〕，然后把 H 以及 W 两个维度展平即可，〔14，14，768〕→〔196，768〕，此时正好变成了一个二维矩阵，正是 Transformer 想要的。

在输入 Transformer Encoder 之前注意需要加上〔class〕token 以及 Position Embedding。参考 BERT，在刚刚得到的一堆 tokens 中插入一个专门用于分类的〔class〕token，这个〔class〕token 是一个可训练的参数，数据格式和其他 token 一样都是一个向量，以 ViT-B/16 为例，就是一个长度为 768 的向量，与之前从图片中生成的 tokens 拼接在一起，Cat（〔1，768〕，〔196，768〕）→〔197，768〕。然后关于 Position Embedding 就是之前 Transformer 中讲到的 Positional Encoding，这里的 Position Embedding 采用的是一个可训练的参数（1D Pos. Emb.），是直接叠加在 tokens 上的（add），所以 shape 要一样。以 ViT-B/16 为例，刚刚拼接〔class〕token 后 shape 是〔197，768〕，那么这里的 Position Embedding 的 shape 也是〔197，768〕。

Transformer Encoder 其实就是重复堆叠 Encoder Block L 次，Encoder Block 主要由以下几部分组成：

（1）Layer Norm。这种 Normalization 方法主要是针对 NLP 领域提出的，这里是对每个 token 进行 Norm 处理。

（2）Multi-Head Attention。

（3）Dropout/DropPath。在部分论文的代码中是直接使用 Dropout 层，但在 rwightman 实现的代码中使用的是 DropPath（stochastic depth），一般来说后者会更好一点。

（4）MLP Block。就是全连接+GELU 激活函数+Dropout 组成也非常简单，需要注意的是第一个全连接层会把输入节点个数翻 4 倍，〔197，768〕→〔197，3072〕，第二个全连接层会还原回原节点个数，〔197，3072〕→〔197，768〕。

3.7.4 Swin Transformer

首先，简单对比下 Swin Transformer 和之前的 Vision Transformer。如图 3-44 所示，通过对比至少可以看出两点不同：

（1）Swin Transformer 使用了类似卷积神经网络中的层次化构建方法，比如特征图尺寸中有对图像下采样 4 倍的、8 倍的以及 16 倍的，这样的 backbone 有助于在此基础上构建目标检测、实例分割等任务。而在 Vision Transformer 中是一开始就直接下采样 16 倍，后面的特征图也是维持这个下采样率不变。

（2）在 Swin Transformer 中使用了 Windows Multi-Head Self-Attention（W-MSA）的概念，比如在图 3-44 的 4 倍下采样和 8 倍下采样中，将特征图划分成了多个不相交的区域（Window），并且 Multi-Head Self-Attention 只在每个窗口（Window）内进行。相对于 Vision Transformer 中直接对整个（Global）特征图进行 Multi-Head Self-Attention，这样做的目的是能够减少计算量，尤其是在浅层特征图很大的时候。这样做虽然减少了计算量但也会隔绝不同窗口之间的信息传递，所以之后又提出了 Shifted Windows Multi-Head Self-Attention（SW-MSA）的概念，通过此方法能够让信息在相邻的窗口中进行传递。

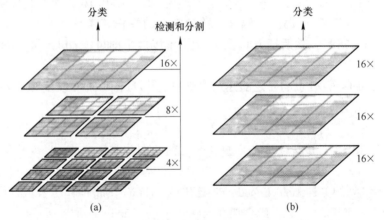

图 3-44   Swin Transformer 与 Vision Transformer

（a）Swin Transformer；（b）ViT

图 3-45 为 Swin Transformer 的结构图。首先将图片输入到 Patch Partition 模块中进行分块，即每 4×4 相邻的像素为一个 patch，然后在 channel 方向展平（flatten）。假设输入的是 RGB 三通道图片，那么每个 patch 就有 4×4＝16 个像素，然后每个像素有 R、G、B 三个值所以展平后是 16×3＝48，所以通过 Patch Partition 后图像 shape 由 [H，W，3] 变成了 [H/4，W/4，48]。然后通过 Linear Embedding 层对每个像素的 channel 数据做线性变换，由 48 变成 C，即图像 shape 再由 [H/4，W/4，48] 变成了 [H/4，W/4，C]。其实在源码中 Patch Partition 和 Linear Embedding 就是直接通过一个卷积层实现的，和 Vision Transformer 中的 Embedding 层结构一模一样。

然后就是通过四个 Stage 构建不同大小的特征图，除了 Stage1 中先通过一个 Linear Embedding 层外，剩下三个 stage 都是先通过一个 Patch Merging 层进行下采样。然后都是重复堆叠 Swin Transformer Block，注意这里的 Block 其实有两种结构，如图 3-45（b）所示，

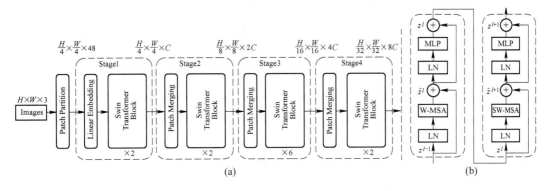

图 3-45 Swin Transformer 结构图

（a）Architecture；（b）Two Successive Swin Transformer Blocks

这两种结构的不同之处仅在于一个使用了 W-MSA 结构，一个使用了 SW-MSA 结构，而且这两个结构是成对使用的，先使用一个 W-MSA 结构再使用一个 SW-MSA 结构，所以会发现堆叠 Swin Transformer Block 的次数都是偶数（因为成对使用）。最后对于分类网络，后面还会接上一个 Layer Norm 层、全局池化层以及全连接层得到最终输出。

3.8 图像数据集

3.8.1 手写数字 MNIST 数据集

3.8.1.1 MNIST 数据集简介

MNIST 数据集是一个公开的数据集，相当于深度学习的 hello world，用来检验一个模型/库/框架是否有效的一个评价指标。MNIST 数据集是由 0～9 手写数字图片和数字标签所组成的，由 60000 个训练样本和 10000 个测试样本组成，每个样本都是一张 28 像素×28 像素的灰度手写数字图片。MNIST 数据集来自美国国家标准与技术研究所，整个训练集由 250 个不同人的手写数字组成，其中 50% 来自美国高中学生，50% 来自人口普查的工作人员。

3.8.1.2 MNIST 数据集组成

（1）train-images-idx3-ubyte. gz：训练集图片（9912422 字节），55000 张训练集，5000 张验证集。

（2）train-labels-idx1-ubyte. gz：训练集图片对应的标签（28881 字节）。

（3）t10k-images-idx3-ubyte. gz：测试集图片（1648877 字节），10000 张图片。

（4）t10k-labels-idx1-ubyte. gz：测试集图片对应的标签（4542 字节）。

3.8.1.3 数据加载

MNIST 数据集继承了 torch. utils. data. Dataset，需要自己实现_ len _和_ getitem _两个方法：

（1）_ len _实现获取数据集长度的操作；

（2）_ getitem _实现获取第几个对象的操作，通过索引的方式把图片取出来。

前面已经得到 MNIST 数据集的实例化对象，接下来就可以进行数据的加载，加载器功能较多，如果自己实现的话会比较复杂，可以借助 torch 已经封装好的加载器来处理。

3.8.1.4　transforms 图像处理

导入 transforms 方法并将 MNIST 数据集的 transfrom 改为 transforms. To Tensor（）；集合 transforms. Compose（transforms）可以将 transforms 组合起来使用。

（1）transfroms 是一种常用的图像转换方法，它们可以通过 Compose 方法组合到一起，这样可以实现许多个 transfroms 对图像进行处理。transfroms 方法提供图像的精细化处理，例如在分割任务的情况下，你必须建立一个更复杂的转换管道，这时 transfroms 方法是很有用的。

（2）很多转换器接受 PIL 图像，也接受 tensor 图像。一张 tensor 图像是形状为（C, H, W）的张量，这里 C 表示通道数，H 和 W 是图像的高和宽。1batch 的 tensor 图像是一个形状为（B, C, H, W）的张量，B 表示在 batch 上有多少张图片。

（3）transfroms 方法处理过后，会把通道移到最前边。比如 MNIST $H×W×C$ 为：28×28×1，tensor 处理完，通道数会提前，并且做了轴交换，变为了 $C×H×W$ 为：1×28×28。之所以这样设计，是因为做矩阵加减乘除以及卷积等运算是需要用 cuda 和 cudnn 函数的，而这些接口都是 chw 格式。

3.8.2　CIFAR-10 数据集

3.8.2.1　CIFAR-10 数据集简介

CIFAR-10 是由 Hinton 的学生 Alex Krizhevsky 和 Ilya Sutskever 整理的，一个用于识别普适物体的小型数据集，一共包含 10 个类别的 RGB 彩色图片：飞机（airplane）、汽车（automobile）、鸟类（bird）、猫（cat）、鹿（deer）、狗（dog）、蛙类（frog）、马（horse）、船（ship）和卡车（truck）。图片的尺寸为 32×32，数据集中一共有 50000 张训练图片和 10000 张测试图片。

3.8.2.2　与 MNIST 数据相比的特点

（1）CIFAR-10 是 3 通道的彩色 RGB 图像，而 MNIST 是灰度图像。

（2）CIFAR-10 的图片尺寸为 32×32，而 MNIST 的图片尺寸为 28×28，比 MNIST 稍大。

（3）相比于手写字符，CIFAR-10 含有的是现实世界中真实的物体，不仅噪声很大，而且物体的比例、特征都不尽相同，这为识别带来很大困难。直接的线性模型如 Softmax 在 CIFAR-10 上表现得很差。

3.8.2.3　CIFAR-10 数据集的数据文件名及用途

在 CIFAR-10 数据集中，文件 data _ batch _ 1. bin、data _ batch _ 2. bin、data _ batch _ 5. bin 和 test _ batch. bin 中各有 10000 个样本。一个样本由 3073 个字节组成，第一个字节为标签 label，剩下 3072 个字节为图像数据。样本和样本之间没有多余的字节分割，因此这几个二进制文件的大小都是 30730000 字节。

3.8.2.4　数据集目录结构

5 个训练批次+1 个测试批次，每一批 10000 张图片。测试批次包含 10000 张图片，是由每一类图片随机抽取出 1000 张组成的集合。训练批次是由剩下的 50000 张图片打乱顺序，然后随机分成 5 份，所以可能某个训练批次中 10 个种类的图片数量不是对等的，会出现一个类的图片数量比另一类多的情况。

3.8.3 ImageNet 图像数据集

ImageNet 图像数据集始于 2009 年，当时李飞飞等人在 CVPR2009 上发表了一篇名为 *ImageNet：A large-scale hierarchical image database* 的论文，之后就是基于 ImageNet 数据集的 7 届 ImageNet 挑战赛（2010 年开始）。2017 年后，ImageNet 由 Kaggle（Kaggle 公司是由联合创始人兼首席执行官 Anthony Goldbloom 2010 年在墨尔本创立的，主要是为开发商和数据科学家提供举办机器学习竞赛、托管数据库、编写和分享代码的平台）继续维护。

WordNet 是一个由普林斯顿大学认知科学实验室在心理学教授乔治·A. 米勒的指导下建立和维护的英语字典。开发工作从 1985 年开始。由于它包含了语义信息，所以有别于通常意义上的字典。WordNet 根据词条的意义将它们分组，每一个具有相同意义的字条组称为一个 synset（同义词集合）。WordNet 为每一个 synset 提供了简短、概要的定义，并记录不同 synset 之间的语义关系。WordNet 中的每个有意义的概念（concept）（可能由多个单词或单词短语描述）被称为"同义词集（synonym set）"或"synset"。

ImageNet 是根据 WordNet 层次结构组织的图像数据集。在 ImageNet 中，目标是为了说明每个 synset 提供平均 1000 幅图像。每个 concept 图像都是质量控制和人为标注的（quality-controlled and human-annotated）。在完成之后，希望 ImageNet 能够为 WordNet 层次结构中的大多数 concept 提供数千万个干净整理的图像（cleanly sorted images）。

ImageNet 是一项持续的研究工作，旨在为世界各地的研究人员提供易于访问的图像数据库。目前 ImageNet 中总共有 14197122 幅图像，总共分为 21841 个类别（synsets），大类别包括：amphibian、animal、appliance、bird、covering、device、fabric、fish、flower、food、fruit、fungus、furniture、geological formation、invertebrate、mammal、musical instrument、plant、reptile、sport、structure、tool、tree、utensil、vegetable、vehicle、person。

ImageNet 有 5 种下载方式，如图 3-46 所示。

you can:

- Download Image URLs
- Download Original Images(for non-commercial research/educational use only)
- Download Features
- Download Object Bounding Boxes
- Download Object Attributes

图 3-46　ImageNet 下载方式

（1）所有图像可通过 url 下载，如图 3-47 所示，它不需要账号登录即可免费下载。

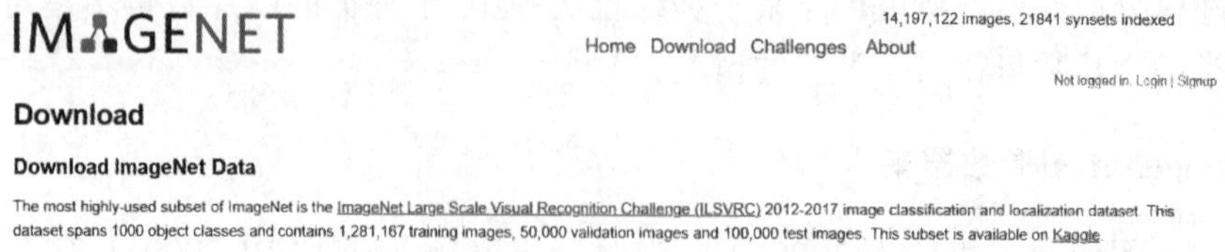

图 3-47   ImageNet 下载方式

（2）直接下载原始图像。需要自己申请注册一个账号，然后登录，经验证普通非学校邮箱无法注册。对于希望将图像用于非商业研究或教育目的的研究人员，可以在特定条件下通过 ImageNet 网站提供访问权限。

（3）下载图像 sift features。不需要账号登录即可免费下载，包括原始 sift descriptors、quantized codewords、spatial coordiates of each descriptor/codeword。提 features 前，需要缩放图像大小到最大边长不超过 300 像素。通过 VLFeat 开源软件提前 sift features，并没有对所有的 synsets 图像提取 sift。

（4）下载 Object Bounding Boxes。不需要账号登录即可免费下载，Bounding Boxes 是通过亚马逊土耳其机器人（Amazon Mechanical Turk）进行标注和验证的。目前标注过的 synsets 已经超过 3000 种，可从中查看和下载已标注的种类。对于每种 synset，平均有 150 张带有边界框（bounding boxes）的图像。图像标注以 PASCAL VOC 格式保存在 XML 文件中，用户可以使用 PASCAL Development Toolkit 解析标注。注意：在边界框标注中，有两个字段（width 和 height）表示图像的大小。标注文件中边界框的位置和大小与此大小有关。但是，此大小可能与下载的包中的实际图像大小不同（原因是标注文件中的大小是图像显示给标注器的显示大小）。因此，要在原始图像上找到实际像素，可能需要相应地重新缩放边界框。

（5）下载 Object Attributes。不需要账号登录即可免费下载，Object Attributes 是通过亚马逊土耳其机器人（Amazon Mechanical Turk）进行标注和验证的。目前标注过的 synsets 大约有 400 种，对于每一个 synset，包含 25 种属性：A，颜色，包括黑色、蓝色、棕色、灰色、绿色、橙色、粉红色、红色、紫罗兰色、白色、黄色；B，图案（pattern），包括斑点、条纹；C，形状，包括长、圆形、矩形、方形；D，纹理（texture），包括毛茸茸、光滑、粗糙、有光泽、金属色、植被（vegetation）、木质、湿润。标注的属性是基于先前收集的边界框内的 object，即感兴趣区域的 object 而不是整幅图像。

ImageNet 中的每张图片属于提供图片的个人，ImageNet 不拥有图像的版权，ImageNet 数据集可以免费用于学术研究和非商业用途，但不能直接使用这些数据作为产品的一部分。ImageNet Large Scale Visual Recognition Challenge（ILSVRC）从 2010 年开始，每年举办的 ImageNet 大规模视觉识别挑战赛，到 2017 年后截止。比赛项目包括：图像分类（classification）、目标定位（object localization）、目标检测（object detection）、视频目标检测（object detection from video）、场景分类（scene classification）、场景解析（scene parsing）。ILSVRC 中使用到的数据仅是 ImageNet 数据集中的一部分。比赛使用的所有数据集均可通过登录后下载。

3.9 小 结

本章在深度学习相关定义和其预备知识的基础上，系统阐述了神经网络的相关定义和卷积神经网络的组成和相关技术，同时，介绍了很多现代卷积神经网络模型、轻量化模型以及 Transformer 模型，最后，简单介绍了相关图像数据集。深度学习领域还有很多尚未揭晓的东西，新的研究正在一个接一个地出现。今后，全世界的研究者和技术专家也将继续积极地从事这方面的研究，一定能实现目前所无法想象的技术。

思 考 题

3-1 卷积层也适合于文本数据吗，为什么？

3-2 分析 AlexNet 的计算性能：

(1) 在 AlexNet 中主要是哪部分占用显存？

(2) 在 AlexNet 中主要是哪部分需要更多的计算？

(3) 计算结果时显存带宽如何？

3-3 与 AlexNet 相比，VGG 的计算要慢得多，而且它还需要更多的显存，分析出现这种情况的原因。

3-4 在实验中训练更深的 Transformer 将如何影响训练速度和翻译效果？

3-5 使用 GoogLeNet 的最小图像大小是多少？

参 考 文 献

[1] 刘建伟，刘媛，罗雄麟. 深度学习研究进展 [J]. 计算机应用研究，2014，31（7）：1921-1930，1942.

[2] 陈星沅，姜文博，张培楠. 深度学习和机器学习及模式识别的研究 [J]. 科技资讯，2015，13（31）：12-13.

[3] 周子扬. 机器学习与深度学习的发展及应用 [J]. 电子世界，2017（23）：72-73.

[4] 袁冰清，陆悦斌，张杰. 神经网络与深度学习基础 [J]. 数字通信世界，2018（5）：32-33，62.

[5] 王奎. 线性神经网络模型在新上证综指的应用研究 [J]. 重庆工商大学学报（自然科学版），2012，29（5）：50-54.

[6] 徐洪学，汪安祺，杜英魁，等. 深度学习的基本模型及其应用研究 [J]. 长春师范大学学报，2020，39（12）：47-54，93.

[7] 胡小春，朱成宇，陈燕. 深度卷积神经网络模型的研究分析 [J]. 信息技术与信息化，2021（4）：107-110.

[8] 严春满，王铖. 卷积神经网络模型发展及应用 [J]. 计算机科学与探索，2021，15（1）：27-46.

[9] 郭俊亮，张洪川. 卷积神经网络模型研究分析 [J]. 科技创新与应用，2021，11（23）：16-18，22.

[10] 徐小平，余香佳，刘广钧，等. 利用改进 AlexNet 卷积神经网络识别石墨 [J]. 计算机系统应用，2022，31（2）：376-383.

[11] 张珂，冯晓晗，郭玉荣，等. 图像分类的深度卷积神经网络模型综述 [J]. 中国图象图形学报，2021，26（10）：2305-2325.

[12] 马世拓，班一杰，戴陈至力. 卷积神经网络综述 [J]. 现代信息科技，2021，5（2）：11-15.

[13] 刘文婷，卢新明. 基于计算机视觉的 Transformer 研究进展 [J]. 计算机工程与应用，2022，58

（6）：1-16.

[14] 曾文献，李伟光，马月，等．基于 Transformer 结构的多目标追踪算法研究综述 ［J］．河北省科学院学报，2022，39（3）：1-8.

[15] 洪季芳．Transformer 研究现状综述 ［J］．信息系统工程，2022（2）：125-128.

[16] 谢亦才．Transformer 研究概述 ［J］．电脑知识与技术，2022，18（3）：84-86.

[17] 赵鸣宇．基于 Swin Transformer 的跳频调制信号时频图像分类研究 ［D］．银川：宁夏大学，2022.

[18] 深度学习的应用介绍 ［EB/OL］．［2018-05-19］．https：//blog. csdn. net/u012132349/article/details/90319886？ spm=1001. 2014. 3001. 5506.

[19] ImageNet 图像数据集介绍 ［EB/OL］．［2018-05-19］．https：//blog. csdn. net/fengbingchun/article/details/88606621？ spm=1001. 2014. 3001. 5506.

[20] 入门学习 MNIST 手写数字识别 ［EB/OL］．［2018-05-19］．https：//blog. csdn. net/fencecat/article/details/122903304？ spm=1001. 2014. 3001. 5506.

[21] Swin-Transforme 网络结构详解 ［EB/OL］．［2018-05-19］．https：//blog. csdn. net/qq _ 37541097/article/details/121119988？ spm=1001. 2014. 3001. 5506.

[22] Vision Transformer 详解 ［EB/OL］．［2018-05-19］．https：//blog. csdn. net/qq _ 37541097/article/details/118242600？ spm=1001. 2014. 3001. 5506.

[23] 注意力机制 ［EB/OL］．［2018-05-19］．https：//blog. csdn. net/qq _ 36936443/article/details/124124990？ spm=1001. 2014. 3001. 5506.

[24] ShuffleNet 系列 ［EB/OL］．［2018-05-19］．https：//blog. csdn. net/yzy _ _ zju/article/details/107746203？ spm=1001. 2014. 3001. 5506.

[25] ConvNeXt 网络详解 ［EB/OL］．［2018-05-19］．https：//blog. csdn. net/qq _ 37541097/article/details/122556545？ spm=1001. 2014. 3001. 5506.

[26] EfficientNet 网络详解 ［EB/OL］．［2018-05-19］．https：//blog. csdn. net/qq _ 37541097/article/details/114434046？ spm=1001. 2014. 3001. 5506.

[27] 神经网络结构：DenseNet ［EB/OL］．［2018-05-19］．https：//blog. csdn. net/qq _ 34218078/article/details/107309272？ spm=1001. 2014. 3001. 5506.

[28] 深度学习知识点全面总结 ［EB/OL］．［2018-05-19］．https：//blog. csdn. net/qq _ 36816848/article/details/122286610？ spm=1001. 2014. 3001. 5506.

[29] 98 点人脸关键点检测算法 ［EB/OL］．［2018-05-19］．https：//blog. csdn. net/IEEE _ FELLOW/article/details/112194563.

4 目标检测实战

本章重难点

目标检测一直是计算机视觉以及机器学习领域的热点，通过本章的学习，应了解目标检测技术的相关知识、目标检测的经典算法以及目标检测实战。本章的重点是掌握 4.3 节、4.4 节基于深度学习的目标检测算法的相关内容。本章的难点是 4.5 节搭建目标检测环境进行目标检测实战。

思维导图

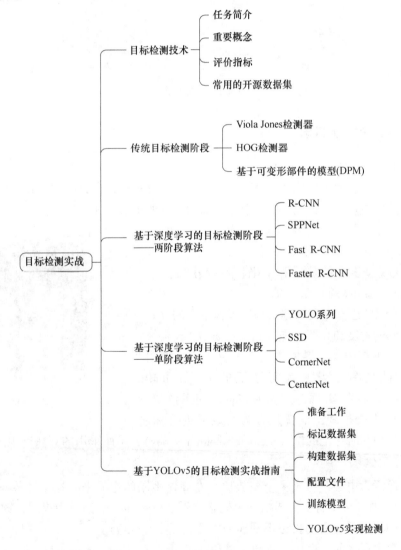

4.1 目标检测技术

4.1.1 目标检测任务简介

简单来说，目标检测（object detection）任务关注的是输入图像或视频中所感兴趣的物体的类别及所处位置，是计算机视觉领域的核心任务之一。目标检测的任务可以分成两个部分：第一部分是输出这一感兴趣目标的类别信息，是一种分类任务；第二部分是输出感兴趣目标具体的位置信息，这是一种定位任务。示意图如图 4-1 所示。

图 4-1　目标检测

4.1.2 目标检测的重要概念

4.1.2.1 边界框

在目标检测中，通常使用边界框（bounding box）来描述对象的空间位置。边界框为正好包含物体的矩形框。如图 4-2 所示包含猫狗位置的矩形框即为边界框。

边界框是矩形的，其位置和大小由矩形左上角以及右下角的 x 和 y 坐标决定，坐标表示为（$x_{\min}$，$y_{\min}$，$x_{\max}$，$y_{\max}$）。$x_{\min}$ 与 $y_{\min}$ 表示的是 x 和 y 坐标的最小值，$x_{\max}$ 与 $y_{\max}$ 表示的是 x 和 y 坐标的最大值。

另一种常用的边界框表示方法是边界框中心的（x，y）轴坐标以及框的宽度和高度，即（x，y，w，h）。

在目标检测当中，边界框主要有两种类别，如图 4-3 所示。第一种是图片当中真实标记的框（ground-true bounding box），也叫 GT 框，是人为在训练集图像中标出要检测物体的大概范围，也就是人为对数据进行标注的

图 4-2　边界框

框。另一种是预测时标记的框（predicted bounding box），是所采用的算法产生的候选框。

4.1.2.2 锚框

以每个像素为中心，生成多个缩放比和宽高比不同的边界框，这些边界框称为锚框（anchor box），如图 4-4 所示。锚框这个概念首先是在 Faster R-CNN 中提出，此后在 SSD、YOLOv2、YOLOv3 等优秀的目标识别模型中得到了广泛的应用。

在锚框没出现之前，存在的滑动窗口和区域建议（regional proposal）检测目标时都会

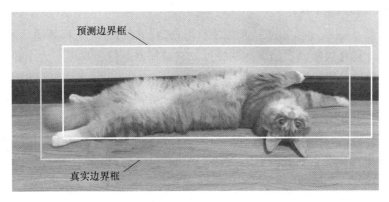

图 4-3　两种边界框类别

存在一定的问题，比如一个窗口只能检测出一个目标，无法解决多尺度问题，而锚框很好地解决了存在的问题。

4.1.2.3　感兴趣区域

在机器视觉、图像处理中，从被处理的图像中以方框、圆、椭圆、不规则多边形等方式勾勒出需要处理的区域，称为感兴趣区域（region of interest），如图 4-5 所示。使用 RoI 圈定出目标，可以减少处理的时间并且提升精度。如图 4-5 所示，展示的是使用 jupyter notebook 从图像中选取感兴趣区域。

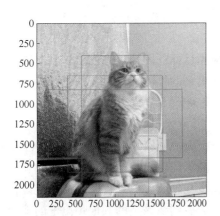

图 4-4　锚框

图 4-5　感兴趣区域

4.1.2.4　感受野

感受野（receptive field）这一概念来自生物神经学，是指系统中的任一神经元所受到的感受器神经元的支配范围。感受器神经元就是指接收感觉信号的最初级神经元。

在卷积神经网络中，感受野的定义就是卷积神经网络每一层输出的特征图（feature map）上的像素点在原始图像上映射的区域大小，如图 4-6 所示。

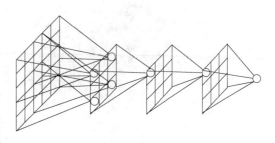

图 4-6　感受野

4.1.2.5 选择性搜索

选择性搜索（selective search）是用于目标检测的候选区域选择算法，示意图如图4-7所示。它的设计具有快速且召回率高的特点。它是根据颜色、纹理、大小和形状兼容性计算相似区域的分层分组。

选择性搜索算法的主要观点是：图像中物体可能存在的区域应该是有某些相似性或者连续性区域的。因此，选择性搜索基于上面这一想法采用子区域合并的方法进行提取候选边界框。首先，对输入图像使用分割算法产生许多小的子区域；其次，根据这些子区域之间相似性（相似性标准主要有颜色、纹理、大小等）进行区域合并，不断地进行区域迭代合并直到合并成一个区域。

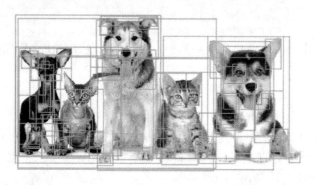

图4-7　选择性搜索

4.1.2.6 非极大值抑制

在目标检测中，当进行预测时，将一张包含待检测目标的图片送入网络，会对同一个目标生成很多的预测框，只需要保留将该项目完美标出来的检测框即可，这时可以采用非极大值抑制（non-maximum suppression，NMS）算法来剔除不需要的框，示意图如图4-8所示。

非极大值抑制的思想是搜索局部最大值，抑制非极大值元素。实现过程的第一步是将所有的检测框按置信度从高到低排序，第二步是取当前置信度最高的框，然后删除和这个框的交并比高于置信度阈值的框，第三步是重复第二步直到所有框处理完。简单地说，就是每一次都筛选出每一类里面的得分最大的预测框，然后判断该类的其他预测框的重合程度，如果重合程度过高（即交并比的值大于所设置的阈值）就剔除，相当于保留一定区域内同一种类得分最大的预测框。

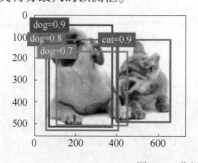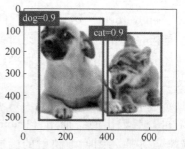

图4-8　非极大值抑制

4.1.3 目标检测评价指标

（1）检测速度。检测速度（fps）即每秒能够检测的图片数量。

（2）交并比。交并比（IoU）即预测边框与实际边框的交集和并集的比值，如图 4-9 所示。

$$IoU(B_p, B_g) = \frac{B_p \cap B_g}{B_p \cup B_g} \tag{4-1}$$

式中，B_p 为预测边框；B_g 为实际边框。

（3）准确率。准确率（accuracy）是预测正确的正负样本的数量占总样本数量的比值。

$$P = \frac{TP + TN}{TP + TN + FP + FN} \tag{4-2}$$

式中，TP 为预测正确的正样本的数量；TN 为正确预测的负样本的数量；FP 为将负样本预测成正样本的数量；FN 为将正样本预测为负样本的数量。

（4）精确率。精确率（precision）就是在识别出的图片中，被正确识别为正样本所占的比例。

$$P = \frac{TP}{TP + FP} \tag{4-3}$$

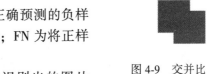

图 4-9　交并比

（5）召回率。召回率（recall）是测试集中所有正样本样例中，被正确识别为正样本的比例。

$$R = \frac{TP}{TP + FN} \tag{4-4}$$

（6）平均准确率。平均准确率（AP）是在目标检测中得出每个类的检测好坏的结果。

$$AP = \int_0^1 P(t)\,dt \tag{4-5}$$

式中，t 为在不同 IoU 下曲线的召回率，比如当 $t = 0.7$ 时，只有 IoU $\geqslant 0.7$ 才被认为是正样本。

（7）平均准确率均值。平均准确率均值（mAP）即各类别 AP 的平均值，计算出所有类别的 AP 后除以类别总数，得到的就是 mAP。

$$mAP = \frac{\sum_{n=0}^{N} AP_n}{N} \tag{4-6}$$

式中，N 为种类数量。

4.1.4 目标检测常用的开源数据集

4.1.4.1 PASCAL VOC

PASCAL VOC 的全称是 pattern analysis, statistical modelling and computational learning

visual object classes，它是目标检测、图像分割任务中经常使用到的一个数据集。它包含
20 个类别，层级结构如图 4-10 所示。

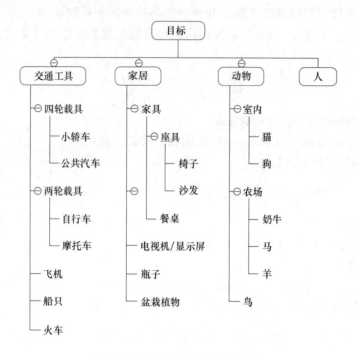

图 4-10   PASCAL VOC 层级结构图

4. 1. 4. 2   MS-COCO

MS-COCO 的全称是 microsoft common objects in context，起源于微软于 2014 年出资标
注的 microsoft COCO 数据集，与 ImageNet 竞赛一样，它被视为是计算机视觉领域最受关注
和最权威的比赛之一。

COCO 数据集是一个可用于图像检测（image detection）、语义分割（semantic
segmentation）和图像标题生成（image captioning）的大规模数据集。它有超过 33 万张图
像（其中 22 万张是有标注的图像），包含 150 万个目标，80 个目标类别（行人、汽车、
大象等），91 种材料类别（草、墙、天空等），每张图像包含五句图像的语句描述，且有
25 万个带关键点标注的行人。

4.2   传统目标检测阶段

4.2.1   Viola Jones 检测器

在 2001 年，P. Viola 和 M. Jones 在没有任何约束条件（如肤色分割）的情况下首次实
现了人脸的实时检测。在 700MHz Pentium Ⅲ CPU 上，在同等的检测精度下，检测器的速
度是其他算法的数十倍甚至数百倍。后来这种检测算法以作者的名字命名，被称为"维
奥拉-琼斯"（VJ）检测器，以纪念他们的重大贡献。

VJ 检测器采用最直接的检测方法，即滑动窗口，查看图像中所有可能的位置和比例，

看看是否有窗口包含人脸。这似乎是一个非常简单的过程,但它背后的计算远远超出了计算机当时的能力。VJ 检测器结合了"积分图像""特征选择"和"检测级联"三种重要技术,大大提高了检测速度。

(1)积分图像。积分图像是一种计算方法,以加快盒滤波或卷积过程。与当时的其他目标检测算法一样,在 VJ 检测器中使用 Haar 小波作为图像的特征表示。积分图像使得 VJ 检测器中每个窗口的计算复杂度与其窗口大小无关。

(2)特征选择。P. Viola 和 M. Jones 没有使用一组手动选择的 Haar 基过滤器,而是使用 Adaboost 算法从一组巨大的随机特征池(大约 18 万维)中选择一组对人脸检测最有帮助的小特征。

(3)检测级联。在 VJ 检测器中引入了一个多级检测范例(又称"检测级联",detection cascades),通过减少对背景窗口的计算,从而增加对人脸目标的计算,减少计算开销。

4.2.2　HOG 检测器

方向梯度直方图(HOG)特征描述器最初是由 N. Dalal 和 B. Triggs 在 2005 年提出的。HOG 对当时的尺度不变特征变换(scale-invariant feature transform)和形状语境(shape contexts)做出重要改进。

为了平衡特征不变性(包括平移、尺度、光照等)和非线性(区分不同对象类别),HOG 描述器被设计为在密集的均匀间隔单元网格(称为一个"区块")上计算,并使用重叠局部对比度归一化方法来提高精度。

虽然 HOG 可以用来检测各种对象类,但它的主要目标是行人检测问题。如若要检测不同大小的对象,则要让 HOG 检测器在保持检测窗口大小不变的情况下,对输入图像进行多次重设尺寸(rescale)。这么多年来,HOG 检测器一直是许多目标检测器和各种计算机视觉应用的重要基础。

4.2.3　基于可变形部件的模型

基于可变形部件的模型(DPM)作为 VOC-07~VOC-09 届检测挑战赛的优胜者,它曾是传统目标检测方法的巅峰。DPM 最初是由 P. Felzenszwalb 提出的,于 2008 年作为 HOG 检测器的扩展,之后 R. Girshick 进行了各种改进。

DPM 遵循"分而治之"的检测思想,训练可以简单地看作是学习一种正确的分解对象的方法,推理可以看作是对不同对象部件的检测的集合。例如,检测"汽车"的问题可以看作是检测它的窗口、车身和车轮。工作的这一部分,也就是"star model"由 P. Felzenszwalb 等人完成。后来,R. Girshick 进一步将 star model 扩展到"混合模型",以处理更显著变化下的现实世界中的物体。

一个典型的 DPM 检测器由一个根过滤器(root-filter)和一些零件滤波器(part-filters)组成。该方法不需要手动设定零件滤波器的配置(如尺寸和位置),而是在 DPM 中开发了一种弱监督学习方法,所有零件滤波器的配置都可以作为潜在变量自动学习。R. Girshick 将这个过程进一步表述为一个多实例学习的特殊案例,同时还应用了"困难负样本挖掘(hard-negative mining)""边界框回归""语境启动"等重要技术以提高检测精度。而为了加快检测速度，R. Girshick 开发了一种技术，将检测模型"编译"成一个更快的模型，实现了级联结构，在不牺牲任何精度的情况下实现了超过 10 倍的加速。

虽然今天的目标检测器在检测精度方面已经远远超过了 DPM，但其中很多仍然受到 DPM 有价值的见解的影响，如混合模型、困难负样本挖掘、边界框回归等。2010 年，P. Felzenszwalb 和 R. Girshick 被授予 PASCAL VOC 的"终身成就奖"。

4.3　基于深度学习的目标检测阶段——两阶段算法

随着手工特征的性能趋于饱和，目标检测在 2010 年后达到了一个稳定的水平。2012 年，卷积神经网络在世界范围内重焕生机。由于深度卷积网络能够学习图像的鲁棒性和高层次特征表示，从而自然地提出是否能将其应用到目标检测领域这一问题。在 2014 年，R. Girshick 等人首先提出具有 CNN 区域特征的 R-CNN（regions with CNN features）用于目标检测。从那时起，目标检测开始以前所未有的速度发展。

在基于深度学习的目标检测阶段，出现了两阶段和单阶段算法。"两阶段"指的是实现检测的方式主要有两个过程：第一是获取输入图像，提取候选区域；第二是对区域进行 CNN 分类识别。

因此，"两阶段"又称基于候选区域的目标检测。它是基于深度学习的检测算法的先驱者，代表性算法有 R-CNN 系列、SPPNet 等。

4.3.1　R-CNN

R-CNN 算法可以说是利用深度学习进行目标检测的开山之作。R. Girshick 等人在 2014 年提出了 R-CNN 算法。R-CNN 在 VOC-07 测试集上性能明显提升，平均准确率均值（mean average precision，mAP）从 33.7%（DPM-v5）大幅提升到 58.5%。

4.3.1.1　算法流程

R-CNN 的算法流程分为四步，流程示意图如图 4-11 所示。

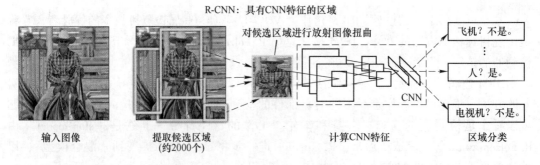

图 4-11　R-CNN 算法流程

（1）对于给定的输入图像，使用选择性搜索（selective search）的区域建议方法提取出大约 2000 个候选区域，即首先过滤掉那些大概率不包含物体的区域，通过这一阶段将大大减少原始图像中需要处理的区域；

（2）对于每个候选区域，使用深度卷积神经网络提取特征；

（3）将每个候选区域的特征连同其标注的边界框作为一个样本，训练多个支持向量机对目标分类，其中每个支持向量机用来判断样本是否属于某一个类别；

（4）将每个候选区域的特征连同其标注的边界框作为一个样本，训练线性回归模型来预测真实边界框。

4.3.1.2 R-CNN算法网络模型

R-CNN算法网络模型示意图如图4-12所示。先输入图像，模块1用SS算法生成2000个左右的候选框，这些候选框可能是最后的目标，也可能不是。接下来做区域预处理，不管每个候选框的长宽大小，统一强制缩放成227×227的正方形，把每个正方形逐一喂到同一个卷积神经网络里，提取一个4096维的全连接层输出的特征，获得这个特征后，用线性支持向量机对它进行分类，比如说PASCAL VOC有20个类别，那就有20个线性支持向量机来对这个4096维的向量进行分类，这个4096维的向量既用于线性支持向量机的分类，也可以用于Bounding Box的回归，到此就完成了目标检测的任务。

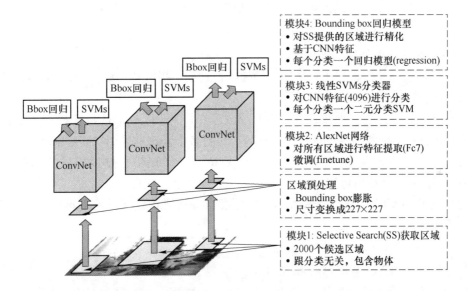

图4-12 R-CNN算法网络模型

4.3.1.3 R-CNN算法特点

（1）优点：

1）开创了神经网络实现目标检测的先河；

2）性能比传统算法显著提高。

（2）缺点：

1）R-CNN使用SVM作为分类器，而SVM属于二元分类器，所以对于多分类任务，需要额外训练多个SVM分类器，比较烦琐；

2）R-CNN虽然不再像传统方法那样穷举，但是R-CNN实现步骤的第一步中对输入图像使用选择性搜索提取的候选区域高达2000多个，并且这2000多个候选区域每个区域都需要进行CNN提取特征以及SVM分类，计算量巨大，导致R-CNN检测速度很慢；

3）R-CNN的流程是先选取候选区域，再训练CNN与SVM以及回归器，而且各个阶段还得分别进行，训练步骤多，烦琐分散，并且训练 SVM 也很耗时间；

4）候选区域需要使用 crop/warp 的操作调整尺寸大小，这样会使得图片形变，产生目标截断或者拉伸，导致输入的 CNN 特征丢失，影响分类效果。

4.3.2　SPPNet

虽然对比传统目标检测来说，R-CNN 已经取得了很大的进步，但是它的缺点也尤为明显：在一张图片上生成两千多个候选框，在大量重叠的候选区域上进行冗余的特征计算，导致检测速度极慢。因为 R-CNN 这些缺点的存在，何凯明等人在 2014 年提出 SPPNet。SPPNet 的效果已经在不同的数据集上得到验证，速度比 R-CNN 快 24 ~ 102 倍。

SPPNet 的全称为 spatial pyramid pooling in deep convolutional networks，从这个名字可以看出，SPPNet 的关键是在卷积神经网络 CNN 里设计了 spatial pyramid pooling（SPP）结构，设计该结构的出发点是解决 CNN 的输入需要为固定大小的问题。

4.3.2.1　算法流程

SPPNet 算法流程分为以下几步：

（1）通过选择性搜索算法获取输入图片的候选框，提取约 2000 个候选区域，这一步与 R-CNN 相同。

（2）特征提取。把整张待检测图片输入 CNN 中，进行一次性特征提取，得到特征图，然后在特征图中找到各个候选框的区域，再对各个候选框采用空间金字塔池化，提取出固定长度的特征向量。而 R-CNN 输入的是每一个候选框，然后再进入 CNN，因为 SPPNet 只需要一次性对整张图片进行特征提取，速度会大大提升。

（3）将 CNN 输出的输入到 SVM 中进行特征向量分类识别，再使用非极大值抑制，得到最合适的框。

（4）用边界框回归来后处理预测窗口。

4.3.2.2　SPPNet 算法网络模型

SPPNet 算法网络模型如图 4-13 所示。SPPNet 的第一个贡献就是在最后一个卷积层后，接入了空间金字塔池化层，将任意大小的卷积特征映射为固定维度的全连接输入，保证传到下一层全连接层的输入固定，使卷积层的输入可以为任意大小，从而避免了像 R-CNN 那样，在提取候选区域之后调整尺寸大小而导致图像形变的问题。

4.3.2.3　SPPNet 算法特点

（1）优点：

1）解决了因为目标缩放而造成的目标丢失或畸变失真问题；

2）基于空间金字塔匹配（SPM）理论提出了空间金字塔池化层（SPP）；

3）对一幅图只做一次卷积运算，训练、测试速度快。

（2）缺点：

1）和 R-CNN 一样，SPPNet 也需要训练 CNN 提取特征，然后训练 SVM 分类这些特征，这需要巨大的存储空间，并且分开训练也很复杂；

2）SPPNet 很难通过微调（fine-tuning）对空间金字塔池化层之前的网络进行参数微

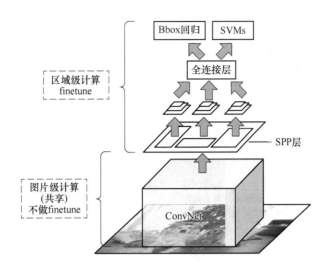

图 4-13 SPPNet 算法网络模型

调，效率会很低，因为 SPP 做微调时输入的是多个不同的图片，这样对于每一个图片都要重新产出新的特征图。

4.3.3 Fast R-CNN

R. Girshick 在 2015 年提出了 Fast R-CNN 检测器，Fast R-CNN 最主要解决了 R-CNN 与 SPPNet 训练步骤复杂、冗余的缺点，不仅训练步骤少了，也不需要额外将特征保存在磁盘上。基于 VGG16 的 Fast R-CNN 算法在训练速度上比 R-CNN 快了将近 9 倍，比 SPPNet 快大概 3 倍；测试速度比 R-CNN 快了 213 倍，比 SPPNet 快了 10 倍。在 PASCAL VOC 2012 数据集上的 mAP 为 66%。

4.3.3.1 算法流程

Fast R-CNN 算法流程可分为以下几个步骤：

（1）将任意尺寸的图片输入 CNN 网络，经过若干卷积层与池化层，得到特征图。

（2）在任意尺寸的图片上采用选择性搜索算法提取大约两千个候选区域。

（3）根据原图中候选区域到特征图映射关系，在特征图上找到每个候选区域对应的特征框（深度和特征图一致），并在 RoI 池化层中将每个特征框池化到 $h{\times}w$（VGG-16 网络是 7×7）的尺寸。

（4）固定 $h{\times}w$（VGG-16 网络是 7×7）大小的特征框经过全连接层得到固定大小的特征向量。

（5）将第四步所得特征向量经由各自的全连接层（由 SVD 分解实现），分别得到两个输出向量：一个是 softmax 的分类得分；一个是 Bounding Box 窗口回归。利用窗口得分分别对每一类物体进行非极大值抑制剔除重叠候选区域，最终得到每个类别中回归修正后的得分最高的窗口。

4.3.3.2 Fast R-CNN 算法网络模型

Fast R-CNN 算法网络模型示意图如图 4-14 所示。

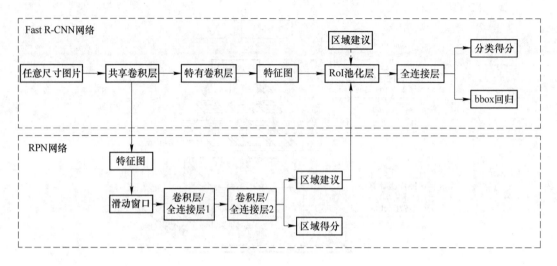

图 4-14　Fast R-CNN 算法网络模型

4.3.3.3　Fast R-CNN 算法特点

（1）优点：

1）解决了目标定位和分类的同步问题；

2）借助 RoI 层映射多尺度特征，解决了尺度放缩的问题；

3）卷积不再是对每个候选区域进行，而是直接对整张图像进行，这样减少了很多重复计算。

（2）缺点：

1）候选区域选取方法计算复杂；

2）检测速度过慢。

4.3.4　Faster R-CNN

继 2014 年推出 R-CNN，2015 年推出 Fast R-CNN 之后，目标检测界的领军人物 R. Girshick 团队在 2015 年又推出一力作：Faster R-CNN，使简单网络目标检测速度达到 17fps，在 PASCAL VOC 2012 上的准确率是 70.4%，复杂网络检测速度达到 5fps，准确率 78.8%。

4.3.4.1　算法流程

Faster R-CNN 的算法流程可以分为 3 个步骤：

（1）向 CNN 网络（ZF 或者 VGG16）输入任意大小的图像得到相应的特征图；

（2）使用 RPN 结构生成候选区域，通过 softmax 判断候选区域属于物体（foreground）还是背景（background），利用边界框回归修正属于物体的候选区域，获得精确的候选区域，输出 TOP-N（默认为 300）的区域给 RoI 池化层；

（3）将每个特征矩阵通过 RoI 池化层缩放到 7×7 大小的特征图，接着将特征图展平，通过一系列全连接层得到预测结果。

4.3.4.2　Faster R-CNN 算法网络模型

Fast R-CNN 算法网络模型如图 4-15 所示。

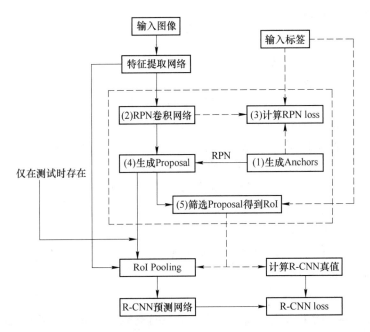

图 4-15　Fast R-CNN 算法网络模型

4.3.4.3　Faster R-CNN 算法特点

（1）优点：

1）Faster R-CNN 是第一个端到端的，也是第一个接近实时的深度学习的检测器；

2）从 R-CNN 到 Faster R-CNN，一个目标检测系统中大部分独立块，如候选区域、特征提取、边界框回归等，都已经逐渐集成到一个统一的端到端学习框架中；

3）Faster R-CNN 在多个数据集上表现优秀，且容易进行迁移，对数据集中的目标类进行更改就可以很好地改变测试模型。

（2）缺点：

1）模型流程复杂，检测速度过慢；

2）定位框不准确，小目标检测效果不佳，空间量化粗糙。

4.4　基于深度学习的目标检测阶段——单阶段算法

单阶段指的是指只需一次提取特征即可实现目标检测，其速度相比多阶段的算法快，一般精度稍微低一些。代表性算法有 YOLO 系列（YOLOv1～v7）、SSD、CornerNet、CenterNet 等。

4.4.1　YOLO 系列

YOLO（you only look once）是一种快速紧凑的开源目标检测模型，与其他网络相比，同等尺寸下性能更强，并且具有很不错的稳定性，是第一个可以预测目标的类别和边界框的端到端神经网络。YOLO 将目标检测概括为一个回归问题，实现端到端的训练和检测。由于其良好的速度-精度平衡，近几年一直处于目标检测领域的领先地位，被成功地研究、改进和应用到众多不同领域。

4.4.1.1　YOLOv1

在 YOLOv1 提出之前，R-CNN 系列算法在目标检测领域独占鳌头。R-CNN 系列检测精度高，但是由于其网络结构是两阶段的特点，使得它的检测速度不能满足实时性，饱受诟病。为了打破这一僵局，设计一种速度更快的目标检测器是大势所趋。

2016 年，Joseph Redmon、Santosh Divvala、Ross Girshick 等人提出了一种单阶段（one-stage）的目标检测网络。它的检测速度非常快，每秒可以处理 45 帧图片，能够轻松地实时运行。由于其速度之快和其使用的特殊方法，作者将其取名为：you only look once（也就是常说的 YOLO 的全称），并将该成果发表在了 CVPR 2016 上，从而引起了广泛的关注。

A　YOLOv1 算法核心思想

YOLOv1 的核心思想是利用整张图作为网络的输入，直接在输出层回归 Bounding Box 的位置和 Bounding Box 所属的类别。

B　YOLOv1 算法网络模型

YOLOv1 算法的网络模型如图 4-16 所示。整个网络是由 24 个卷积层和 2 个全连接层组成的，网络将所有的信息都压缩到了最后这个 $7 \times 7 \times 30$ 矩阵中，7×7 代表 49 个网格单元，30 在原文的解释是 $30 = (B \times 5 + C)$，B 在这里为 2，代表着每个单元有两个 bounding box；5 代表的是 bounding box 的信息，每个 bounding box 中心点的坐标 x、y 和 bounding box 的宽度和高度，还有一个 bounding box 的置信度；C 代表的是类别数，PASCAL VOC 一共有 20 类，所以 C 是 20，代表每一类的预测概率。

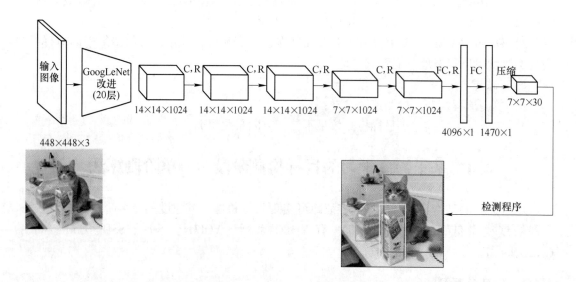

图 4-16　YOLOv1 算法网络模型

C　YOLOv1 算法的特点

（1）优点：

1）YOLOv1 检测速度非常快。标准版本的 YOLOv1 可以每秒处理 45 帧图像；

YOLOv1 的极速版本每秒可以处理 150 帧图像。这就意味着 YOLOv1 可以以小于 25ms 延迟，实时地处理视频。对于欠实时系统，在准确率保证的情况下，YOLOv1 速度快于其他方法；

2）在当时，YOLOv1 实时检测的平均精度是其他实时检测系统的两倍；

3）迁移能力强，能运用到其他新的领域（如艺术品目标检测）。

（2）缺点：

1）YOLOv1 对相互靠近的物体，以及很小的群体检测效果不好，这是因为一个网格只预测了 2 个框，并且都只属于同一类；

2）由于损失函数的问题，定位误差是影响检测效果的主要原因，尤其是在大小物体的处理上，还有待加强；

3）YOLOv1 对不常见的角度的目标泛化性能偏弱。

4.4.1.2　YOLOv2

为了改善 YOLOv1 算法，Redmon 等人在 2017 年提出了 YOLOv2 算法，其在检测类别扩展到 9000 类后也叫 YOLO9000。

YOLOv2 采用 Darknet-19 作为骨干网络，包括 19 个卷积层和 5 个 max pooling 层，主要采用 3×3 卷积和 1×1 卷积，这里 1×1 卷积可以压缩特征图通道数以降低模型计算量和参数，每个卷积层后使用批归一化（batch normalization）层以加快模型收敛同时防止过拟合。最终采用 global avg pool 做预测。采用 YOLOv2，模型的 mAP 值没有显著提升，但计算量减少了。

A　YOLOv2 算法核心思想

YOLOv2 算法使用一种新颖的多尺度训练方法，可以在不同的尺度下运行，在精度和速度之间提供了一个简单的权衡。

B　YOLOv2 算法网络模型

YOLOv2 算法网络模型如图 4-17 所示。

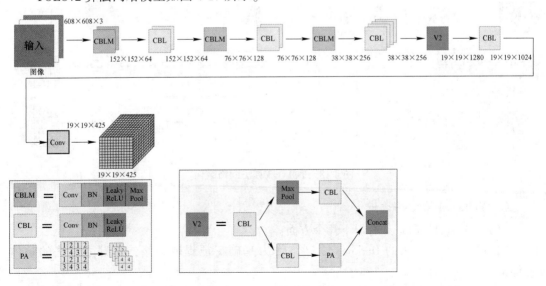

图 4-17　YOLOv2 算法网络结构

C　YOLOv2 算法的特点

YOLOv2 算法从多个方面对 YOLOv1 算法进行了提升:

(1) 引入 Anchor 机制,并且使用 K-means 算法聚类产生的 Anchor 代替 Faster R-CNN 和 SSD 手工设计的 Anchor;

(2) 使用卷积层代替 YOLOv1 中的全连接层,同时在主干网络的所有卷积层后面使用 batch normalization (BN) 层,这有利于网络模型训练的收敛速度和参数的优化;

(3) 引入多尺度训练策略,有效提升了网络模型对不同尺寸目标的感知能力;

(4) 优化了损失函数中位置回归损失部分,增强了网络模型训练时的稳定性;

(5) 使用了特征提取能力更强的 Darknet-19 作为基础网络。

YOLOv2 虽然在保证检测速度的同时显著提升了检测精度,但是对于小目标检测效果还是不理想。

4.4.1.3　YOLOv3

在 2018 年,Redmon 等人又对 YOLOv2 算法进行了进一步改进,提出了 YOLOv3 算法。

相比于 YOLOv2 的骨干网络,YOLOv3 进行了较大的改进。借助残差网络的思想,YOLOv3 将原来的 Darknet-19 改进为 Darknet-53。

A　YOLOv3 算法核心思想

YOLOv3 算法的核心思想在于多尺度的预测,也就是使用三种不同的网格来划分原始图像。其中 13×13 的网格划分的每一块最大,用于预测大目标。26×26 的网格划分的每一块大小适中,用于预测中等大小目标。52×52 的网格划分的每一块最小,用于预测小目标。

B　YOLOv3 算法网络模型

YOLOv3 算法网络模型示意图如图 4-18 所示。

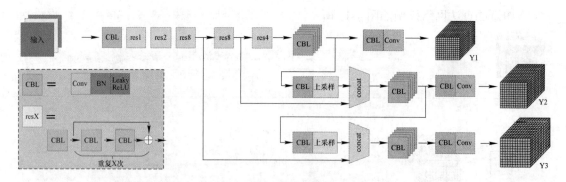

图 4-18　YOLOv3 算法网络结构

C　YOLOv3 算法的改进

YOLOv3 主要的改进点有以下几个方面:

(1) 采用更大更深的 Darknet-53 网络作为基础特征提取网络,提升了算法的整体性能;

(2) 在算法中引入 FPN 结构,分别提取了三个分辨率的特征层作为最终预测的特征层，提升了算法对小尺寸目标的检测能力；

（3）分类器不再使用 Softmax，而是采用二分类交叉损失熵，主要是为了解决训练集目标可能存在着重叠类别标签的问题。

YOLOv3 算法提升了 YOLO 系列算法的小尺寸目标检测精度，同时拥有很快的检测速度和较低的背景误检率，但其对目标坐标的预测精准性较差。

4.4.1.4 YOLOv4

YOLOv4 是 2020 年 Alexey Bochkovskiy 等人发表在 CVPR 上的一篇文章，它其实是一个结合了大量前人研究技术，加以组合并进行适当创新的算法，实现了速度和精度的完美平衡。

A YOLOv4 算法核心思想

YOLOv4 算法核心思想与 YOLOv3 基本一致，无论是网格还是多尺度预测特征图都是一样的，不一样的地方仅是调整了 anchor 尺寸。

B YOLOv4 算法网络模型

YOLOv4 算法网络模型如图 4-19 所示。其中有五个基本组件：

（1）CBM。YOLOv4 网络结构中最小的组件，由 Conv+BN+Mish 激活函数组成。

（2）CBL。由 Conv+BN+Leaky ReLU 激活函数组成。

（3）Res unit。借鉴 ResNet 网络中的残差结构，让网络可以构建得更深。

（4）CSPX。借鉴 CSPNet 网络结构，由卷积层和 X 个 Res unit 模块 Concat 组成。

（5）SPP。采用 1×1，5×5，9×9，13×13 的最大池化方法，进行多尺度融合。

C YOLOv4 算法的贡献

YOLOv4 的贡献如下：

（1）开发了一个高效、强大的目标检测模型。它使每个人都可以使用 1080Ti 或 2080Ti GPU 来训练一个超级快速和准确的目标检测器；

（2）验证了在检测器训练过程中，最先进的 Bag-of-Freebies 和 Bag-of-Specials 的目标检测方法的影响；

（3）修改了最先进的方法，使其更有效，更适合于单 GPU 训练，包括 CBN、PAN、SAM 等。

在 COCO 测试集上输入尺寸为 608×608 的 YOLOv4 算法的 mAP 达到了 43.5%，而同样输入的 YOLOv3 算法在相同测试集上的 mAP 为 33.0%。综合来看，YOLOv4 算法不仅在保证检测速度的同时达到了更高的检测精度，而且其对目标坐标的回归精度也有较大的改善。

4.4.1.5 YOLOv5

继 YOLOv4 发布两个月后，有研究人员推出了 YOLOv5 算法。YOLOv5 按照模型大小递增可分为 s、m、l、x，各模型仅在网络的深度和宽度上有所不同，均由输入端、Backbone、Neck、Head 四部分构成。

YOLOv5 输入端使用 Mosaic 数据增强、自适应初始锚框计算、图片缩放等对图像进行预处理；Backbone 采用了 Focus 下采样、改进 CSP 结构、SPP 池化金字塔结构提取图片的特征信息；Neck 主要采用 FPN+PAN 的特征金字塔结构，实现了不同尺寸目标特征信息

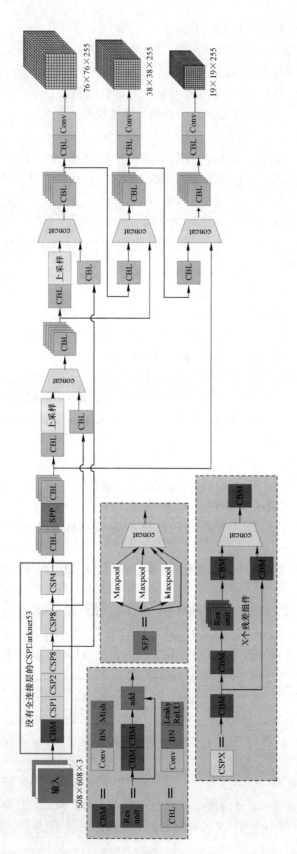

图 4-19　YOLOv4 算法网络模型

的传递，解决了多尺度问题；Head 采用三种损失函数分别计算分类、定位和置信度损失，并通过 NMS 提高网络预测的准确度。

A　YOLOv5s 算法网络模型

因为 YOLOv5 有多个模型，以下拿 YOLOv5s 模型做介绍。YOLOv5s 算法网络模型如图 4-20 所示。

YOLOv5s 网络是 YOLOv5 系列中深度最小，特征图的宽度最小的网络。后面的三种都是在此基础上不断加深，不断加宽。

B　YOLOv5 算法的特点

YOLOv5 虽然在性能上不及 YOLOv4，但是在灵活性与速度上强于 YOLOv4。YOLOv5 有以下优点：

（1）YOLOv5 使用 Pytorch 框架，对用户非常友好，能够方便地训练自己的数据集，相对于 YOLOv4 采用的 Darknet 框架，Pytorch 框架更容易投入生产；

（2）代码易读，整合了大量的计算机视觉技术，非常有利于学习和借鉴，不仅易于配置环境，模型训练也非常快速，并且批处理推理产生实时结果；

（3）批处理图像，视频甚至网络摄像头端口输入进行有效推理，能够轻松地将 Pytorch 权重文件转化为安卓使用的 ONXX 格式，然后可以转换为 OPENCV 的使用格式，或者通过 CoreML 转化为 IOS 格式，直接部署到手机应用端；

（4）YOLOv5s 的目标识别速度高达 140fps，适合用于实时目标检测。

4.4.1.6　YOLOv6

YOLOv6 是 2022 年美团视觉智能部研发的一款目标检测框架，致力于工业应用。此框架同时专注于检测的精度和推理效率，在工业界常用的尺寸模型中，YOLOv6-N 在 COCO 上精度可达 35.9% AP，在 NVIDIA Tesla T4 GPU 上推理速度可达 1234fps；YOLOv6-S 在 COCO 上精度可达 43.5% AP，在 NVIDIA Tesla T4 GPU 上推理速度可达 495fps。

A　YOLOv6 算法网络模型

YOLOv6 算法网络模型如图 4-21 所示。

B　YOLOv6 算法的改进

YOLOv6 主要在 Backbone、Neck、Head 以及训练策略等方面进行了诸多的改进：

（1）统一设计了更高效的 Backbone 和 Neck。受到硬件感知神经网络设计思想的启发，基于 RepVGG style 设计了可重参数化、更高效的骨干网络 EfficientRep Backbone 和 Rep-PAN Neck。

（2）优化设计了更简洁有效的 Efficient Decoupled Head，在维持精度的同时，进一步降低了一般解耦头带来的额外延时开销。

（3）在训练策略上，采用 Anchor-free 无锚范式，同时辅以 SimOTA 标签分配策略以及 SIoU 边界框回归损失来进一步提高检测精度。

4.4.1.7　YOLOv7

继美团发布 YOLOv6 以后，YOLO 系列原作者也发布了 YOLOv7。在 GPU V100 上，YOLOV7 在 5fps 到 160fps 的范围内在速度和精度上都超过了所有已知的物体检测器，并

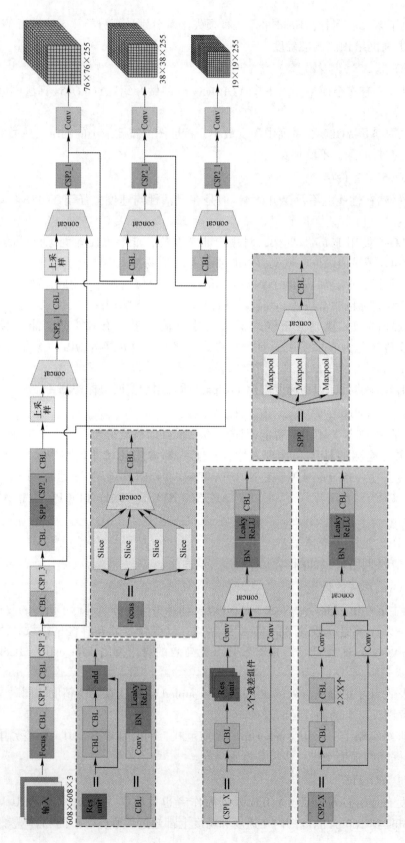

图 4-20　YOLOv5s算法网络模型

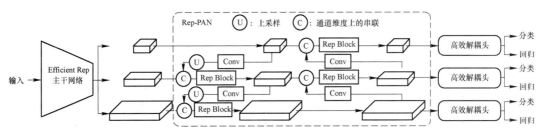

图 4-21　YOLOv6 算法网络模型

且在所有已知的 30fps 或更高的实时物体检测器中具有最高的 56.8%AP 的精度。

A　YOLOv7 算法网络模型

YOLOv7 算法网络模型如图 4-22 所示。

B　YOLOv7 算法的贡献

YOLOv7 的主要贡献可以总结为以下几点：

（1）模型重参数化。YOLOv7 将模型重参数化引入到网络架构中。

（2）标签分配策略。YOLOv7 的标签分配策略采用的是 YOLOv5 的跨网格搜索以及 YOLOX 的匹配策略。

（3）ELAN 高效网络架构。YOLOv7 中提出了一个新的网络架构，以高效为主。

（4）带辅助头的训练。YOLOv7 提出了一个带辅助头的训练方法，主要目的是通过增加训练成本提升精度，同时不影响推理的时间。

4.4.2　SSD

SSD 的全称是 single shot MultiBox detector，是 Wei Liu 在 ECCV 2016 上提出的一种目标检测算法，是主要检测框架之一，相比于 Fater R-CNN 有明显的速度优势，相比于 YOLOv1 又有明显的 mAP 优势。Single Shot 表示 SSD 是像 YOLO 一样的单次检测算法，MultiBox 是指每次可以检测多个物体，Detector 表示 SSD 是用来进行物体检测的。对 PASCAL VOC 2007，在 300×300 输入，SSD 在 Nvidia Titan X 上 58 fps 时达到 72.1% 的 mAP，500×500 输入，SSD 达到 75.1% 的 mAP。

4.4.2.1　算法流程

SSD 的算法流程分为以下几步：

（1）通过深度神经网络提取整个输入图片的深度特征；

（2）针对不同尺度的深度特征图设计不同大小的特征抓取盒（将这些盒与真实目标边框相匹配用来训练）；

（3）通过提取这些特征抓取盒对应的深度特征图的特征来预测盒中目标类别以及目标真实边框；

（4）最终通过 NMS 来筛选最佳预测结果。

4.4.2.2　SSD 算法网络模型

SSD 模型在训练时只需要图像、图像中目标类别和位置的真实标记，并不需要其他信息，在测试时也只需要输入一张没有经过处理的图片。整个模型如图 4-23 所示。

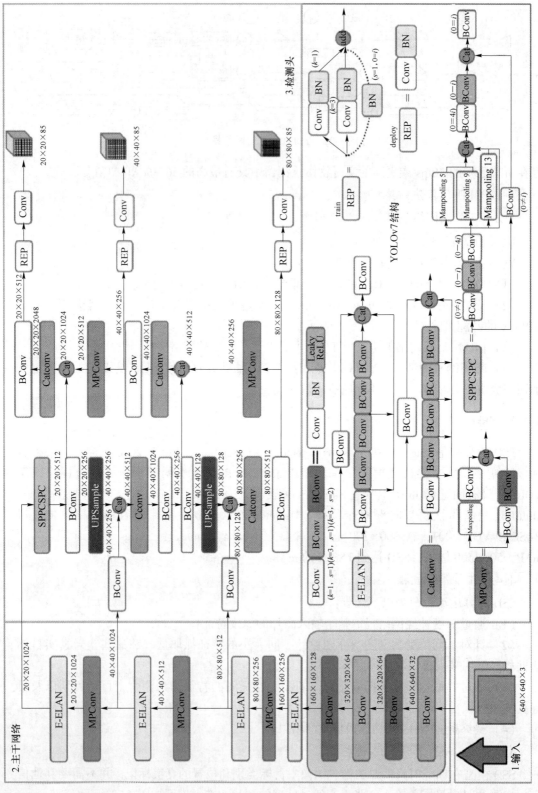

图 4-22　YOLOv7 算法网络模型

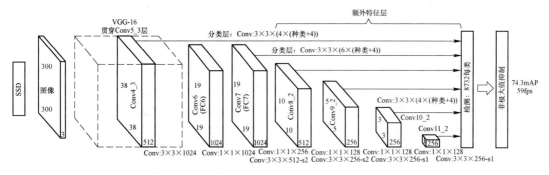

图 4-23　SSD 算法网络模型

可以看出整个模型的输入是整张图片，然后经过一个基础的深度学习模型 VGG16 网络来对整张图像提取特征，在 VGG16 网络的后面又加入了新的 CNN 层，由于每个 CNN 层的尺度是不一样的，这方便做多尺度特征的提取。后续用来检测识别的特征图包含 conv4_3、conv7、conv8_2、conv9_2、conv10_2、conv11_2。从图 4-23 中可以看出，SSD 将 conv4_3、conv7、conv8_2、conv9_2、conv10_2、conv11_2 都连接到了最后的检测分类层做回归，再用 NMS 去除部分 default boxes，生成最终的 default boxes 集合。

4.4.2.3　算法特点

SSD 具有如下主要特点：

（1）从 YOLOv1 中继承了将检测器转化为回归器的思路，一次性完成目标定位与分类；

（2）基于 Faster R-CNN 中的 anchor，提出了相似的 prior box；

（3）加入基于特征金字塔（Pyramidal Feature Hierarchy）的检测方式，相当于半个 FPN 思路。

4.4.3　CornerNet

2018 年的 ECCV 会议上，CornerNet 的提出掀起了释放和摒弃锚点框的热潮。CornerNet 把目标检测转化为两个角点的匹配问题，通过一个全卷积神经网络依据不同的类别输出两组由高斯分布组成的热力图，一组负责左上角的关键点，另一组对右下角点进行预测；同时提出嵌入向量匹配技术，利用向量差 L1 范数来判断两个关键点是否属于同一目标，当 L1 范数越小，则表示两向量属于同一目标的可能性越大。该算法巧妙地去除了锚点框的使用，只需对候选关键点处理即可，避免了训练中的人为参与，提升了算法的鲁棒性。

4.4.3.1　算法流程

CornerNet 算法的流程有以下几步：

（1）一个 7×7 的卷积层将输入图像尺寸缩小为原来的 1/4。

（2）经过特征提取网络提取特征，该网络采用 hourglass 网络，通过串联多个 hourglass 模块组成，每个 hourglass 模块都是先通过一系列的降采样操作缩小输入的大小，然后通过上采样恢复到输入图像大小，因此该部分的输出特征图大小还是 128×128，整个 hourglass 网络的深度是 104 层。

（3）Hourglass 模块后会有两个输出分支模块，分别表示左上角点预测分支和右下角点预测分支，每个分支模块包含一个 corner 池化层和三个输出，即热点图（heatmaps）、嵌入（embeddings）和偏移（offsets）。热点图是输出预测角点信息，可以用维度为（$C×H×W$）的特征图表示，其中 C 表示目标的类别，这个特征图的每个通道都是一个 mask，mask 的每个值表示该点是角点的分数；嵌入用来对预测的 corner 点做 group，也就是找到属于同一个目标的左上角角点和右下角角点；偏移用来对预测框做微调，这是因为从输入图像中的点映射到特征图时有量化误差，偏移就是用来输出这些误差信息。

4.4.3.2　CornerNet 算法网络模型

CornerNet 算法网络模型如图 4-24 所示。可以看到模型首先是个 hourglass 网络，然后分别得到代表左上角的角点图和右下角的角点图，维度是（$C×H×W$），C 表示训练集中的类别总数，值的范围是 0～1，即每个通道对应一个类别的角点图，各个点分别表示当前点是当前类别的左上角点（右上角点）的概率。紧接着是一个 Corner Pooling，分别得到对应的热图、嵌入、偏移。

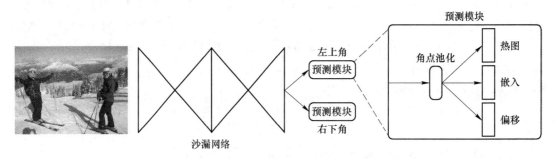

图 4-24　CornerNet 算法网络模型

4.4.3.3　CornerNet 算法特点

（1）优点：

1）采用角点的方式进行选框，方式开创了无锚框的先河；

2）解决锚框检测的样本不均衡和超参数问题；

3）检测速度快，检测精度高。

（2）缺点：

1）小目标和多目标检测精度差；

2）没有考虑边界框的内部信息。

4.4.4　CenterNet

2019 年，Zhou 等人提出了 CenterNet，该算法完全将目标视作一个中心关键点，再无其他的辅助点来检测。算法采取了三种不同的主干网络，不同的网络有不同的性能表现，通过主干网络生成关键点中心热力图，图上每个点表示一个潜在的目标，再通过训练的调节，最终直接在特征图上回归出目标的宽高以及具体类别。该算法思路简单，无过多的架构设计，能够拓展至多个视觉领域，如 3D 目标检测、人体姿态估计和视觉跟踪领域等。

其算法不仅思路简单，而且进度与速度都很高，当使用简单的 ResNet18 和反卷积，其可以跑出 142fps，COCO 准确率为 28.1%，作者还使用 SOTA 的关键点检测网络

Hourglass-104，可以达到 45.1% 的 COCO AP。

4.4.4.1 算法流程

CenterNet 算法的流程分为以下几步，示意图如图 4-25 所示。

（1）首先输入一张图片，利用以 CNN 为基础的特征提取器进行特征提取；

（2）再对 CNN 输出的特征图进行四倍下采样后输入三个检测头；

（3）三个检测头分别执行对应的损失函数，最终得到总的网络损失；

（4）再判断训练轮次是否小于规定轮次，若小于，则继续进行训练，同时进行误差的反向传播并更新之前的 CNN 网络参数以及后续各个功能部分的权值。

4.4.4.2 CenterNet 算法特点

（1）优点：

1）它不基于 anchor，不需要很多人工设置的超参数（anchor 的尺寸，anchor 的正负重叠 IoU 阈值）。

2）它不需要进行非极大值抑制操作，容易训练。

（2）缺点：

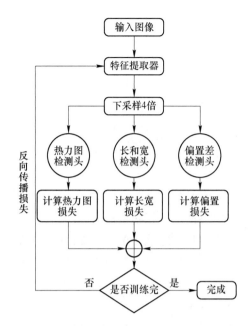

图 4-25　CenterNet 算法流程

1）输出的分辨率较大（output stride = 4），传统的目标检测器一般为 output stride = 16，因此它可以忽略需要多个尺寸检测的需求。

2）当两个不同的物体完美地对齐，可能具有相同的中心，这个时候只能检测出来它们其中的一个物体。

4.5　基于 YOLOv5 的目标检测实战指南

本节将介绍基于 YOLOv5 的安全帽佩戴目标检测实战过程，目标检测平台搭建内容不在此赘述，可自行去 CSDN 等网站进行学习。

4.5.1　准备工作

先从 github 下载 YOLOv5 包，在 data 目录下新建 Annotations、images、ImageSets、labels 四个文件夹，如图 4-26 所示。

其中 Annotations 文件夹存放的是图片标记后生成的 xml 文件，images 文件夹存放的是原始的图片数据集，ImageSets 文件夹存放的是 train. txt、val. txt、trainval. txt、test. txt，labels 文件夹存放的是 label 标注信息的 txt 文件，与图片一一对应。

4.5.2　标记数据集

制作数据集时，LabelImg 标注工具是比较常用的，具体用法在此不赘述，感兴趣可以

图 4-26 新建文件夹示意图

访问 github 的 LabelImg 主页。

本书使用的是精灵标注助手，这个软件操作简单容易上手，相比于 LabelImg，精灵标注助手的强大之处在于除了支持图片标注外，还支持文本标注和视频标注。

首先新建项目，如图 4-27 所示。项目名称根据自己的需求命名，图片文件夹选中待标记的图片集，分类值输入自己需要标记的类别，这边 helmet 代表已戴安全帽，person 代表未戴安全帽。

图 4-27 新建项目页面

精灵标注助手标记页面如图 4-28 所示。框选需要标记的地方再在右边标注信息栏选择对应的类别。每次标注完一张图都要对图片进行保存，可以通过 Ctrl+S 或者图中下方的 "√" 保存。

所有的数据集标记完以后，将标注的信息导出。选择导出格式的时候必须选择 pascal-voc 导出 XML，如图 4-29 所示。直接选择 XML 会导致后面无法读取到标注的信息。

数据集标记好以后，将原始图片集放到 images 文件夹中，如图 4-30 所示。

将精灵标注助手所生成的所有 XML 文件放进 Annotations 文件夹，如图 4-31 所示。

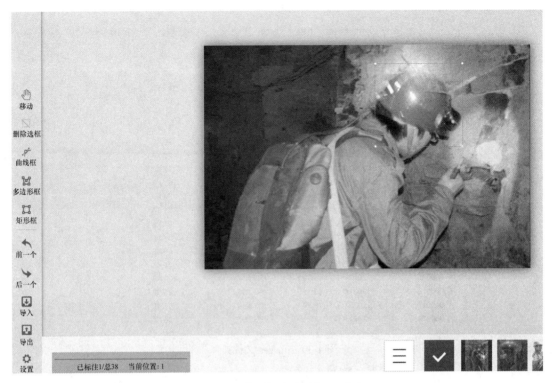

图 4-28　精灵标注助手标记页面

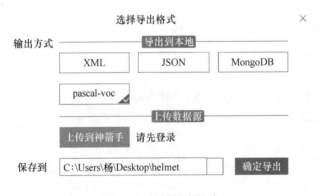

图 4-29　选择导出格式

4.5.3　构建数据集

在 data 目录下新建一个文件 makeTxt. py，代码如下所示。这个文件是用于生成 data/ ImageSets/Main 下的 train. txt、val. txt、trainval. txt、test. txt。

```
1.import os
2.import random
3.trainval_percent = 0.1
4.train_percent = 0.9
5.xmlfilepath = 'C:/yolov5/yolov5-master/data/Annotations'
```

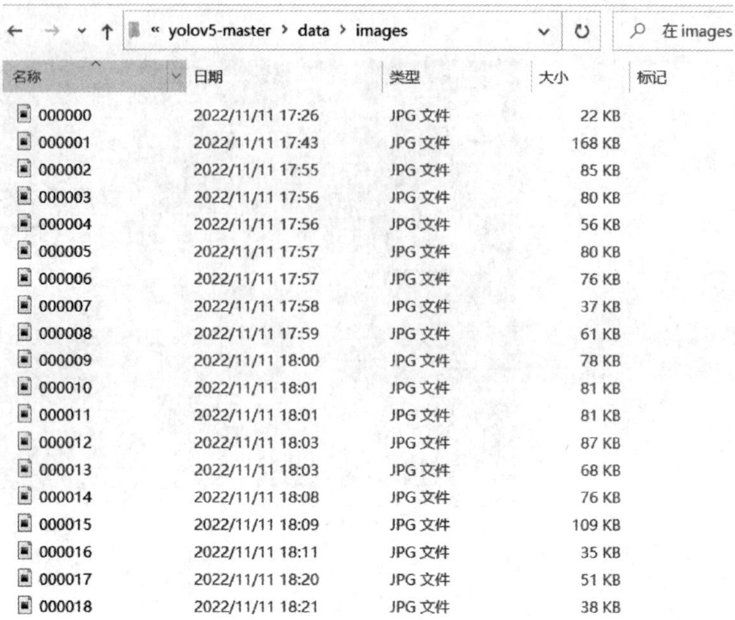

图 4-30　images 文件夹

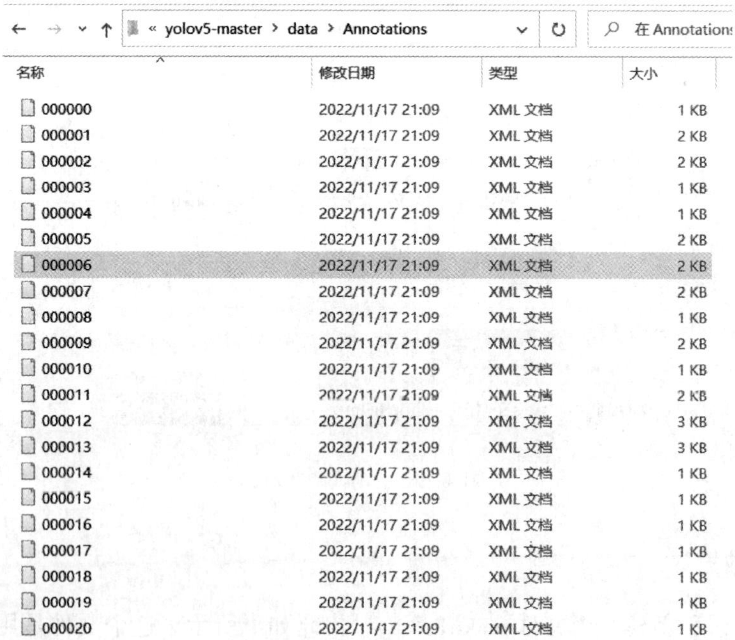

图 4-31　Annotations 文件夹

```
6.txtsavepath = ' C: /yolov5/yolov5-master/data/ImageSets'
7.total_xml = os.listdir (xmlfilepath)
8.num =lcn (total_xml)
9.list = range (num)
```

```
10.tv =int (num * trainval_percent)
11.tr =int (tv * train_percent)
12.trainval = random.sample (list, tv)
13.train =random.sample (trainval, tr)
14.ftrainval =open ('C: /yolov5/yolov5-master/data/ ImageSets/trainval.txt ',
'w')
15.ftest =open ('C: /yolov5/yolov5-master/data/ImageSets/test.txt ','w')
16.ftrain =open ('C: /yolov5/yolov5-master/data/ImageSets/train.txt ','w')
17.fval =open ('C: /yolov5/yolov5-master/data/ImageSets/val.txt ','w')
18.for i in list:
19.    name =total_xml [i] [: -4] +' \n'
20.    if i in trainval:
21.      ftrainval.write (name)
22.      if i in train:
23.        ftest.write (name)
24.      else:
25.        fval.write (name)
26.    else:
27.      ftrain.write (name)
28.ftrainval.close ()
29.ftrain.close ()
30.fval.close ()
31.ftest.close ()
```

运行代码后，在 data/ ImageSets 文件夹下生成四个 txt 文档，如图 4-32 所示。

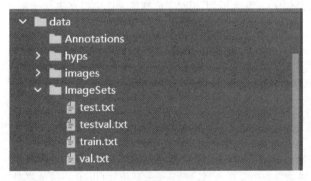

图 4-32 生成文档

在 data 目录下新建另一个文件，命名为 voc-label. py，代码如下所示。它的功能是依次读取 ImageSets 中划分的 train、test、val 里的文件名，再从 Annotations 中找到该文件，提取信息保存到 labels 下的同文件名的 txt；同时在 data 下生成对应 train、test、val 的 txt 文件，里面分别保存完整图片路径（data/images/%s. jpg）。需要根据实际情况在 classes 中写入标签，比如这个项目就应该写入 "helmet" 和 "person"。

```
1.# -* -coding: utf-8 -* -
2.# xml 解析包
```

```
3. import xml.etree.ElementTree as ET
4. import pickle
5. import os
6. from os import listdir, getcwd
7. from os.path import join
8.
9.
10. sets = ['train','test','val']
11. classes = ['helmet','person']
12.
13.
14. #进行归一化操作
15. def convert (size,box): # size: (原图 w, 原图 h), box: (xmin, xmax, ymin, ymax)
16.     dw = 1./size[0]      #1/w
17.     dh = 1./size[1]      #1/h
18.     x = (box[0] + box[1]) /2.0   #物体在图中的中心点 x 坐标
19.     y = (box[2] + box[3]) /2.0   #物体在图中的中心点 y 坐标
20.     w = box[1] - box[0]    #物体实际像素宽度
21.     h = box[3] - box[2]    #物体实际像素高度
22.     x = x * dw   #物体中心点 x 的坐标比 (相当于 x/原图 w)
23.     w = w * dw   #物体宽度的宽度比 (相当于 w/原图 w)
24.     y = y * dh   #物体中心点 y 的坐标比 (相当于 y/原图 h)
25.     h = h * dh   #物体宽度的宽度比 (相当于 h/原图 h)
26.     return (x,y,w,h)   #返回 相对于原图的物体中心点的 x 坐标比, y 坐标比, 宽度比, 高度比, 取值范围 [0-1]
27.
28.
29. def convert_annotation (image_id):
30.     '''''
31.     将对应文件名的 xml 文件转化为 label 文件, xml 文件包含了对应的 bounding 框以及图片长宽大小等信息,
32.     通过对其解析, 然后进行归一化最终读到 label 文件中去, 也就是说
33.     一张图片文件对应一个 xml 文件, 然后通过解析和归一化, 能够将对应的信息保存到唯一一个 label 文件中去
34.     labal 文件中的格式: calss x y w h 同时, 一张图片对应的类别有多个, 所以对应的 bounding 的信息也有多个
35.     '''
36.     #对应的通过 year 找到相应的文件夹, 并且打开相应 image_id 的 xml 文件, 其对应 bund 文件
37.     in_file = open ('C: /yolov5/yolov5-master/data/Annotations/%s.xml' % (image_id), encoding='utf-8')
38.     #准备在对应的 image_id 中写入对应的 label, 分别为
```

```
39.    # <object-class> <x> <y> <width> <height>
40.    out_file = open ('C: / yolov5 / yolov5-master / data / labels / % s.txt ' %
(image_id), 'w', encoding = 'utf-8')
41.    # 解析 xml 文件
42.    tree = ET.parse (in_file)
43.    # 获得对应的键值对
44.    root = tree.getroot ()
45.    # 获得图片的尺寸大小
46.    size = root.find ('size')
47.    # 如果 xml 内的标记为空, 增加判断条件
48.    if size ! = None:
49.        # 获得宽
50.        w = int (size.find ('width') .text)
51.        # 获得高
52.        h = int (size.find ('height') .text)
53.        # 遍历目标 obj
54.        for obj in root.iter ('object'):
55.            # 获得 difficult
56.            difficult = obj.find ('difficult') .text
57.            # 获得类别 = string 类型
58.            cls = obj.find ('name') .text
59.            # 如果类别不是对应在预定好的 class 文件中, 或 difficult = =1 则跳过
60.            if cls not in classes or int (difficult) = = 1:
61.                continue
62.            # 通过类别名称找到 id
63.            cls_id = classes.index (cls)
64.            # 找到 bndbox 对象
65.            xmlbox = obj.find ('bndbox')
66.            # 获取对应的 bndbox 的数组 = ['xmin', 'xmax', 'ymin', 'ymax']
67.            b = (float (xmlbox.find ('xmin') .text), float (xmlbox.find ('xmax').
text), float (xmlbox.find ('ymin') .text),
68.                float (xmlbox.find ('ymax') .text))
69.            print (image_id, cls, b)
70.            # 带入进行归一化操作
71.            # w = 宽, h = 高, b= bndbox 的数组 = ['xmin', 'xmax', 'ymin', 'ymax']
72.            bb = convert ((w, h), b)
73.            # bb 对应的是归一化后的 (x, y, w, h)
74.            # 生成 calss x y w h 在 label 文件中
75.            out_file.write (str (cls_id) + " " + " " .join ([str (a) for a in bb]) +
'\n')
76.
77.
78.# 返回当前工作目录
```

```
79. wd =getcwd ()
80. print (wd)
81.
82.
83. for image_set in sets：
84. '''''
85.    对所有的文件数据集进行遍历
86.    做了两个工作：
87.         1.将所有图片文件都遍历一遍，并且将其所有的全路径都写在对应的 txt 文件中去，
方便定位
88.         2.同时对所有的图片文件进行解析和转化，将其对应的 boundingbox 以及类别的信
息全部解析写到 label 文件中去
89.             最后再通过直接读取文件，就能找到对应的 label 信息
90. '''
91.    # 先找 labels 文件夹如果不存在则创建
92.    if not os.path.exists ('C：/yolov5/yolov5-master/data/labels/')：
93.    os.makedirs ('C：/yolov5/yolov5-master/data/labels/')
94.    # 读取在 ImageSets/Main 中的 train、test.. 等文件的内容
95.    #包含对应的文件名称
96.    image_ids = open ('C：/yolov5/yolov5-master/data/ImageSets/%s.txt'
% (image_set)) .read () .strip () .split ()
97.    #打开对应的 2012_train.txt 文件对其进行写入准备
98.    list_file = open ('C：/yolov5/yolov5-master/data/%s.txt'% (image_
set),'w')
99.    #将对应的文件_id 以及全路径写进去并换行
100.   for image_id in image_ids：
101.     list_file.write ('C：/yolov5/yolov5-master/data/images/%s.jpg\
n'% (image_id))
102.     #调用  year = 年份  image_id = 对应的文件名_id
103.     convert_annotation (image_id)
104.    #关闭文件
105.   list_file.close ()
```

运行代码后，在 labels 文件夹中出现所有图片数据集的标注信息，如图 4-33 所示。

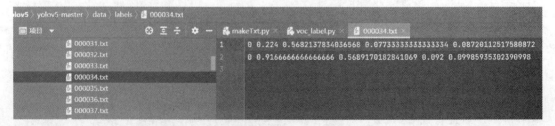

图 4-33   图片数据集标注信息

至此，本次训练所需要的数据集已经全部准备就绪。

4.5.4　配置文件

4.5.4.1　关于数据集的 yaml 文件修改

首先在 data 目录下，复制一份 coco. yaml 文件进行修改，先将名字改成项目所需名字，比如这里便改成 helmet. yaml。接着仿照原有的 coco. yaml 文件的内容格式对 helmet. yaml 进行配置。其中 path，train，val，test 分别为数据集的路径，nc 为数据集的类别数，names 为类别的名称。这几个参数均按照自己的实际需求来修改。helmet. yaml 的代码如下：

```
1.#Train/val/test sets as 1) dir: path/to/imgs, 2) file: path/to/imgs.txt,
or 3) list: [path/to/imgs1, path/to/imgs2, ..]
2.path: C:/yolov5/yolov5-master/data/images  #dataset root dir
3.train: C:/yolov5/yolov5-master/data/train.txt  # train images (relative
to 'path')
4.val: C:/yolov5/yolov5-master/data/val.txt  # val images (relative to
'path')
5.test: C:/yolov5/yolov5-master/data/test.txt  #test images (optional)
6.
7.#number of classes
8.nc: 2
9.
10.# class names
11.names: ['helmet', 'person']
```

4.5.4.2　关于网络参数 yaml 文件修改

接着对 models 目录下的 yaml 文件进行修改。其下有四个模型，为 s、m、l、x，需要的训练时间依次增加，按照项目需求选择一个文件进行修改即可。本项目用的是 yolov5s 模型。如图 4-34 所示，这里只需要把 nc 数量改为自己需要的即可。

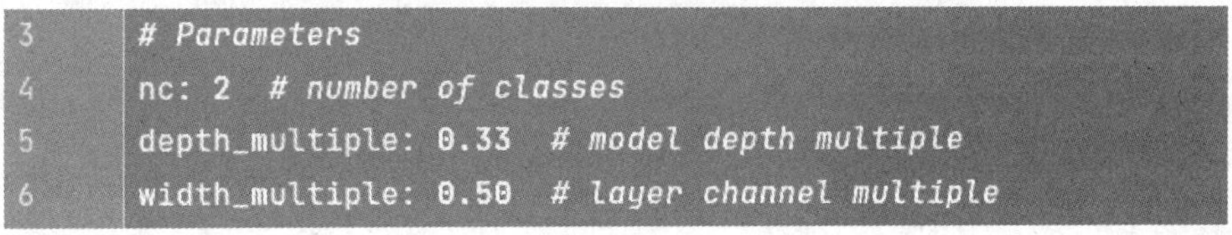

```
3   # Parameters
4   nc: 2   # number of classes
5   depth_multiple: 0.33   # model depth multiple
6   width_multiple: 0.50   # layer channel multiple
```

图 4-34　修改 yolov5s. yaml 文件

4.5.4.3　关于 train. py 中的一些参数修改

最后，在根目录中对 train. py 中的一些参数进行修改，详细介绍请阅读注释。主要用到的有以下几个参数：--weights，--cfg，--data，--epochs，--batch-size，--imgsz，--project。

```
1.parser =argparse.ArgumentParser ()
2.#加载预训练的模型权重文件，如果文件夹下没有该文件，则在训练前会自动下载
3.parser.add_argument ('--weights', type=str, default=ROOT /'yolov5s.pt',
help=' initial weights path')
4.#模型配置文件，网络结构，使用修改好的 yolov5s.yaml 文件
```

5.parser.add_argument ('--cfg', type=str, default='models/yolov5s.yaml', help=' model.yaml path')

6.#数据集配置文件，数据集路径，类名等，使用配置好的 helmet.yaml 文件

7.parser.add_argument ('--data', type=str, default=ROOT /' data/helmet.yaml', help=' dataset.yaml path')

8.#超参数文件

9.parser.add_argument ('--hyp', type=str, default=ROOT /' data/hyps/ hyp.scratch.yaml', help=' hyperparameters path')

10.#训练总轮次，1 个 epoch 等于使用训练集中的全部样本训练一次，值越大模型越精确，训练时间也越长，默认为 300，这边改成 100 次

11.parser.add_argument ('--epochs', type=int, default=100)

12.#批次大小，一次训练所选取的样本数，显卡不太行的话，就调小点，传-1 的话就是 autobatch

13.parser.add_argument ('--batch-size', type=int, default=8, help=' total batch size for all GPUs')

14.#输入图片分辨率大小，默认为 640

15.parser.add_argument ('--imgsz', '--img', '--img-size', type=int, default=640, help=' train, val image size (pixels)')

16.#是否采用矩形训练，默认 False，开启后可显著地减少推理时间

17.parser.add_argument ('--rect', action=' store_true', help=' rectangular training')

18.#继续训练，默认从打断后的最后一次训练继续，需开启 default=True

19.parser.add_argument ('--resume', nargs='?', const=True, default=False, help=' resume most recent training')

20.#仅保存最终一次 epoch 所产生的模型

21.parser.add_argument ('--nosave', action=' store_true', help=' only save final checkpoint')

22.#仅在最终一次 epoch 后进行测试

23.parser.add_argument ('--noval', action=' store_true', help=' only validate final epoch')

24.#禁用自动锚点检查

25.parser.add_argument ('--noautoanchor', action=' store_true', help=' disable autoanchor check')

26.#超参数演变

27.parser.add_argument ('--evolve', type=int, nargs='?', const=300, help=' evolve hyperparameters for x generations')

28.#谷歌云盘 bucket，一般不会用到

29.parser.add_argument ('--bucket', type=str, default='', help=' gsutil bucket')

30.#是否提前缓存图片到内存，以加快训练速度，默认 False

31.parser.add_argument ('--cache', type=str, nargs='?', const=' ram', help=

'--cache images in " ram" (default) or " disk" ')

32.#选用加权图像进行训练

33.parser.add_argument ('--image -weights ', action =' store_ true ', help ='
use weighted image selection for training ')

34.#训练的设备，cpu；0（表示一个 gpu 设备 cuda：0）；0，1，2，3（多个 gpu 设备）。值为空时，训练时默认使用计算机自带的显卡或 CPU

35.parser.add_argument ('--device ', default ='', help =' cuda device, i.e. 0
or 0, 1, 2, 3 or cpu ')

36.#是否进行多尺度训练，默认 False

37.parser.add_argument ('--multi-scale ', action =' store_true ', help =' vary
img-size +/-50% % ')

38.#数据集是否只有一个类别，默认 False

39.parser.add_argument ('--single-cls ', action =' store_true ', help =' train
multi-class data as single-class ')

40.#是否使用 adam 优化器，默认 False

41.parser.add_ argument ('--adam ', action =' store_ true ', help =' use
torch.optim.Adam () optimizer ')

42.#是否使用跨卡同步 BN，在 DDP 模式使用

43.parser.add_ argument ('--sync-bn ', action =' store_ true ', help =' use
SyncBatchNorm, only available in DDP mode ')

44.#dataloader 的最大 worker 数量，大于 0 时使用子进程读取数据，训练程序有可能会卡住

45.parser.add_ argument ('--workers ', type = int, default = 0, help =' maximum
number of dataloader workers ')

46.#训练结果所存放的路径，默认为 runs/train

47.parser.add_ argument ('--project ', default = ROOT /' runs / train ', help =
' save to project /name ')

48.#训练结果所在文件夹的名称，默认为 exp

49.parser.add_argument ('--name ', default =' exp ', help =' save to project /name ')

50.#如训练结果存放路径重名，不覆盖已存在的文件夹

51.parser.add_ argument ('--exist-ok ', action =' store_true ', help =' existing
project /name ok, do not increment ')

52.#使用四合一 dataloader

53.parser.add_ argument ('--quad ', action =' store_ true ', help =' quad
dataloader ')

54.#线性学习率

55.parser.add_argument ('--linear-lr ', action =' store_true ', help =' linear LR ')

56.#标签平滑处理，默认 0.0

57.parser.add_argument ('--label-smoothing ', type = float, default = 0.0, help =
' Label smoothing epsilon ')

58.#已训练多少次 epoch 后结果仍没有提升就终止训练，默认 100

59.parser.add_ argument ('--patience ', type = int, default = 100, help =
' EarlyStopping patience (epochs without improvement)')

60.#冻结模型层数，默认 0 不冻结，冻结主干网就传 10，冻结所有就传 24

61.parser.add_argument ('--freeze', type = int, default = 0, help =' Number of layers to freeze. backbone = 10, all = 24')

62.#设置多少次 epoch 保存一次模型

63.parser.add_argument ('--save-period', type = int, default = -1, help =' Save checkpoint every x epochs (disabled if < 1)')

64.#分布式训练参数，请勿修改

65.parser.add_argument ('--local_rank', type = int, default = -1, help =' DDP parameter, do not modify')

66.

67.# Weights & Biases arguments（一般上用不着）

68.parser.add_argument ('--entity', default = None, help =' W&B: Entity')

69.parser.add_argument ('--upload_dataset', action =' store_true', help =' W&B: Upload dataset as artifact table')

70.parser.add_argument ('--bbox_interval', type = int, default = -1, help =' W&B: Set bounding-box image logging interval')

71.parser.add_argument ('--artifact_alias', type = str, default =' latest', help =' W&B: Version of dataset artifact to use')

72.

73.opt = parser.parse_known_args () [0] if known else parser.parse_args ()

4.5.5　训练模型

配置好 train.py 文件就可以运行，运行如图 4-35 所示，训练完成如图 4-36 所示。

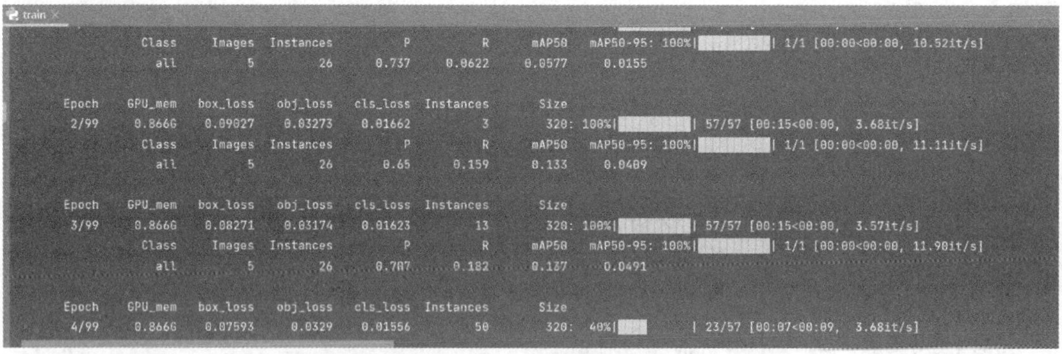

图 4-35　train.py 运行图

如果不更改训练结果所产生的路径，训练完成后会在 runs/train/exp 文件夹下得到如图 4-37 所示的一系列文件。weights 里是 best.pt 和 last.pt 文件，其中 best.pt 是训练 100 轮以后得到的最好的权重，last.pt 是最后一轮训练得到的权重。

4.5.6　YOLOv5 实现检测

4.5.6.1　调参

利用训练好的权重进行目标检测测试，直接调试根目录下的 detect.py 文件，如下所示。主要需要调试--weights、--source、--data、--conf-thres，按照自己的需求去修改即可。

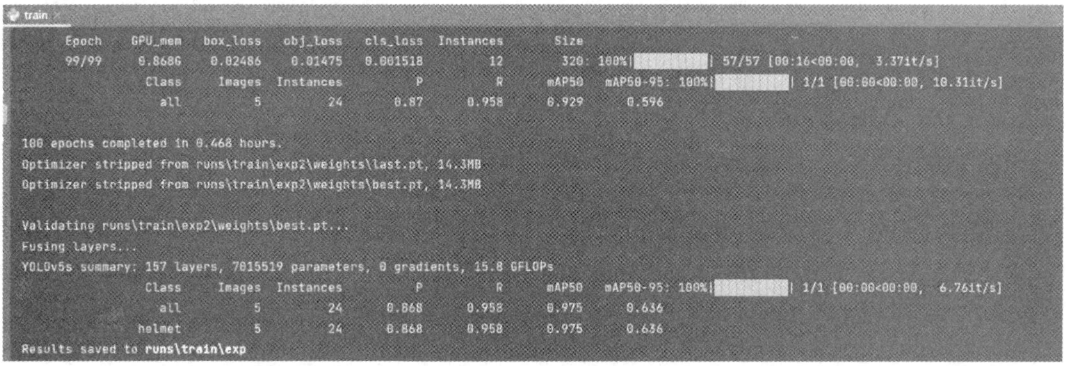

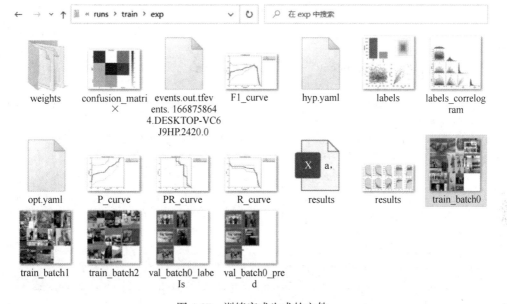

图 4-36 训练完成图

图 4-37 训练完成生成的文件

1.parser =argparse.ArgumentParser ()

2. parser.add_argument ('--weights', nargs=' +', type=str, default=ROOT / 'C:/yolov5/yolov5-master/runs/train/exp/weights/best.pt', help=' model path or triton URL')

3. parser.add_argument ('--source', type=str, default=ROOT /' C:/yolov5/yolov5-master/data/Samples', help=' file/dir/URL/glob/screen/0 (webcam) ')

4. parser.add _ argument (' - - data ', type = str, default = ROOT / ' data/helmet.yaml', help=' (optional) dataset.yaml path')

5. parser.add_argument ('--imgsz','--img','--img-size', nargs=' +', type= int, default= [640], help=' inference size h, w')

6. parser.add_ argument (' --conf-thres', type=float, default=0.50, help=' confidence threshold')

```
7.  parser.add_argument ('--iou-thres', type = float, default = 0.45, help = '
NMS IoU threshold')
8.  parser.add_argument ('--max-det', type = int, default = 1000, help = '
maximum detections per image')
9.  parser.add_argument ('--device', default = '0', help = 'cuda device, i.e. 0
or 0, 1, 2, 3 or cpu')
10.  parser.add_argument ('--view-img', action = 'store_true', help = 'show
results')
11.  parser.add_argument ('--save-txt', action = 'store_true', help = 'save
results to *.txt')
12.  parser.add_argument ('--save-conf', action = 'store_true', help = 'save
confidences in --save-txt labels')
13.  parser.add_argument ('--save-crop', action = 'store_true', help = 'save
cropped prediction boxes')
14.  parser.add_argument ('--nosave', action = 'store_true', help = 'do not
save images/videos')
15.  parser.add_argument ('--classes', nargs = '+', type = int, help = 'filter
by class: --classes 0, or --classes 0 2 3')
16.  parser.add_argument ('--agnostic-nms', action = 'store_true', help =
'class-agnostic NMS')
17.  parser.add_argument ('--augment', action = 'store_true', help =
'augmented inference')
18.  parser.add_argument ('--visualize', action = 'store_true', help =
'visualize features')
19.  parser.add_argument ('--update', action = 'store_true', help = 'update
all models')
20.  parser.add_argument ('--project', default = ROOT / 'runs/detect', help =
'save results to project/name')
21.  parser.add_argument ('--name', default = 'exp', help = 'save results to
project/name')
22.  parser.add_argument ('--exist-ok', action = 'store_true', help =
'existing project/name ok, do not increment')
23.  parser.add_argument ('--line-thickness', default = 3, type = int, help =
'bounding box thickness (pixels)')
24.  parser.add_argument ('--hide-labels', default = False, action = 'store_
true', help = 'hide labels')
25.  parser.add_argument ('--hide-conf', default = False, action = 'store_true',
help = 'hide confidences')
26.  parser.add_argument ('--half', action = 'store_true', help = 'use FP16
half-precision inference')
27.  parser.add_argument ('--dnn', action = 'store_true', help = 'use OpenCV
DNN for ONNX inference')
28.  parser.add_argument ('--vid-stride', type = int, default = 1, help = 'video
frame-rate stride')
```

```
29.  opt =parser.parse_args ()
```

4.5.6.2 结果

结果在 runs/detect/exp 中可见，训练效果如图 4-38 所示。

图 4-38　YOLOv5 检测安全帽佩戴效果图

4.6 小　　结

目标检测一直是计算机视觉以及机器学习领域的热点，了解目标检测的第一步就是明确目标检测的任务、目标检测的相关重要概念、目标检测的评价指标以及常用开源数据集。

在目标检测任务中，主要是解决目标的位置及类别问题。在目标检测中，边界框、锚框、感兴趣区域、感受野、选择性搜索、非极大值抑制的概念需要理解。检测速度、交并比、准确率、精确率、召回率、平均准确率、平均准确率均值是目标检测评价指标。PASCAL VOC 和 MS-COCO 是目标检测常用开源数据集。

目标检测可分为传统目标检测阶段和基于深度学习的目标检测阶段。

其中，在传统目标检测阶段有代表性的是 Viola Jones 检测器、HOG 检测器和基于可变形部件的模型。基于深度学习的目标检测阶段的算法又可以分为两阶段和单阶段，其中两阶段经典算法包括 R-CNN 系列和 SPPNet，单阶段经典算法包括 YOLO 系列、SSD、CornerNet 以及 CenterNet。

基于 YOLOv5 的目标检测实战关键在于平台的搭建、数据集的标注以及一些细节的改动，实现难度不大。

思 考 题

4-1 目标检测的核心问题是什么？

4-2 目标检测算法的基本流程是什么？

4-3 目前基于深度学习的目标检测的趋势是什么？

4-4 基于深度学习的两阶段和单阶段算法有什么区别？

4-5 尝试使用 YOLOv5 实现目标检测，并思考可能出现的问题与解决方案。

参 考 文 献

[1] Viola P A , Jones M J . Rapid object detection using a boosted cascade of simple features ［C］ // Computer Vision and Pattern Recognition，Proceedings of the 2001 IEEE Computer Society Conference on IEEE，CVPR，2001.

[2] Dalal N，Triggs B. Histograms of oriented gradients for human detection ［C］ // 2005 IEEE Computer Society Conference on Computer Vision and Pattern Recognition（CVPR ' 05）Ieee，2005，1：886-893.

[3] Felzenszwalb P F，Girshick R B，McAllester D，et al. Object detection with discriminatively trained part-based models ［J］. IEEE Transactions on Pattern Analysis and Machine Intelligence，2010，32（9）：1627-1645.

[4] Girshick R，Donahue J，Darrell T，et al. Rich feature hierarchies for accurate object detection and semantic segmentation ［C］ // Proceedings of the IEEE Conference on Computer Vision and Pattern Recognition，2014：580-587.

[5] He K，Zhang X，Ren S，et al. Spatial pyramid pooling in deep convolutional networks for visual recognition ［J］. IEEE Transactions on Pattern Analysis and Machine Intelligence，2015，37（9）：1904-1916.

[6] Girshick R. Fast R-CNN ［C］ // Proceedings of the IEEE international conference on computer vision，2015：1440-1448.

[7] Ren S，He K，Girshick R，et al. Faster r-cnn：Towards real-time object detection with region proposal networks ［J］. Advances in Neural Information Processing Systems，2015：28.

[8] Redmon J，Divvala S，Girshick R，et al. You only look once：Unified，real-time object detection ［C］ // Proceedings of the IEEE Conference on Computer Vision and Pattern Recognition，2016：779-788.

[9] Redmon J，Farhadi A. YOLO9000：better，faster，stronger ［C］ // Proceedings of the IEEE Conference on Computer Vision and Pattern Recognition，2017：7263-7271.

[10] Redmon J，Farhadi A. Yolov3：An incremental improvement ［J］. arXiv preprint arXiv：1804.02767，2018.

[11] Bochkovskiy A，Wang C Y，Liao H Y M. Yolov4：Optimal speed and accuracy of object detection ［J］. arXiv preprint arXiv：2004.10934，2020.

[12] Li C，Li L，Jiang H，et al. YOLOv6：A single-stage object detection framework for industrial applications ［J］. arXiv preprint arXiv：2209.02976，2022.

[13] Wang C Y，Bochkovskiy A，Liao H Y M. YOLOv7：Trainable bag-of-freebies sets new state-of-the-art for real-time object detectors ［J］. arXiv preprint arXiv：2207.02696，2022.

[14] Liu W，Anguelov D，Erhan D，et al. Ssd：Single shot multibox detector ［C］ // European Conference on

Computer Vision，Springer，Cham，2016：21-37.

［15］ Law H，Deng J. Cornernet：Detecting objects as paired keypoints ［C］// Proceedings of the European conference on computer vision（ECCV），2018：734-750.

［16］ Zhou X，Wang D，Krähenbühl P. Objects as points ［J］. arXiv preprint arXiv：1904. 07850，2019.

［17］ yolov7 网络架构深度解析 https：// blog. csdn. net/ zqwwwm/ article/ details/ 125901507.

本章彩图

5 语义分割实战

本章重难点

语义分割是当今社会的热点领域，通过本章的学习，应了解目标检测技术的相关知识、目标检测的经典算法以及目标检测实战。本章的重点是掌握 5.2 节、5.3 节基于深度学习的语义分割算法的相关内容。本章的难点是搭建语义分割环境进行语义分割实战。

思维导图

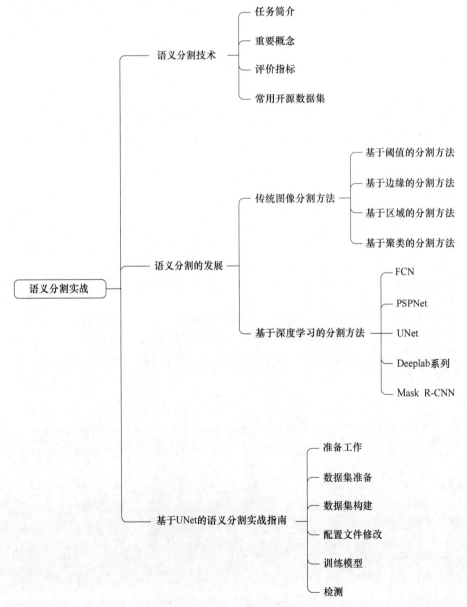

5.1　语义分割技术

5.1.1　语义分割任务简介

图像语义分割作为计算机视觉中图像理解的重要一环，不仅在工业界的需求日益凸显，同时也是当下学术界的研究热点之一。图像语义分割可以说是图像理解的基石性技术，例如，在自动驾驶中（如街景的识别与理解）以及医学图像等应用中举足轻重，如图 5-1 所示，并在很多领域具有广泛的应用价值。本质上说，图像语义分割包含了传统图像分割和目标识别两个子任务，即需要将图像分割成一组具有一定语义含义的分割结果图，并识别出每个区块的类别，最终得到一幅具有对图像中每个像素点进行语义标注的分割结果图。

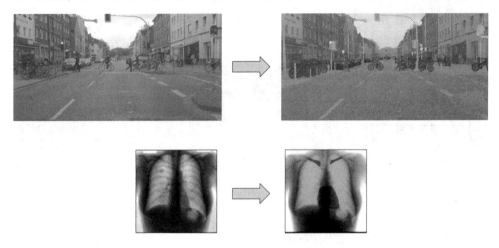

图 5-1　语义分割示例

简而言之，图像是由许多像素点（pixel）组成的，而图像的语义分割，顾名思义就是将像素点按照图像中表达语义的不同逐个地进行分类（classification），如图 5-2 所示。

0	背景
1	雕塑
2	植物
3	路灯

图 5-2　语义分割原理

5.1.2　语义分割重要概念

语义分割与其他的任务相比是完全不同的。图像语义分割是在像素层面理解图像，是从输入图像到输出相同尺寸的语义标签的过程，它给图像中每个像素分配一个类别标签，将图像分割成具有不同意义的区域。

可以简单地将语义分割任务理解为：用一种颜色代表一个类别，用另外一种颜色代表另外一个类别，将所有类别用不同颜色代表，然后对原始图片对应大小的白纸进行涂色操作，尽量让涂的结果与原始图片表达的类别接近。

而语义分割与图像分类、目标检测的区分大致如图 5-3 所示。

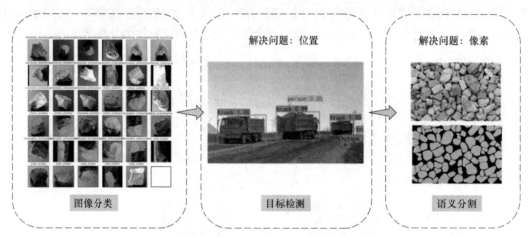

图 5-3　各图像任务示例及其解决问题

（1）图像分类：识别图像中存在的内容。

（2）物体识别和检测：识别图像中的内容和位置（通过边界框）。

（3）语义分割：识别图像中存在的内容以及位置（通过查找属于它的所有像素）。

5.1.2.1　语义信息

图像的语义分为视觉层、对象层和概念层。视觉层通常包含了图像的底层特征语义信息，例如图像的颜色，车辆和树的轮廓，纹理信息等；对象层可以理解为带有属性和特征的具体实例，比如车，树，道路，红绿灯；概念层就是人看到这张图片后所理解得到的信息，也就是这张图片的语义。图像的语义信息又可分为低级语义信息和高级语义信息。

图像底层特征指的是轮廓、边缘、颜色、纹理和形状特征。边缘和轮廓能反映图像内容；如果能对边缘和关键点进行可靠提取的话，很多视觉问题就基本上得到了解决。图像的低层的特征语义信息比较少，但是目标位置准确。

图像的高级语义特征指的是人们所能看的东西，比如提取一张人脸图像的低级特征，可以提取到脸的轮廓、鼻子、眼睛等，高级特征则为一张完整的人脸。高层的特征语义信息比较丰富，但是目标位置比较粗略。越深层特征包含的高级语义性越强，分辨能力也越强。我们把图像的视觉特征称为视觉空间（visual space），把种类的语义信息称为语义空间（scmantic space）。

然而图像的语义分割并不像想象中的那么简单。我们面临着以下的这些问题，当然在当前现有研究对于解决下列问题，探索了许多行之有效的改良方法。

5.1.2.2 分割主要面临的问题及对应的已有解决方案

（1）由于速度和内存限制，需要降低分辨率，缺失了大量细节信息：多级特征融合、膨胀卷积扩大感受野。

（2）上采样方式导致的信息丢失：Deconvolution Network，encoder-decoder 网络，通过优化 decoder 网络来提高对细节特征的定位能力。

（3）卷积只能考虑局部信息，丢失了全局信息：attention。

（4）目标大小相差较大：多尺度融合、多膨胀率卷积并融合特征。

5.1.3 语义分割评价指标

常用指标包括像素准确率（pixel accuracy，PA）、平均像素准确率（mean pixel accuracy，MPA）、交并比（intersection over union，IoU）、平均交并比（mean intersection over union，MIoU）以及平均权重交并比（frequency weighted intersection over union，FWIoU）。这些指标仅基于像素输出/标签计算，而完全忽略物体级标签。例如，IoU 是某一类别正确预测的像素与预测像素和真值标签像素并集的比值。由于这些指标忽略了实例标签，因此它们不适合评估事物类。用于语义分割的 IoU 与分割质量（SQ）不同，后者的计算方式是匹配分割的平均 IoU。

假设图像中有 k 个目标类和一个背景类。PA 为图像中分类正确的像素点数量与图像中所有像素点数量的比值：

$$PA = \frac{\sum_{i=0}^{k} p_{ii}}{\sum_{i=0}^{k} \sum_{j=0}^{k} p_{ij}} \tag{5-1}$$

MPA 为每类目标分类正确的像素数量与该类目标所有像素数量比值后的平均值：

$$MPA = \frac{1}{k+1} \sum_{i=0}^{k} \frac{p_{ii}}{\sum_{j=0}^{k} p_{ij}} \tag{5-2}$$

IoU 为某一类别目标的真值标签和预测标签的交集与真值标签和预测标签的并集之间的比值：

$$IoU = \frac{p_{ii}}{\sum_{j=0}^{k} (p_{ij} + p_{ji}) - p_{ii}} \tag{5-3}$$

MIoU 为图片的全局评价指标，是类别 IoU 的均值：

$$MIoU = \frac{\sum_{i=0}^{k} IoU_i}{k} \tag{5-4}$$

FWIoU 为每类目标出现的频率与该类目标 IoU 的加权和：

$$FWIoU = \sum_{i=0}^{k} p_i IoU_i \tag{5-5}$$

5.1.4　目前常用的语义分割开源数据集

第一个常用的数据集是 Pascal VOC 系列。这个系列中目前较流行的是 VOC2012，Pascal Context 等类似的数据集也有用到。第二个常用的数据集是 Microsoft COCO （common objects in context）。COCO 一共有 80 个类别，虽然有很详细的像素级别的标注，但是官方没有专门对语义分割的评测。这个数据集主要用于实例级别的分割 （instance-level segmentation） 以及图片描述 （image caption）。所以，COCO 数据集往往被当成是额外的训练数据集用于模型的训练。第三个数据集是辅助驾驶 （自动驾驶） 环境的 Cityscapes，使用比较常见的 19 个类别用于评测。

5.1.4.1　Pascal VOC 2012

标准的 VOC2012 数据集有 21 个类别 （包括背景），包含：｛0＝background，1＝aeroplane，2＝bicycle，3＝bird，4＝boat，5＝bottle，6＝bus，7＝car，8＝cat，9＝chair，10＝cow，11＝diningtable，12＝dog，13＝horse，14＝motorbike，15＝person，16＝potted plant，17＝sheep，18＝sofa，19＝train，20＝tv/ monitor，255＝ ' void ' or unlabelled｝ 这些比较常见的类别。VOC2012 中用于分割的图片中，trainval 包含 2007 ~ 2011 年所有对应的图片，test 只包含 2008 ~ 2011 年的图片。trainaug 有 10582 张图片，trainval 中有 2913 张图片，其中 1464 张用于训练，1449 张用于验证。而测试集有 1456 张图片，测试集的 label 是不对外公布的，需要将预测的结果上传到 Pascal Challenge 比赛的测试服务器才可以计算 MIoU 的值。

5.1.4.2　Microsoft COCO

COCO 是一个新的图像识别、分割和图像语义数据集，是一个大规模的图像识别、分割、标注数据集。它可以用于多种竞赛，与本领域最相关的是检测部分，因为其一部分是致力于解决分割问题的。该竞赛包含了超过 80 个物体类别，提供了 118287 张训练图片，5000 张验证图片，以及超过 40670 张测试图片。由于其规模巨大，目前已非常常用，对领域发展很重要。

COCO 数据集由微软赞助，其对于图像的标注信息不仅有类别、位置信息，还有对图像的语义文本描述，COCO 数据集的开源使得近两三年来图像分割语义理解取得了巨大的进展，也几乎成为了图像语义理解算法性能评价的 "标准" 数据集。

5.1.4.3　Cityscapes

Cityscapes 数据集则是由奔驰主推，提供无人驾驶环境下的图像分割数据集，用于评估视觉算法在城区场景语义理解方面的性能。Cityscapes 包含 50 个欧洲城市不同场景、不同背景、不同季节的街景的 33 类标注物体。Cityscapes 数据集共有 fine 和 coarse 两套评测标准，前者提供 5000 张精细标注的图像，后者提供 5000 张精细标注外加 20000 张粗糙标注的图像，用 PASCAL VOC 标准的 IoU 得分来对算法性能进行评价。5000 张精细标注的图片分为训练集 2975 张图片，验证集有 500 张图片，而测试集有 1525 张图片，测试集不对外公布，需要将预测结果上传到评估服务器才能计算 MIoU 值。

5.2 语义分割的发展历史

5.2.1 传统图像分割方法

目前已经提出的图像分割方法有很多，从不同的角度来看，图像分割有不同的分类方法。图像分割是依据灰度、颜色、纹理、几何形状等特征把图像划分成若干个互不重叠的区域，使得这些特征在同一区域内表现出一致性，而在不同的区域中表现出明显的不同。而灰度图像分割的依据可建立在像素间的"相似性"和"不连续性"两个基本概念之上。所谓像素的相似性是指图像中某个区域内的像素一般具有某种相似的特性，如像素灰度相等或相近，像素排列所形成的纹理相同或相近。所谓的"不连续性"是指在不同区域之间边界上的像素灰度的不连续，形成跳变的阶跃，或是指像素排列形成的纹理结构的突变。

5.2.1.1 基于阈值的图像分割方法

阈值化分割算法的基本原理是：通过对图像的灰度直方图进行数学统计，选择一个或多个阈值将像素划分成若干类。一般情况下，当图像由灰度值相差较大的目标和背景组成时，如果目标区域内部像素灰度分布均匀一致，背景区域像素在另一个灰度级上也分布均匀，这时图像的灰度直方图会呈现出双峰的特性。如图 5-4 所示的是窗户图像原图、灰度图及灰度直方图。

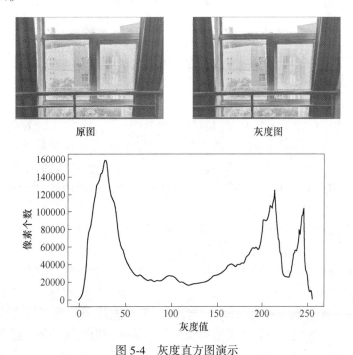

原图   灰度图

图 5-4 灰度直方图演示

该直方图为非归一化直方图，图中位于偏右（高灰度值）的部分反映了窗外远景的灰度分布，位于偏左（低灰度值）的部分反映了目标（窗内近景）的灰度分布。

在这种情况下，选取位于这两个峰值中间的谷底对应的灰度值 T 作为灰度阈值，将图像中各个像素的灰度值与这个阈值进行比较，根据比较的结果将图像中的像素划分到两个类中。像素灰度值大于阈值 T 的像素点归为一类（如目标区域），而像素灰度值小于或等于阈值 T 的像素点归为另一类（如背景区域）。经阈值化处理后的图像 $g(x, y)$ 定义为：

$$g(x, y) = \begin{cases} 1, & f(x, y) > T \\ 0, & f(x, y) \leq T \end{cases} \tag{5-6}$$

式中，$f(x, y)$ 为原图像；T 为灰度阈值；$g(x, y)$ 为分割后产生的二值图像，标记为 1 的像素属于目标区域，而标记为 0 的像素属于背景区域。这种仅使用一个单一的阈值进行图像分割的方法称为单阈值化分割方法。如果图像中有多个灰度值不同的区域，那么可以选择多个阈值对图像进行分割，以将每个像素划分到合适的类别中去。

由于阈值化分割方法是通过阈值来定义图像中不同像素的区域归属，在阈值确定后，通过阈值化分割出的结果直接给出了图像的不同区域划分。而在实际应用中，图像的灰度直方图受噪声和对比度的影响较大，最佳阈值很难确定，因此，阈值化分割法的关键和难点就是如何选取一个最佳阈值，使图像分割效果达到最好。目前有多种阈值选取方法，依据阈值的应用范围可将阈值化分割方法分为全局阈值化分割法、局部阈值化分割法和动态阈值化分割法 3 类。

5.2.1.2　基于边缘的图像分割方法

图像边缘是图像最基本的特征，在图像分析中起着重要作用。边缘（edge）是指图像局部特性发生突变之处，主要存在于目标与目标、目标与背景、区域与区域（包括不同色彩）之间。图像边缘意味着图像中一个区域的终结和另一个区域的开始，是不同区域的分界处，利用该特征可以分割图像。边缘检测（edge detection）是图像分割、图像分析和理解的重要基础。基于边缘检测的图像分割方法的基本思路是先确定图像中的边缘像素，然后就可把它们连接在一起构成所要的边界。

其基本原理为：图像边缘具有方向和幅度两个特征。通常沿边缘的走向，像素值变化比较平缓；而沿垂直于边缘的走向，像素值则变化比较剧烈。这种剧烈的变化或者呈阶跃状，或者呈屋顶状，分别称为阶跃状边缘和屋顶状边缘。阶跃状边缘处于图像中两个具有不同灰度值的相邻区域之间，两边的灰度值有明显变化；而屋顶状边缘的上升沿和下降沿都有一定的坡度，不是很陡立，位于灰度值增加和减小的交界处。另一种是由上升阶跃和下降阶跃组合而成的脉冲状边缘，主要对应于细条状的灰度值突变区域。边缘上的这种灰度的不连续性往往可通过求导数方便地检测到。根据灰度变化的特点一般常用一阶导数和二阶导数来检测边缘。具有阶跃状、脉冲状、屋顶状边缘的图像，以及图像沿水平方向灰度变化的边缘曲线的剖面、边缘曲线的一阶和二阶导数的变化规律如图 5-5 所示。

在图 5-5（a）中，对灰度值剖面的一阶导数，在图像由暗变亮的位置处有一个向上的阶跃，而在其他位置都为零。这表明可用一阶导数的幅度值来检测边缘的存在，幅度峰值一般对应边缘位置。对灰度值剖面的二阶导数，在一阶导数的阶跃上升区有一个向上的脉冲，而在一阶导数的阶跃下降区有一个向下的脉冲。在这两个阶跃之间有一个零交叉点（zero crossing），它的位置正对应原图像中边缘的位置，所以可用二阶导数的零交叉点检测边缘位置，而用二阶导数在零交叉点附近的符号确定边缘像素在图像边缘的暗区或亮

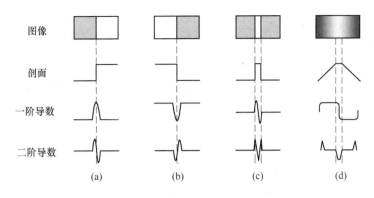

图 5-5　图像边缘的灰度变化与导数
(a) 上升阶跃边缘；(b) 下降阶跃边缘；(c) 脉冲状边缘；(d) 屋顶状边缘

区。同理，分析图 5-5 (b)，可得到相似的结论。这里图像是由亮变暗，所以与图 5-5 (a) 相比，剖面左右对换，一阶导数上下对换，二阶导数左右对换。在图 5-5 (c) 中，脉冲形的剖面边缘与图 5-5 (a) 所示的一阶导数形状相同，所以图 5-5 (c) 所示的一阶导数形状与图 5-5 (a) 所示的二阶导数形状相同，而它的 2 个二阶导数零交叉点正好分别对应脉冲的上升沿和下降沿。通过检测脉冲剖面的 2 个二阶导数零交叉点就可确定脉冲的范围。同理，由分析图 5-5 (d) 所示的屋顶状边缘可知，通过检测屋顶状边缘剖面的一阶导数零交叉点就可以确定屋顶位置。

　　值得注意的是，实际分析的图像要复杂得多，图像边缘的灰度变化情况并不仅限于上述的几种情况。上面的讨论仅限于水平方向上的灰度变化的分析。

5.2.1.3　基于区域的图像分割方法

　　基于区域的图像分割是以直接寻找区域为目的的图像分割技术，其原理不同于阈值化分割和边缘检测，不需要直接利用阈值或者边界来划分图像。基于区域的图像分割的实质就是把具有某种相似性质的像素或者子区域连通起来，从而最终构成分割区域。它利用了像素的局部空间信息，可以有效地克服图像分割不连续的缺点，但它有时会造成图像的过分割。一般来讲，传统的基于区域的图像分割方法有两种：区域生长法，区域分裂与合并法。

A　区域生长法

　　区域生长 (region growing) 也称为区域增长，其基本思想是根据事先定义的相似性准则，将图像中满足相似性准则的像素或子区域聚合成更大区域的过程。

　　区域生长的基本方法是：首先要确定待分割的区域数目，在每个需要分割的区域中找一个"种子"（可以是单个像素，也可以是某个小区域，如图 5-6 (a) 所示作为生长的起点，然后将种子周围邻域中与种子有相同或相似性质)，生长准则是待测点灰度值与生长点灰度值相差为 0 或 1，如图 5-6 (b) 所示的像素合并到种子所在的区域中，接着以合并成的区域中的所有像素作为新的种子，重复上述的相似性判别与合并过程，直到再没有满足相似性条件的像素可被合并进来为止。这样就使得满足相似性条件的像素就组成（生长成）了一个区域。种子和相邻小区域的相似性判据可以是灰度、纹理，也可以是色彩等多种图像要素特性的量化数据。在实际应用区域生长法进行图像分割时，需要解决以下

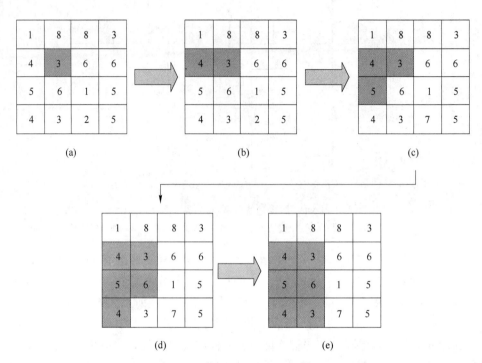

图 5-6   区域生长算法过程演示图

3 个关键问题：

（1）确定区域的数目，也就是选择或确定一组能正确代表所需区域的种子；

（2）确定在生长过程中将相邻像素合并进来的相似性准则；

（3）确定终止生长过程的条件或规则。

a   选择或确定种子的一般原则

选择"种子"是进行区域生长的第一步，是后续处理的关键，种子选择是否合理直接关系到区域生长出的目标是否正确。若种子数目太多，则会造成过分割；反之，若种子数目太少，又会丢失目标信息，使目标分割不完整。选择和确定一组能正确代表区域的种子的一般原则如下：

（1）接近聚类中心的像素可作为种子像素，例如，直方图中像素最多且处在聚类中心的像素。

（2）红外图像目标检测中最亮的像素可作为种子像素。

（3）按位置要求确定种子像素。

（4）根据某种经验确定种子像素。

种子像素的选取可以通过人工交互的方式实现，也可以根据目标中像素的某种性质或特点自动选取。最初的种子像素可以是某一个具体的像素，也可以是由多个像素点聚集而成的种子区。

b   生长准则和过程

区域生长的一个关键是选择适合的生长准则，大部分区域生长准则使用图像的局部性质。生长准则的选取不仅依赖于具体问题本身，也和所用图像数据的种类有关。生长准则可根据不同的原则制定，而使用不同的生长准则会影响区域生长的过程。在生长过程中能将相邻像素合并进来的相似性准则主要有如下几点：

（1）当图像是彩色图像时，可以各颜色为准则，并考虑像素间的连通性和邻近性。

（2）待检测像素点的灰度值与已合并成的区域中所有像素点的平均灰度值满足某种相似性准则。

（3）待检测点与已合并成的区域构成的新区域符合某个大小尺寸或形状要求等。

下面介绍一种基于区域灰度差的生长准则和方法，其主要步骤如下：

（1）对图像进行逐行扫描，找出尚没有归属的像素。

（2）以该像素为中心检查它的邻域像素，即将这个像素灰度同其周围邻域中不属于任何一个区域的像素进行比较，若灰度差值小于某一阈值，则将它合并进同一个区域，并对合并的像素赋予标记。

（3）以新合并的像素为中心，返回到步骤（2），检查新像素的邻域，直到区域不能进一步扩张。

（4）返回到步骤（1），继续扫描，直到不能发现没有归属的像素，则结束整个生长过程。

这种方法简单，但如果区域之间的边缘灰度变化很平缓或边缘交于一点时，两个区域会合并起来。为克服这个问题，在步骤（2）中不是比较相邻像素灰度，而是比较已存在区域的像素灰度平均值与该区域邻接的像素灰度值。

c　终止生长过程的条件或规则

最后，确定终止生长的条件一般是生长过程进行到没有满足生长准则的像素为止，或生长区域满足所需的尺寸、形状等全局特性。

B　区域分裂与合并法

分裂与合并分割法是从整个图像出发，根据图像和各区域的不一致性，把图像或区域分裂成新的子区域；根据相邻区域的一致性，把相邻的子区域合并成新的较大区域。分裂与合并分割法的基础是图像的四叉树表示。

a　图像的四叉树表示

如果把整幅图像分成大小相同的4个方形象限区域，并接着把得到的新区域进一步分成大小相同的4个更小的象限区域，如此不断分割下去，就会得到一个以该图像为树根，以分成的新区域或更小区域为中间结点或树叶结点的四叉树，如图5-7所示。

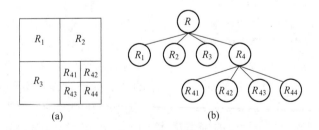

图 5-7　图像的四叉树表示
（a）已分区图像；（b）对应的四分叉结构

b　分裂与合并分割法

区域的分裂与合并是将图像划分为一系列不相交的、一致性较强的小区域，然后再按照一定的规则对小区域进行划分或合并，最终达到图像分割的目的。区域分裂与合并不需设定"种子"，只需给定相似测度和同质测度，如果两个相邻子区域满足相似测度，则将其合并；如果子区域不满足同质测度，则将其拆分。令 R 表示整个图像区域，用 R_i 表示分裂成的一个图像子区域；$P(\cdot)$ 代表逻辑谓词，如果同一区域 R_i 中的所有像素满足某一相似性准则，则 $P(R_i)=$ TRUE，否则 $P(R_i)=$ FALSE。对 R 进行分裂的一种方法是反复将分裂得到的结果图像再次分为 4 个子区域，直到对任何子区域 R_i 都满足 $P(R_i)=$ TRUE。具体的分裂过程是，从整幅图像开始，如果 $P(R_i)=$ FALSE，就将图像分裂为 4 个子区域；对分裂后得到的任何子区域，如果依然有 $P(R_i)=$ FALSE，就可以再次分裂为 4 个子区域；以此类推，直到对任何子区域 R_i 都满足 $P(R_i)=$ TRUE。在这种分裂过程中，必定存在 R_h 的某个子区域 R_j 与 R_l 的某个子区域 R_k 的像素满足某一相似性准则，即满足 $P(R_j \cup R_k)=$ TRUE，这时就可以将 R_j 与 R_k 合并组成新的区域。总结前面的讨论，可以得到基本的分裂与合并分割法的步骤如下。

（1）将图像 R 分成 4 个大小相同、互不重叠的子区域 $R_i(i=1，2，3，4)$。

（2）对任何区域 R_i，如果 $P(R_i)=$ FALSE，则将该区域再进一步分裂为 4 个不重叠的子区域。

（3）如果此时存在任意相邻的两个子区域 R_j 与 R_k 使 $P(R_j \cup R_k)=$ TRUE 成立，就将 R_j 与 R_k 合并组成新的区域。

（4）重复步骤（2）和（3），直到无法进行拆分和合并为止。若图像为灰度图像，同一区域内相似度测量的一种可行性标准为：同一区域 R_i 内至少有 80% 的像素满足 $|z_j-m_i| \leqslant 2\sigma_i$ 时，$P(R_i)=$ TRUE，且将 R_i 内所有像素的灰度值置为 m_i；否则，就要对其进行进一步分裂。其中，z_j 是区域 R_i 内的第 j 个像素的灰度值；m_i 是区域 R_i 内所有像素的灰度值的均值；σ_i 是区域 R_i 内所有像素的灰度值的标准差。

对某一区域是否需要进行分裂和对相邻区域是否需要合并的准则应该是一致的，常用的一些准则如下。

（1）同一区域中最大灰度值与最小灰度值之差或方差小于某选定的阈值。

（2）两个区域的平均灰度值之差及方差小于某个选定的阈值。

（3）两个区域的灰度分布函数之差小于某个选定的阈值。

（4）两个区域的某种图像统计特征值的差小于等于某个阈值。

5.2.1.4　基于聚类的图像分割方法

图像分割就是将图像划分为多个区域，分割出来的区域与图中的实体基本能够对应，其实质是依据某种规则对图像中的像素点进行划分，使得同区域内像素点的相似度较高，不同区域内像素点的相似度较低。因此，基于聚类的图像分割算法就是依据图像的像素点，通过已有的聚类算法将像素点划分为不同的簇。接下来，将主要介绍一下 K-means 算法。

K-means 算法归属于基于划分的聚类算法，由于具有易于实现和分割效果好等优点，故在各个领域具有广阔的应用前景。K-means 算法的基本步骤为：

（1）根据样本特征设定 K 个聚类中心。

（2）计算各个聚类中心邻域内的像素与该中心的相似性度量，将像素划分给相似性度量取值最大所属的簇，再计算每个簇数据的均值。

（3）将该均值作为新的聚类中心，不断迭代计算。当优化函数满足收敛条件（即聚类中心点不再更新），则停止计算，得到聚类结果。

需要注意的是，虽然 K-means 算法具有易于实现和分割效果好等优点，但其不能保证最终的结果可以收敛得到全局最优解，而且对于初始聚类簇比较敏感，因此选择不同的初始聚类中心，经常会得到不同的聚类结果。不同数量分类簇分割效果图如图 5-8 所示。

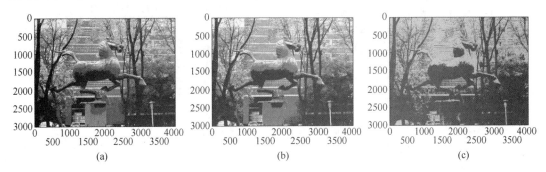

图 5-8　不同数量分类簇分割效果图

(a) $K=6$；(b) $K=4$；(c) $K=2$

在各种传统图像分割算法的基础上，研究人员又提出了各种改进和混合方法。但是大部分全自动图像分割算法的准确率还有待提高，相对地，半自动分割算法对手动定义的信息要求比较高，往往分割结果的可复制性不高，且效率较低。这些传统图像语义分割算法多是根据图像像素自身的低阶视觉信息来进行图像分割的。由于这样的方法没有算法训练阶段，或者训练集数目相对较少，因此往往其算法复杂度不高，在较困难的分割任务上，其分割效果不能令人满意。

在计算机视觉步入深度学习时代之后，语义分割同样也进入了全新的发展阶段，以全卷积神经网络（fully convolutional networks，FCN）为代表的一系列基于卷积神经网络"训练"的语义分割方法相继提出，屡屡刷新分割精度。

5.2.2　基于深度学习的图像分割方法

5.2.2.1　全卷积网络

全卷积网络（fully convolutional networks，FCN）是 Jonathan Long 等人于 2015 年在 *Fully Convolutional Networks for Semantic Segmentation* 一文中提出的用于图像语义分割的一种框架，是深度学习用于语义分割领域的开山之作。FCN 将传统 CNN 后面的全连接层换成了卷积层，这是因为全连接层的输出是一维的，而进行图像分割是要得到二维的分割结果图像，这就要求必须将全连接层替换成可以输出二维结果的卷积层，这样网络的输出将是热力图而非类别（如图 5-9 所示）；同时，为解决卷积和池化导致图像尺寸的变小，使用上采样方式对图像尺寸进行恢复。

A　FCN 核心思想

（1）不含全连接层的全卷积网络，可适应任意尺寸输入；

（2）反卷积层增大图像尺寸，输出精细结果；

（3）结合不同深度层结果的跳级结构，确保鲁棒性和精确性。

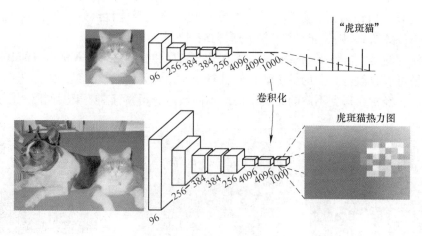

图 5-9　全连接层换为卷积层后输出的对比

B　网络结构

　　FCN 网络结构主要分为两个部分：全卷积部分和反卷积部分。其中全卷积部分为一些经典的 CNN 网络（如 VGG，ResNet 等），用于提取特征；反卷积部分则是通过上采样得到原尺寸的语义分割图像。FCN 的输入可以为任意尺寸的彩色图像，输出与输入尺寸相同，通道数为 n（目标类别数）+1（背景）。FCN 网络结构如图 5-10 所示。

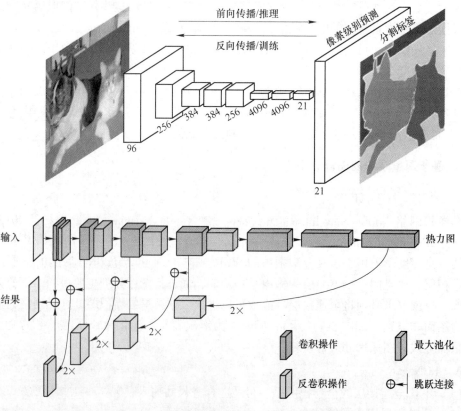

图 5-10　FCN 人致网络结构与详细网络结构

C 跳跃结构 skip

如果仅对最后一层的特征图进行上采样得到原图大小的分割，最终的分割效果往往并不理想，因为最后一层的特征图太小，这意味着过多细节的丢失。因此，通过跳跃结构将最后一层的预测（富有全局信息）和更浅层（富有局部信息）的预测结合起来，在遵守全局预测的同时进行局部预测。

将底层（stride 32）的预测（FCN-32s）进行 2 倍的上采样得到原尺寸的图像，并与从 pool4 层（stride 16）进行的预测融合起来（相加），这一部分的网络被称为 FCN-16s。随后将这一部分的预测再进行一次 2 倍的上采样并与从 pool3 层得到的预测融合起来，这一部分的网络被称为 FCN-8s。跳跃结构如图 5-11 所示。

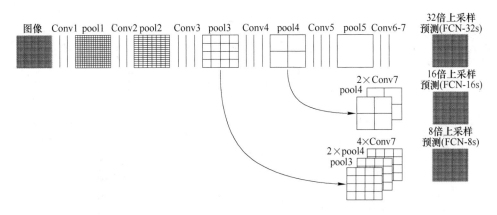

图 5-11 跳跃结构演示

D FCN 的不足

（1）得到的结果还不够精细，对细节不够敏感；

（2）未考虑像素与像素之间的关系，缺乏空间一致性等。

5.2.2.2 金字塔场景解析网络

A 金字塔场景解析网络核心思想

金字塔场景解析网络（PSPNet）的提出是为了解决场景分析问题。针对 FCN 网络在场景分析数据集上存在的问题，PSPNet 提出一系列改进方案，以提升场景分析中对于相似颜色、形状的物体的检测精度。

在 ADE20K 数据集上进行实验时，主要发现有如下 3 个问题：

（1）错误匹配，FCN 模型把水里的船预测成汽车，但是汽车是不会在水上的。因此认为 FCN 缺乏收集上下文能力，导致了分类错误。

（2）发现相似的标签会导致一些奇怪的错误，比如 earth 和 field，mountain 和 hill、wall、house，building 和 skyscraper。FCN 模型会出现混淆。

（3）小目标的丢失问题，像一些路灯、信号牌这种小物体，很难被 FCN 所发现。相反，一些特别大的物体预测中，在感受野不够大的情况下，往往会丢失一部分信息，导致预测不连续。

为了解决这些问题，PSPNet 模型中加入了 Pyramid Pooling Module（池化金字塔结构）这一模块。

B　网络结构

PSPNet 的网络结构如图 5-12 所示。对于图 5-12（a）中的输入图像，使用一个带有扩展网络策略且预训练过的 ResNet 模型来提取特征图，最终特征图尺寸为输入图像的 1/8，如图 5-12（b）所示。对上述特征图使用图 5-12（c）中所示的金字塔池化模块来获取语境信息，其中，金字塔池化模块分 4 个层级，其池化核大小分别为图像的全部、一半和小部分，最终它们可融合为全局特征。然后，在图 5-12（c）模块的最后部分，将融合得到的全局特征与原始特征图连接起来。最后，在图 5-12（d）中通过一层卷积层生成最终的预测图。

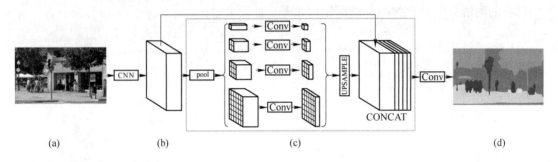

图 5-12　PSPNet 网络结构

（a）图像输入；（b）特征图；（c）池化金字塔结构；（d）最终预测结果

C　池化金字塔模块

池化金字塔模块（pyramid pooling module）结构示意图如图 5-13 所示，其融合了四种不同尺度下的特征。图 5-13 中模块最上层突出显示的为最粗略的层级，是通过全局池化生成的单个 bin 输出。剩下的三个层级将输入特征图划分成若干个不同的子区域，并对每个子区域进行池化，金字塔池化模块中不同层级输出不同尺度的特征图，为了保持全局特征的权重，在每个金字塔层级后使用 1×1 的卷积核，当某个层级维数为 n 时，即可将语境特征的维数降到原始特征的 $1/n$。然后，通过双线性插值直接对低维特征图进行上采样，使其与原始特征图尺度相同。最后，将不同层级的特征图拼接为最终的金字塔池化全局特征。

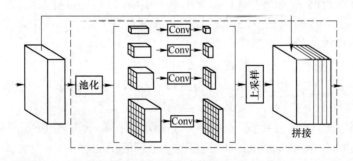

图 5-13　池化金字塔模块结构示意图

5.2.2.3　UNet 网络

A　UNet 核心思想

UNet 提出的初衷是为了解决医学图像分割的问题。医疗影像语义较为简单、结构固定，因此语义信息相比自动驾驶等较为单一，并不需要去筛选过滤无用的信息。医疗影像的所有特征都很重要，低级特征和高级语义特征都很重要，所以 U 型结构的特征拼接结构（skip connection）更好地派上了用场。

B　网络结构

UNet 可以分为三个部分，如图 5-14 所示。

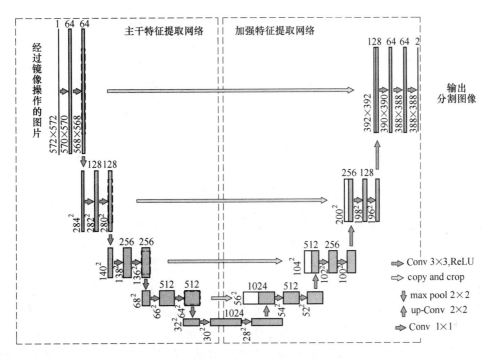

图 5-14　UNet 网络结构

第一部分是主干特征提取部分，可以利用主干部分获得一个又一个的特征层，UNet 的主干特征提取部分与 VGG 相似，为卷积和最大池化的堆叠。利用主干特征提取部分可以获得五个初步有效特征层，在第二步中，利用这五个有效特征层可以进行特征融合。

第二部分是加强特征提取部分，利用主干部分可以获取到五个初步有效特征层进行上采样，并且进行特征融合，获得一个最终的、融合了所有特征的有效特征层。

第三部分是预测部分，利用最终获得的最后一个有效特征层对每一个特征点进行分类，相当于对每一个像素点进行分类。

C　overlap-tile 策略

这种策略可用于许多场景，特别是当数据量较少或者不适合对原图进行缩放时尤其适用（缩放通常使用插值算法，主流的插值算法如双线性插值具有低通滤波的性质，会使得图像的高频分量受损，从而造成图像轮廓和边缘等细节损失，可能对模型学习有一定影响），同时它还能起到为目标区域提供上下文信息的作用。

UNet 中的卷积全是使用的 valid 卷积，这样可以保证分割的结果都是基于没有缺失的上下文特征得到的，但是会导致输入输出的图像尺寸不太一样。使用 valid 卷积导致的尺寸变换如图 5-15 所示。

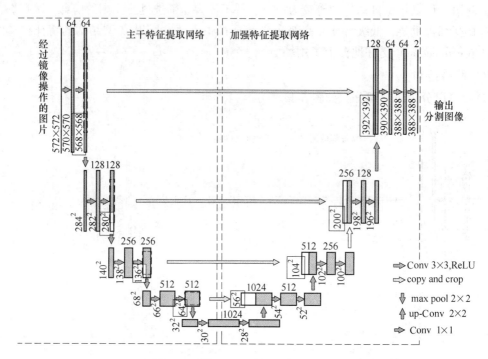

图 5-15　使用 valid 卷积导致的尺寸变换

于是 overlap-tile 在输入网络前对图像进行 padding，使得最终的输出尺寸与原图一致。特别的是，这个 padding（一般使用 1 像素填充）是镜像 padding，这样在预测边界区域的时候就提供了上下文信息。图 5-16 左边是对原图进行镜像 padding 后的效果，内框是原图的左上角部分，padding 后其四周也获得了上下文信息，与图像内部的其他区域有类似效果。因此，这种策略不需要对原图进行缩放，每个位置的像素值与原图保持一致，不会因为缩放而带来误差。

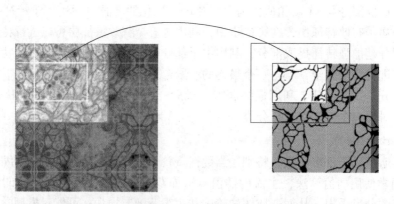

图 5-16　overlap-tile 策略

5.2.2.4　DeepLab 系列网络

A　DeepLab 系列网络核心思想

与可以实现端到端训练的 FCN 算法和 UNet 算法网络不同，DeepLab 是一个基于深度卷积网络的分阶段训练的新型算法框架。与 FCN 算法相似，DeepLab 框架直接对像素特征算子进行训练。

DeepLab 由 Google 提出，目前有 DeepLabv1、DeepLabv2、DeepLabv3 和 DeepLabv3+几个版本，其对应的题目分别为：

（1）Semantic image segmentation with deep convolutional nets and fully connected CRFs；

（2）Semantic Image Segmentation with Deep Convolutional Nets，Atrous Convolution，and Fully Connected CRFs；

（3）Rethinking Atrous Convolution for Semantic Image Segmentation；

（4）Encoder-Decoder with Atrous Separable Convolution for Semantic Image Segmentation。

DeepLab 中主要使用的技术包括多尺度特征融合、残差块、空洞卷积（atrous convolution）以及空洞空间金字塔池化。它的主干特征提取网络采用了 ResNet 方式，即图像分类中的 ResNet。

B　网络结构

DeepLab 系列的网络构造不同版本之间的差距是较大的，下面将分别介绍各版本网络的详细信息。

a　DeepLabv1

DeepLabv1 网络结构如图 5-17 所示。DeepLabv1 算法是 DeepLab 框架中第一个将深度卷积神经网络与全连接 CRF（条件随机场）进行级联来实现自然场景图像语义分割的算法。DeepLabv1 利用一个全连接条件随机场来帮助算法提取精细的目标边缘信息，全连接条件随机场利用了像素长范围间的依赖关系来获得更加精确的位置信息。为了改善深度卷积神经网络中连续的最大池化层导致图像特征分辨率降低的状况，DeepLabv1 引用了空洞卷积（后文详细介绍），利用空洞卷积在增大图像感受野的同时不降低图像特征的分辨率，大的图像感受野有助于分类，而图像特征分辨率的提高有助于增加图像目标的空间位置信息，从而提高图像目标的定位精度。DeepLabv1 在 PASCAL VOC2012 数据集上获得了更好的分割性能。

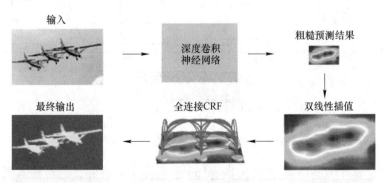

图 5-17　DeepLabv1 网络结构

b　DeepLabv2

DeepLabv2 网络结构如图 5-18 所示。DeepLabv2 是 DeepLab 框架下的第二个算法。与 DeepLabv1 相同，DeepLabv2 使用 CNN 进行分类，均引用了空洞卷积来改善图像特征分辨率降低导致的分割结果粗糙问题，进一步强调了空洞卷积对密集预测的影响。与

DeepLabv1 算法相同，DeepLabv2 算法利用条件随机场对网络生成的粗略分割进行预测（平滑、模糊的热图），提高目标边界的定位精度。与 DeepLabv1 算法不同，除了使用 VGGNet 模型，DeepLabv2 还使用 ResNet 模型作为骨干网络，分别研究 VGGNet 模型、ResNet 模型对分割性能的影响。此外，DeepLabv2 算法提出了一个空洞空间金字塔池化（atrous spatial pyramid pooling，ASPP）模型来更加高效地分割多尺度目标。DeepLabv2 在 DeepLabv1 算法的基础上，进一步解决了由于多尺度目标的存在造成的密集预测问题。当目标尺度相差较大时，网络可能对大尺度目标的感受野不够大，导致目标上下文信息获取不足，而对于小尺寸目标，特征图分辨率的降低导致本来位置信息不够多的小目标损失了大部分位置信息，进而影响多尺度目标的分割精确度。一个较为普遍的解决方法是向 CNN 输入同一图片的缩放版本，即将经过缩放后的多尺度图像作为网络的输入，然后将特征或者分数图进行整合。

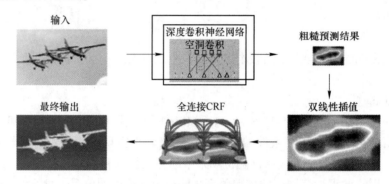

图 5-18　DeepLabv2 网络结构

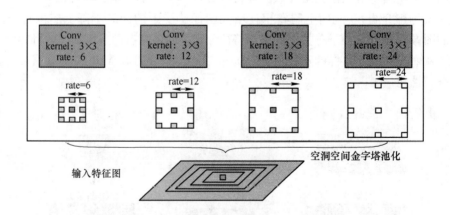

图 5-19　空洞空间金字塔池化（ASPP）

　　实验表明，这个方法的确增大了 DeepLab 系列算法的性能，但是输入图像的多尺度版本给 CNN 所有网络层的特征响应带来了非常多的计算量。受空间金字塔池化的启发，DeepLabv2 算法提出了一个有效减少计算量的方案，即在卷积之前对浅层特征以多个不同的比率进行重新采样。这与具有多个缩放版本的输入图像网络原理相同，包含补充的多个有效的感受野，因此捕捉了多个尺度的目标以及有用的图像上下文信息。DeepLabv2 算法的这项技术叫作空洞空间金字塔池化，使用多个具有不同采样率的平行的空洞卷积层有效地实现了这个映射。

c DeepLabv3

DeepLabv3 网络结构如图 5-20 所示。DeepLabv3 是 DeepLab 框架下的第三个算法，该算法主要针对前两个算法中都使用到的空洞卷积进行研究。空洞卷积是一个非常有用的工具，可以明确地调整滤波器的感受野，并控制语义分割深度卷积神经网络中特征响应的分辨率，该算法对使用多个空洞卷积率的空洞卷积串联和并行模型进行研究，分别研究其对多尺度目标分割的影响。与此同时，DeepLabv3 提出对 DeepLabv2 算法中的空间金字塔池化模型进行改进：增加了批正则化层，减少过拟合，增加了一个 1×1 卷积层和一个全局平均池化层，从而增加全局上下文信息；探究了多个尺度的卷积特征，有助于得到图像层特征编码全局上下文信息，进一步提升了性能。

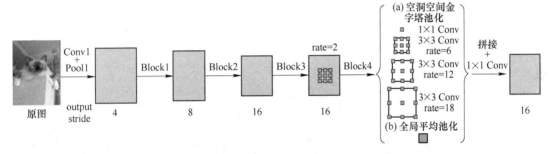

图 5-20　DeepLabv3 网络结构

与 DeepLabv1 算法和 DeepLabv2 算法不同，DeepLabv3 算法没有 DenseCRF 后处理步骤，并进一步提高了 DeepLab 系列的性能。

d DeepLabv3+

DeepLabv3+ 网络结构如图 5-21 所示。DeepLabv3+ 是目前 DeepLab 框架下最新的成果。它将基础网络替换为 Xception，后期原作者还使用了 MobileNetV2 作为基础网络。DeepLabV3+的核心结构由两个神经网络构成，分别是空间金字塔池化模块和编解码结构。第一个结构用来捕获丰富的语义信息，通过对不同的分辨率进行特征池化来实现，第二个结构用来获得更加准确的边界。

C 空洞卷积

空洞卷积有一个扩张因子（rate），它将决定卷积的感受野大小，将输入的 Feature Map 隔 rate-1 进行采样，然后再将采样后的结果进行卷积操作，或可理解为使用 0 填充卷积之间的缝隙，缝隙大小为扩张因子减 1，可称为见缝插 0，变相扩大了卷积的视野。如图 5-22 所示，扩张因子为 1 时，卷积视野为 3×3；扩张因子为 2 时，就在各个卷积之间插入一个 0，实现一个 7×7 的卷积视野；扩张因子为 4 时，就在各个卷积之间插入三个 0，实现一个 15×15 的卷积视野。这就使得在同等参数量的情况下，卷积能感受更加宽泛的区域。

5.2.2.5 Mask R-CNN 网络

A Mask R-CNN 网络核心思想

Mask R-CNN 是 Kaiming He 是在 Facebook 的成果，于 2018 年发表。Mask R-CNN 将

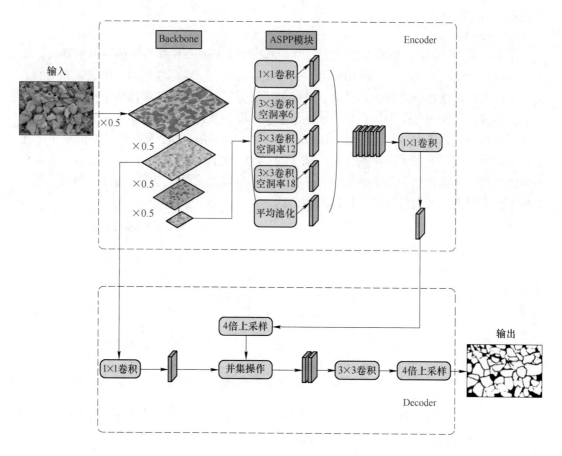

图 5-21   DeepLabv3+网络结构

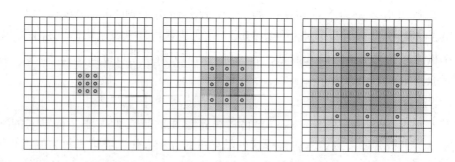

图 5-22   空洞卷积

Faster R-CNN 与 FCN 结合起来，在 RoI 上进行分割。

B   网络结构

Mask R-CNN 网络结构如图 5-23 所示。网络的输入为一张图像，Mask R-CNN 是在 Faster R-CNN 的基础上加了一个预测 mask 的分支，因此，最终会存在三个平行的分支输出，分别为类别、Bbox 和 Mask，其中获得 Mask 的操作是使用并行的 FCN 网络。每个 RoIAlign 会对应维度的 Mask 输出，K 为类别个数，m 对应池化分辨率。

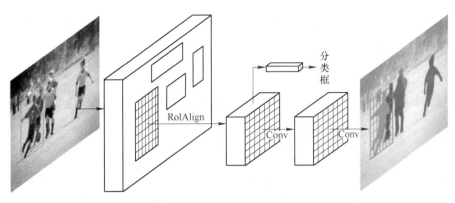

图 5-23 Mask R-CNN 网络结构

5.3 基于 UNet 的语义分割实战指南

5.3.1 项目背景

本节将介绍基于 UNet 的爆堆块体语义分割实战过程，平台搭建内容不在此赘述，此处主要使用基于 mmcv 的 mmsegmentation 框架进行演示。

5.3.2 模型训练与测试

A 数据集准备

准备好自己的数据集，首先要做的就是采集和标注，将拍摄到的图片经由标注软件进行标注（本书在此处使用的是 Labelme），图 5-24 是 Labelme 标注界面示意图。

图 5-24 Labelme 标注界面

在完成标注后，便可以获得标注好的 json 文件，但是 json 文件需要进行转换才能成为项目可以使用的数据集类型。图 5-25 是标注文件转换示意图。

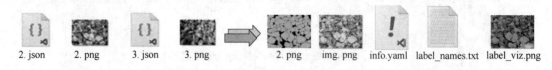

图 5-25　标注文件转换

此时数据集构建完成。在构建数据集的时候也可以使用一些数据增强的手段进行数据集的扩增并且做好数据集的划分，将数据集划分成训练集和验证集，但此处是为了演示整体算法的过程，便不过多赘述。

最后整体的数据集格式如图 5-26 所示。其中 ann 文件夹中放入的都是已标注好的 mask 图片，img 文件夹中放入的则是原始图片，需要注意的一点是 mask 图片的名称一定要与原始图片的名称对应。

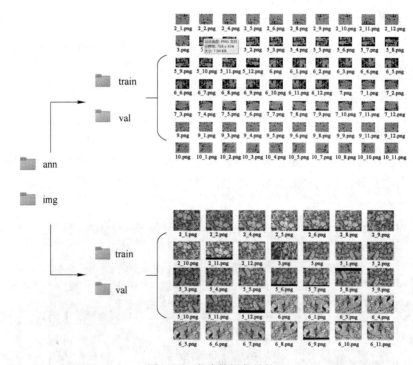

图 5-26　自建数据集结构

B　数据集构建

（1）定义数据读取器。首先是要在 mmseg 中的 datasets 加入 mydataset. py，文件如下：

```
1.import os.path as osp
2.from .builder import DATASETS
3.from .custom import CustomDataset
4.
5.@ DATASETS.register_module ()
```

```
6.class MydataDataset (CustomDataset):
7.    CLASSES = ('background', 'stone')    #使用自己数据集的种类命名
8.    PALETTE = [[0, 0, 0], [255, 255, 255]]
9.
10.    def __init__(self, **kwargs):
11.      super (MydataDataset, self).__init__(
12.        img_suffix='.png',
13.        seg_map_suffix='.png',
14.        reduce_zero_label=False,
15.        ignore_index=10,
16.        classes = ('background', 'stone'),  #使用自己数据集的种类命名
17.        palette = [[0, 0, 0], [255, 255, 255]],
18.        **kwargs)
19.        assert osp.exists (self.img_dir)
```

（2）接下来在 mmseg 的_init_.py 也需添加更改：

```
1.from .ade import ADE20KDataset
2.from .builder import DATASETS, PIPELINES, build_dataloader, build_dataset
3.from .chase_db1 import ChaseDB1Dataset
4.from .cityscapes import CityscapesDataset
5.from .coco_stuff import COCOStuffDataset
6.from .custom import CustomDataset
7.from .dark_zurich import DarkZurichDataset
8.from .dataset_wrappers import (ConcatDataset, MultiImageMixDataset,
9.          RepeatDataset)
10.from .drive import DRIVEDataset
11.from .hrf import HRFDataset
12.from .isaid import iSAIDDataset
13.from .isprs import ISPRSDataset
14.from .loveda import LoveDADataset
15.from .night_driving import NightDrivingDataset
16.from .pascal_context import PascalContextDataset, PascalContextDataset59
17.from .potsdam import PotsdamDataset
18.from .stare import STAREDataset
19.from .voc import PascalVOCDataset
20.from .mydataset import MydataDataset #加入自己的数据集
21.
22.__all__ = [
23.    'CustomDataset', 'build_dataloader', 'ConcatDataset', 'RepeatDataset',
24.    'DATASETS', 'build_dataset', 'PIPELINES', 'CityscapesDataset',
25.    'PascalVOCDataset', 'ADE20KDataset', 'PascalContextDataset',
26.    'PascalContextDataset59', 'ChaseDB1Dataset', 'DRIVEDataset', 'HRFDataset',
27.    'STAREDataset', 'DarkZurichDataset', 'NightDrivingDataset',
28.    'COCOStuffDataset', 'LoveDADataset', 'MultiImageMixDataset',
```

```
29.  'iSAIDDataset','ISPRSDataset','PotsdamDataset','MydataDataset',]
```

（3）如果需要进行模型预测时，还需要在 mmseg/core/evaluation 的 class_ names. py 中加入以下代码：

```
1.def mydata_classes ():
2." " " shengteng class names for external use." " "
3.  return [
4.    'background','stone'
5.  ]
6.
7.
8.def mydata_palette ():
9.      return [ [0,0,0], [255,255,255] ]
```

```
1.dataset_aliases = {
2.  'cityscapes':['cityscapes'],
3.  'ade':['ade','ade20k'],
4.  'voc':['voc','pascal_voc','voc12','voc12aug'],
5.  'loveda':['loveda'],
6.  'potsdam':['potsdam'],
7.  'vaihingen':['vaihingen'],
8.  'cocostuff':[
9.    'cocostuff','cocostuff10k','cocostuff164k','coco-stuff',
10.     'coco-stuff10k','coco-stuff164k','coco_stuff','coco_stuff10k',
11.     'coco_stuff164k'
12.    ],
13.  'isaid':['isaid','iSAID'],
14.  'stare':['stare','STARE'],
15.  'mydata':['mydata']
16.}
```

至此，本次训练所需要的数据集已经全部准备好了。

C 配置文件

在 configs/ unet 中新建一个 unet_ mine. py 文件用于使用自己的数据集及对应的参数设置。文件包括以下部分：

（1）设置修改类别数（模型架构配置文件 fcn_ unet_ s5-d16_ 4x4_ 512x1024_ 160k_ cityscapes. py）。

```
1._base_ = [
2.  '../_base_/models/fcn_unet_s5-d16.py',
3.  '../_base_/datasets/mydata.py',
4.   '../_base_/default_runtime.py',
5.  '../_base_/schedules/schedule_160k.py'
6.]
7.model =dict (
```

8. decode_head = dict (num_ classes = 2), auxiliary_ head = dict (num_ classes =
2)) #按照自己的数据进行修改

（2）修改数据信息（数据类型、数据主路径等和 batchsize）。在 configs/ _ base_ /
datasets 中创建 mydata. py，具体如下：

```
1.dataset_type = 'MydataDataset' #使用前面创建的数据集类型
2.data_root = 'E: /rbj/stone/my_dataset' #使用自己创建的数据集所在路径
3.img_norm_cfg = dict (
4.  mean = [123.675, 116.28, 103.53], std = [58.395, 57.12, 57.375], to_ rgb =
True)
5.crop_ size = (512, 512)
6.train_pipeline = [
7.  dict (type='LoadImageFromFile'),
8.  dict (type='LoadAnnotations', reduce_zero_label=False),
9.  dict (type='Resize', img_scale= (512, 512), ratio_range= (0.5, 2.0) ),
10.  dict (type='RandomCrop', crop_size=crop_size, cat_max_ratio=0.75),
11.  dict (type='RandomFlip', prob=0.5),
12.  dict (type='PhotoMetricDistortion'),
13.  dict (type='Normalize', **img_norm_cfg),
14.  dict (type='Pad', size=crop_size, pad_val=0, seg_pad_val=255),
15.  dict (type='DefaultFormatBundle'),
16.  dict (type='Collect', keys= ['img','gt_semantic_seg'] ),
17.] #这里可以进行线上的数据集增强，可以自定义一些操作
18.test_pipeline = [
19.  dict (type='LoadImageFromFile'),
20.  dict (
21.    type='MultiScaleFlipAug',
22.    img_scale= (512, 512),
23.    # img_ratios = [0.5, 0.75, 1.0, 1.25, 1.5, 1.75],
24.    flip=False,
25.    transforms= [
26.      dict (type='Resize', keep_ratio=True),
27.      dict (type='RandomFlip'),
28.      dict (type='Normalize', **img_norm_cfg),
29.      dict (type='ImageToTensor', keys= ['img'] ),
30.      dict (type='Collect', keys= ['img'] ),
31.      ] )
32.]
33.data =dict (
34.  samples_per_gpu = 4, #按照硬件设备修改
35.  workers_per_gpu = 4,
36.  train=dict (
37.    type=dataset_type,
38.    data_root=data_root,
```

```
39.    img_dir='img/train',
40.    ann_dir='ann/train',
41.    pipeline=train_pipeline), #上面定义了训练集的读取路径
42.  val=dict(
43.    type=dataset_type,
44.    data_root=data_root,
45.    img_dir='img/val',
46.    ann_dir='ann/val',
47.    pipeline=test_pipeline), #上面定义了验证集的读取路径
48.  test=dict(
49.    type=dataset_type,
50.    data_root=data_root,
51.    img_dir='img/val',
52.    ann_dir='ann/val',
53.        pipeline=test_pipeline))    #上面定义了测试集的读取路径（这里将测试集
```
就选定为了验证集）

（3）修改运行信息配置（加载预训练模型和断点训练）。在 configs/_base_/default_runtime.py 中有如下信息：

```
1.log_config = dict(
2.  interval=50,
3.  hooks=[
4.    dict(type='TextLoggerHook', by_epoch=False),
5.    # dict(type='TensorboardLoggerHook')
6.  ])
7.#yapf: enable
8.dist_params = dict(backend='nccl')
9.log_level = 'INFO'
10.load_from = None    #可以加载预训练模型
11.resume_from = None    #可以加载断点训练模型
12.workflow = [('train', 1)]
13.cudnn_benchmark = True
```

（4）修改运行信息配置（模型训练的最大次数、训练每隔几次保留 checkpoints、间隔多少次进行模型训练，模型训练评估的指标为、保留最好的模型）。

```
1.# optimizer
2.optimizer = dict(type='SGD', lr=0.01, momentum=0.9, weight_decay=
0.0005)    #选取优化器
3.optimizer_config = dict()
4.# learning policy
5.lr_config = dict(policy='poly', power=0.9, min_lr=1e-4, by_epoch=False)
#调整学习率
6.# runtime settings
7.runner =dict(type='IterBasedRunner', max_iters=160000)
```

```
8. checkpoint_config = dict (by_epoch=False, interval=16000) #多少轮保存一次
9. evaluation =dict (interval=1000, metric='mIoU') #选用miou为评价指标
```

D 训练

训练时同时输入参数，本次实验演示的是在一台机器上单卡进行训练，在项目终端输入 python tools/ train. py configs/ unet/ unet_ mine. py 开始训练，具体的训练参数如下：

```
1.  def parse_args ():
2.  parser =argparse.ArgumentParser (description=' Train a segmentor')
3.  parser.add_argument ('config', help='train config file path')
4.  parser.add_argument ('--work-dir', help='the dir to save logs and models')
5.  parser.add_argument (
6.    '--load-from', help='the checkpoint file to load weights from')
7.  parser.add_argument (
8.    '--resume-from', help='the checkpoint file to resume from')
9.  parser.add_argument (
10.     '--no-validate',
11.     action=' store_true',
12.     help=' whether not to evaluate the checkpoint during training')
13.   group_gpus = parser.add_mutually_exclusive_group ()
14.   group_gpus.add_argument (
15.     '--gpus',
16.     type=int,
17.     help='(Deprecated, please use --gpu-id) number of gpus to use '
18.     '(only applicable to non-distributed training)')
19.   group_gpus.add_argument (
20.     '--gpu-ids',
21.     type=int,
22.     nargs='+',
23.     help='(Deprecated, please use --gpu-id) ids of gpus to use '
24.     '(only applicable to non-distributed training)')
25.  group_gpus.add_argument (
26.    '--gpu-id',
27.    type=int,
28.    default=0,
29.    help=' id of gpu to use '
30.    '(only applicable to non-distributed training)')
31.  parser.add_argument ('--seed', type=int, default=None, help=' random seed')
32.  parser.add_argument (
33.    '--diff_seed',
34.    action=' store_true',
35.    help='Whether or not set different seeds for different ranks')
36.  parser.add_argument (
```

```
37.     '--deterministic',
38.     action='store_true',
39.     help='whether to set deterministic options for CUDNN backend.')
40.  parser.add_argument(
41.     '--options',
42.     nargs='+',
43.     action=DictAction,
44.     help=" —options is deprecated in favor of --cfg_options' and it will "
45.     ' not be supported in version v0.22.0. Override some settings in the'
46.     ' used config, the key-value pair in xxx=yyy format will be merged'
47.     ' into config file. If the value to be overwritten is a list, it'
48.     ' should be like key=" [a, b] " or key=a, b It also allows nested'
49.     ' list/tuple values, e.g. key=" [(a,b),(c, d)]" Note that the quotation'
50.     ' marks are necessary and that no white space is allowed.')
51.  parser.add_argument(
52.     '--cfg-options',
53.     nargs='+',
54.     action=DictAction,
55.     help='override some settings in the used config, the key-value pair'
56.     ' in xxx=yyy format will be merged into config file. If the value to'
57.     ' be overwritten is a list, it should be like key=" [a, b] " or key=a, b'
58.     ' It also allows nested list/tuple values, e.g. key=" [(a, b),(c, d)]"'
59.     ' Note that the quotation marks are necessary and that no white space'
60.     ' is allowed.')
61.  parser.add_argument(
62.     '--launcher',
63.     choices=['none','pytorch','slurm','mpi'],
64.     default='none',
65.     help='job launcher')
66.  parser.add_argument('--local_rank', type=int, default=0)
67.     parser.add_argument(
68.       '--auto-resume',
69.       action='store_truc',
70.       help='resume from the latest checkpoint automatically.')
71.     args = parser.parse_args()
72.     if 'LOCAL_RANK' not in os.environ:
73.       os.environ ['LOCAL_RANK'] = str (args.local_rank)
74.
75.  if args.options and args.cfg_options:
76.     raise ValueError(
77.       '--options and --cfg-options cannot be both'
78.       ' specified, --options is deprecated in favor of --cfg-options.'
79.       '--options will not be supported in version v0.22.0.')
```

```
80.  if args.options:
81.    warnings.warn ('--options is deprecated in favor of --cfg-options. '
82.         '--options will not be supported in version v0.22.0.')
83.    args.cfg_options = args.options
84.  return args
```

开始训练后，运行图如图 5-27 所示。

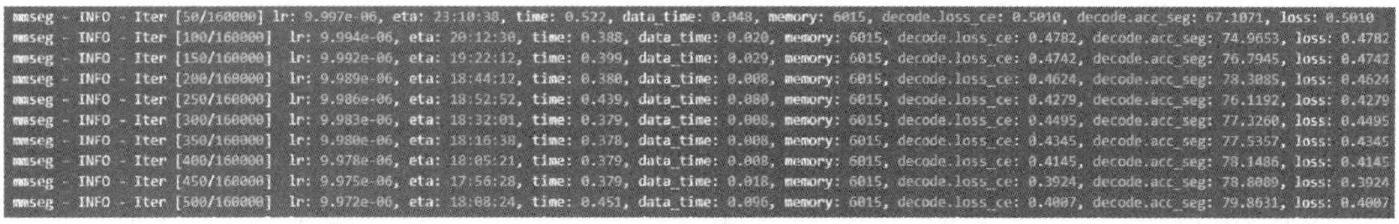

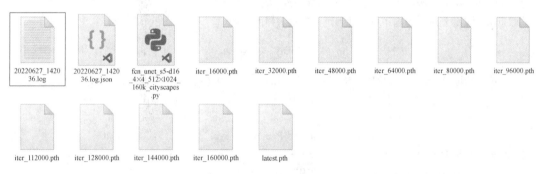

图 5-27　训练过程

如果不更改训练结果所产生的路径的话，训练完成后会在 work_ dirs 文件夹下得到如图 5-28 所示的一系列文件。Log 是训练过程中的记录，. pth 文件是每 16000 轮保存一次的训练权重参数，latest. pth 是最后一轮训练得到的权重。

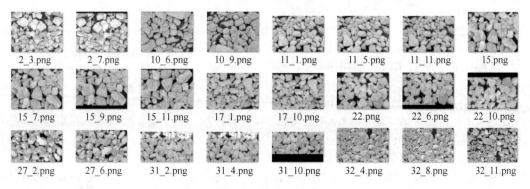

图 5-28　训练结果文件

E　测试效果

如果想要获得最后训练好模型的测试效果图，需要在项目终端运行 python tools/test. py work_dirs/unet/fcn_unet_s5-d16_4×4_512×1024_160k_cityscapes. py work_dirs/unet/latest. pth --eval mIoU，如此便能得到如图 5-29 所示的一系列的最后分割效果图。

图 5-29　最终分割效果图

5.4 小　结

图像语义分割作为计算机视觉中图像理解的重要一环，不仅在工业界的需求日益凸显，同时也是当下学术界的研究热点之一。了解语义分割的第一步就是明确语义分割的任务、语义分割的相关重要概念、语义分割的评价指标以及常用开源数据集。

图像语义分割方法有传统方法和基于卷积神经网络的方法，其中传统的语义分割方法又可以分为基于统计的方法和基于几何的方法。随着深度学习的发展，语义分割技术得到很大的进步，基于卷积神经网络的语义分割方法与传统的语义分割方法最大不同是，网络可以自动学习图像的特征，进行端到端的分类学习，大大提升语义分割的精确度。

思 考 题

5-1　语义分割任务与传统的图像分割的差别有哪些？

5-2　分类、目标监测和语义分割各自的特点是什么？

5-3　当前语义分割的困境是什么，有什么好的改进方向？

5-4　思考语义分割后，得到了分割图后可以完成怎样的任务？

参 考 文 献

[1] 黄鹏，郑淇，梁超. 图像分割方法综述［J］. 武汉大学学报（理学版），2020，66（6）：519-531.

[2] 卢官明，唐贵进，崔子冠. 数字图像与视频处理［M］. 北京：机械工业出版社，2018.

[3] Long J, Shelhamer E, Darrell T. Fully convolutional networks for semantic segmentation［C］// Proceedings of the IEEE Conference on Computer Vision and Pattern Recognition，2015：3431-3440.

[4] Zhao H, Shi J, Qi X, et al. Pyramid scene parsing network［C］// Proceedings of the IEEE conference on computer vision and pattern recognition，2017：2881-2890.

[5] Ronneberger O, Fischer P, Brox T. U-net：Convolutional networks for biomedical image segmentation［C］// Medical Image Computing and Computer-Assisted Intervention-MICCAI 2015：18th International Conference, Munich, Germany，2015：234-241.

[6] Pytorch 搭建自己的 Unet 语义分割平台. https：// blog. csdn. net/ weixin_44791964/article/details/108866828.

[7] Chen L C, Papandreou G, Kokkinos, I, et al. Semantic image segmentation with deep convolutional nets and fully connected crfs［J］. arXiv preprint arXiv：1412. 7062，2014.

[8] Chen L C, Papandreou G, Kokkinos I, et al. Deeplab：Semantic image segmentation with deep convolutional nets, atrous convolution, and fully connected crfs［J］. IEEE transactions on pattern analysis and machine intelligence，2017，40（4）：834-848.

[9] Chen L C, Papandreou G, Schroff F, et al. Rethinking atrous convolution for semantic image segmentation ［J］. arXiv preprint arXiv：1706. 05587，2017.

[10] Chen L C, Zhu Y, Papandreou G, et al. Encoder-decoder with atrous separable convolution for semantic image segmentation［C］// Proceedings of the European conference on computer vision（ECCV）. 2018：801-818.

[11] He K, Gkioxari G, Dollár P, et al. Mask r-cnn［C］// Proceedings of the IEEE international conference on computer vision，2017：2961-2969.

6 机器视觉的矿业应用

本章彩图

本章重难点

计算机视觉技术是人工智能技术的重要组成部分，也是计算机科学与信号处理研究的前沿领域。计算机视觉经过近年来的不断发展，在采矿行业的许多场景得到了广泛应用。本章节涵盖的主要内容包括矿山开采工艺流程、机器视觉在矿山生产中的应用、案例分析以及展望等。矿山开采工艺流程介绍了矿业开采的基本概念以及采矿的主要工艺流程等内容，机器视觉在矿山生产中的应用部分介绍了机器视觉技术在矿业上的主要应用场景，案例分析部分介绍了目标检测、语义分割、图像分类等图像技术在矿业上的经典应用，展望部分介绍了机器视觉在采矿行业未来的发展方向。

通过本章的学习，应了解到机器视觉技术在矿业上的应用情况，主要包括矿山开采工艺、主要应用场景等相关知识，并通过案例分析部分来了解解决矿业生产问题的具体思路和方法。本章的重点是掌握 6.2 节主要应用场景，本章的难点是 6.3 案例分析。

思维导图

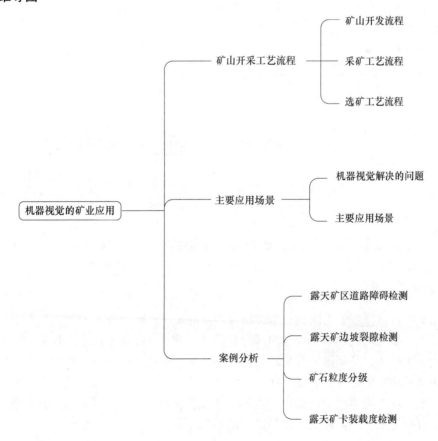

6.1　矿山开采工艺流程

6.1.1　矿山开发流程

　　矿产资源作为所有工业的原料来源，是人类社会发展的重要的物质基础，按其特点和用途通常分为金属矿产、非金属矿产和能源矿产，如图 6-1 所示。

金矿　　　　　　　　　　　　石英矿　　　　　　　　　　　　煤炭

图 6-1　常见矿物

　　采矿是从地壳内和地表开采矿产资源的技术和科学。采矿工业是一种重要的原料工业，金属矿石是冶炼工业的主要原料，非金属矿石是重要的化工原料和建筑材料。矿山开发步骤如图 6-2 所示。矿床开采包括基建开拓工程和生产采矿工程两大项。矿山地下开拓要掘进一系列巷道或沟道以通达矿体，建成完整的采矿生产系统，交付生产使用。

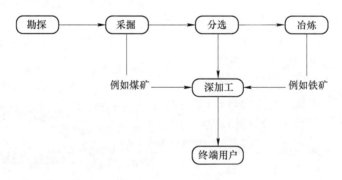

图 6-2　矿山开发流程

6.1.2　采矿工艺流程

　　根据矿床埋藏深度的不同和技术经济合理性的要求，矿山开采分为露天开采和地下开采两种方式。接近地表和埋藏较浅的部分采用露天开采，深部采用地下开采。

　　对于一个矿体，是用露天开采还是用地下开采，取决于矿体的赋存状态。若用露天开采，则应该采用多深合理，这里存在一个深度界线问题，深度界线的确定主要取决于经济效益。一般来说，境界剥采比如少于或等于经济合理剥采比的，可采用露天井米，否则就采用地下开采方法。不同开采方式场景如图 6-3 所示。

(a)

(b)

图 6-3　开采方式
（a）露天开采；（b）井下开采

6.1.2.1　露天开采

露天开采是采用采掘设备在散露的条件下，以山坡露天或凹陷露天的方式，一个阶段一个阶段地向下剥离岩石和采出有用矿物的一种采矿方法。露天矿全景及地面设施分布如图 6-4 和图 6-5 所示。露天开采与地下开采相比有很多优点，如建设速度快，劳动生产率高，成本低，劳动条件好，工作安全，矿石回收率高，贫化损失小等。尤其是随着大型高效露天采矿及运输设备的发展，露天开采将会得到更加广泛的应用。目前，我国的黑色冶金矿山大部分采用露天开采。

图 6-4　露天矿全景　　　　　　　　　　图 6-5　露天矿地面设施

建设一个露天开采矿山的整个过程一般包括：矿区的地面设施建设、矿床的疏干和防排水、露天采场基本建设以及投入生产的一系列准备工作。露天采场基建工程主要是开掘入车沟、出车沟和开段沟，铺设运输线路，建设排土场，剥离岩石以及修建供排水、供电设施等。出入沟是建立地面通往工作水平以及各工作水平之间的倾斜运输道路。开段沟是在每个水平上为开辟开采工作线而掘进的水平沟道，也就是开辟阶段的最初工作线。

露天矿开采工艺流程如图 6-6 所示。开拓、剥离和采矿是露天矿生产过程中的三个重要环节。露天矿下降速度的快慢、新水平准备时间的长短，主要取决于开拓速度。为保证露天矿持续正常的生产，开拓、剥离和采矿三者之间在空间和时间上必须保持一定的超前关系，遵循"采剥并举，剥离先行"的原则组织生产。

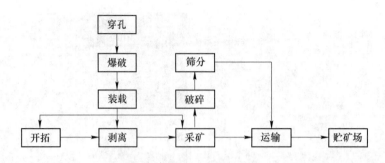

图 6-6　露天开采工艺流程

　　露天矿生产过程中，不论是剥离还是回采矿石，工艺流程一般都要经过穿孔、爆破、装载和运输。目前我国黑色冶金矿山所使用的设备，穿孔主要是牙轮钻和潜孔钻，冲击钻已被淘汰。装载设备大都使用 $3 \sim 4.6 m^3$ 电铲，$6 m^3$ 以上电铲也开始使用。运输设备大都使用 20t 以上载重汽车和 $80 \sim 150t$ 电机车，100t 电动轮汽车也在部分特大型矿山推广使用。

6.1.2.2　地下开采

　　若矿床埋藏地表以下很深，采用露天开采会使剥离系数过高，经过技术经济比较认为，采用地下开采合理时，则采用地下开采方式。井下巷道及采煤工作面如图 6-7 和图 6-8 所示。

图 6-7　井下巷道

图 6-8　井下采煤工作面

　　地下开采工艺流程如图 6-9 所示。地下开采主要包括开拓、采切（采准和切割工作）和回采三个步骤。开拓是为了由地表通达矿体而开拓的竖井、斜井、斜坡道、平巷等井巷掘进工程。采准是在开拓工程的基础上，为回采矿石所做的准备工作，包括掘进阶段平巷、横巷和天井等采矿准备巷道。切割是在开拓与采准工程的基础上按采矿方法所规定在回采作业前必须完成的井巷工程，如切割天井、切割平巷、拉底巷道、切割堑沟、放矿漏斗、凿岩硐室等。回采是在采场内进行采矿，包括凿岩和崩落矿石、运搬矿石和支护采场等作业。这三个步骤，开始是依次进行，当矿山投产以后，为能保持持续正常生产，仍需继续开各种井巷，如延伸开拓巷道，开各种探矿、采准、回采巷道等。在时间上必须遵循"开拓超前于采准、采准超前于回采、确保各级生产准备矿量达到合理保有期"的生产规律。这是通过长期的生产实践总结出来的比较符合矿山生产实践的科学规律。地下矿床开采时，一般是先采上阶段，后采下阶段。在阶段中，沿矿床走向划分为矿块（矿块高度一般是 40~60m，国外一般为 60~120m，甚至可达到 200m），一般以矿块为基本单位或将矿块再划分为矿房和矿柱进行回采。

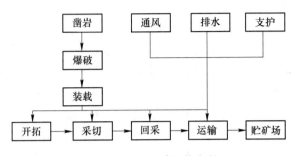

图 6-9　地下开采工艺流程

6.1.3　选矿工艺流程

6.1.3.1　选矿的作用

选矿是通过不同的方法（物理或化学方法）把有用矿物和脉石矿物进行有效的分离，如图 6-10 所示，得到高质量的有用矿物精矿和含脉石矿物的尾矿。选矿在矿业开发过程中具有重要作用，很多情况下能够起到瓶颈作用。任何矿产资源，在现有的选矿技术和设备条件下，如果没有可选性或者没有选择合适的选矿工艺流程，就可能没有开采的价值。

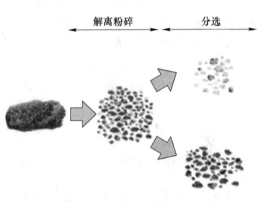

图 6-10　选矿过程中矿物分离示意图

6.1.3.2　主要选矿工艺流程

选矿是冶炼前的准备工作，从矿山开采下来矿石以后，首先需要将含铁、铜、铝、锰等金属元素高的矿石甄选出来，为下一步的冶炼活动做准备。选矿一般分为破碎、磨矿、分选三部分。其中，破碎又分为粗破、中破和细破，分选按照方式不同也可分为磁选、重选、浮选等。选矿工艺主要包括以下几个流程，如图 6-11 所示。

（1）破碎和筛分：将采出的原矿石进行破碎到 3~15mm；

（2）磨矿和分级：将破碎后的矿石进行一步粉碎至微米级别，通常以小于 38μm、74μm 含量作为粒级粗细衡量标准；

（3）分选：采用重选、磁选、浮选、电选、化学浸出等分选方法中的一种或者多种来获得目的矿物；

（4）浓缩和过滤：将目的矿物进行脱水得到粉状精矿产品。

图 6-11　选矿工艺流程

6.2　主要应用场景

6.2.1　机器视觉解决的问题

矿山生产包含采矿和选矿两大生产过程，经过爆破、铲装、运输、破碎、浮选等多个生产工序，具有工艺流程长、内部机理不明确、影响因素多等特点，传统的监控和测量手段无法达到实时性要求，难以形成反馈控制机制将生产过程控制在最优工况，从而导致生产成本的居高不下和生产效率的不稳定。

目前传统监控摄像仪虽然在矿业的生产过程中被大量应用，但每天都需要记录下大量的视频数据记录，并且需要大量的人力进行人工的视频数据筛查和监视工作。由于汇集了大量的视频，存在工作人员易疲劳、很难实时监控每路视频、报警精确度差、误报和漏报现象多等弊端，会消耗大量的人力物力资源，并且视频监控的实时特性很难被发掘出来，无法体现视频监控的技术优越性。

矿业图像智能识别控制系统是以摄像仪的实时视频图像数据为基础，以 AI 图像智能识别技术为核心、以机器深度学习数学模型和报警系统为支撑、以自动化模糊控制技术为手段的综合性视频智能控制系统。其解决的问题如图 6-12 所示。

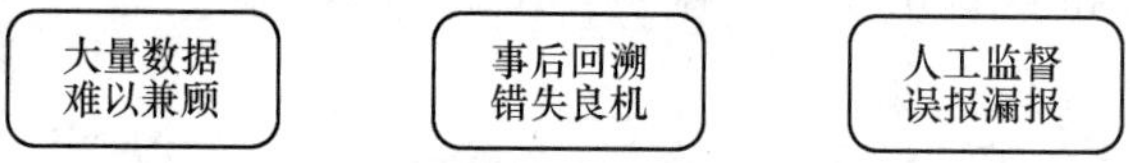

大量数据 难以兼顾	事后回溯 错失良机	人工监督 误报漏报

图 6-12　解决的问题

6.2.2　机器视觉应用场景

近年来，随着视觉传感技术、图像处理、人工智能等技术的快速发展，将计算机视觉技术应用在矿山生产过程中已成为一个新的趋势，其非接触式传感、多层次信息融合、高速建模计算等特点满足了矿山生产范围大、不间断、需及时反馈等要求。目前，从发表的文献来看，计算机视觉技术在矿山生产中的应用主要可分为业务场景和管理场景两大类，如图 6-13 所示。

（1）设备异常状态识别。对各种物的不安全状态、设备的异常情况、环境的不安全因素进行识别。可实现皮带上的大块、锚杆、堆跑偏的识别及报警，必要时紧急停车，可避免事故。可识别工作面支架护帮不到位、风窗风门没有关闭、岔道红绿灯不亮、斜巷行车不行人、道岔贴合等安全隐患，进行广播告警。设备管理界面如图 6-14 所示。

（2）人员安全生产管理。由于各个矿井生产环境及应用场景的不同，结合每个矿井的自身独特工况条件和共性典型场景，以下 5 个为基于视频 AI 识别技术的典型应用场景，包括：人员标准化作业行为监管系统、煤矿胶带运输智能控制系统、提升机高速首尾绳智能检测系统、掘进工作面安全生产管理及预警系统、钻场智能管理系统，生产监控系统界面如图 6-15 所示。

（3）输送机异物检测。金属矿带式输送机上的异物（钻根、铲牙和工字钢）是造成皮带损坏、撕裂和研磨机磨损的主要原因之一，严重威胁着矿山生产的安全、稳定运行。

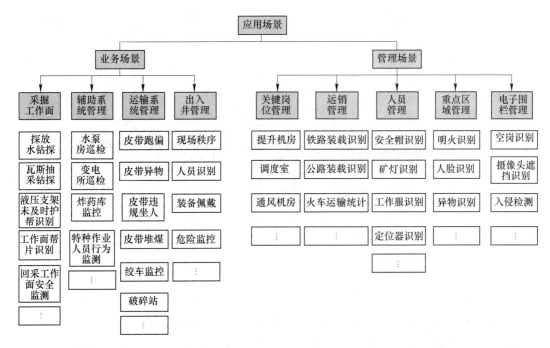

图 6-13 应用场景

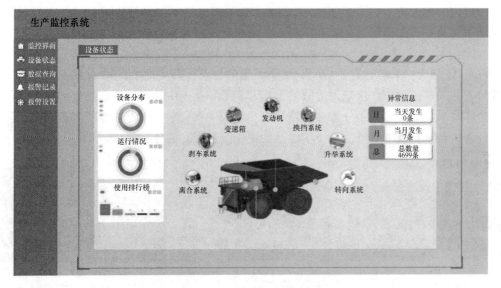

图 6-14 设备管理系统界面

近年来，随着人工智能的井喷式发展，机器视觉在各领域的运用也日趋成熟，使得这一种部署简单、成本低和运行可靠的带式传输机异物检测方法成为可能。

（4）三维可视化建模。在露天采场中，矿坑是整个生产的核心，在数字矿山建设引入大量自动化、流程化、实时化软件和系统之后，获取高精度的三维矿坑模型对于配矿、排产、卡调等多个系统具有十分重要的意义。三维可视化建模效果如图 6-16（a）所示。随着矿坑的掘进和排土作业，矿区内会形成多处有巨大高差的边坡，边坡的稳定与否关系

图 6-15 矿井生产视频监管界面

到生产的安全，对边坡的感知和检测是矿山安全生产的重要工作内容。

（5）无人驾驶。无人驾驶汽车也称为无人车、自动驾驶汽车，是指车辆能够依据自身对周围环境条件的感知、理解，自行进行运动控制，且能达到人类驾驶员驾驶水平，目前矿山应用的无人矿卡如图 6-16（b）所示。机器视觉技术的进步也推动了无人驾驶技术的发展，尤其在矿山场景下，无人车对于矿山生产成本的降低以及安全水平的提升都有着非常大的作用。

（6）AI 分选。采矿时需要从地下移除大量的矸石，即使需要的矿石只占移除量的一小部分。在采矿过程中，从毫无价值的土壤、岩石和黏土中分离出他们想要的矿产品可能是一个非常昂贵的步骤。而分选过程越早，企业浪费在运输无用材料上的燃料和金钱就越少。随着机器视觉技术发展，该技术也开始用于改进采矿的分选过程。

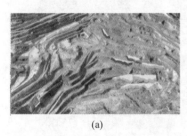

（a）   （b）   （c）

图 6-16 机器视觉部分应用场景

（a）三维可视化建模；（b）无人矿卡；（c）人员行为识别

（7）煤流量检测。通过高速摄像仪结合机器视觉技术，可以精确识别计算出皮带上的煤量，对皮带的运量进行统计，可以发出信号给皮带控制主机，实现自动保护停机、调速，达到减少设备磨损和降低能耗的目的。

（8）人员行为识别。利用矿山数字视频监控系统现有的设备，实现井下人员各种常见违章的智能识别,如图 6-16(c)所示,通过视频监控对人员行为识别,实现自动识别报警、图像抓拍、延时录像等功能。

(9)堆煤自燃检测。在储煤过程中,由于煤炭受到风吹日晒以及空气的作用,长期堆积的煤处于碎裂状态,与氧气接触易发生氧化反应从而释放大量反应热。通过机器视觉技术可以根据煤堆自燃时产生的烟雾特征来进行识别,从而达到自燃检测的目的。

(10)露天矿路网提取。露天矿区路网数据是露天矿采场运输管理的重要组成部分,是发展露天矿智慧矿山的基础数据支持。目前,随着机器视觉的发展,通过图像语义分割方法结合无人机摄影图像成了一种快速有效提取露天矿道路区域的方法。

6.3 案 例 分 析

6.3.1 露天矿区道路障碍检测

6.3.1.1 案例背景

近年来,随着智慧矿山建设和无人驾驶技术的快速发展,露天矿无人驾驶也逐渐成熟并落地,但由于露天矿区非结构化道路往往存在坑洼、道路塌陷等负向障碍,这些负障碍与道路融合范围大特征不明显,且位于车辆前行方向的下方不易发现,给露天矿区无人驾驶矿卡车安全行驶带来重大安全隐患,因此亟待对露天矿区道路负障碍的快速、准确检测方法进行研究。

6.3.1.2 案例描述

露天矿区非结构化道路存在的坑洼、道路塌陷等负向障碍,易导致车辆侧翻或陷车,近年来矿用卡车自动驾驶的兴起,使得负向障碍检测变得至关重要。本案例对露天矿区道路负障碍特征进行深入分析,构建了基于机器视觉的轻量化目标检测模型。首先,通过现场采样及标注建立露天矿区负向障碍数据集并将其输入到目标检测模型;其次,对图像进行归一化处理并使用 MobileNetv3 网络对图像进行压缩激活,在获得输出特征后进行连续上采样和特征金字塔堆叠,完成多尺度特征提取;最后,对多尺度特征进行分类和边界框回归,达到负向障碍检测的目的。模型在特征金字塔模块中引入深度可分离卷积方法,降低网络特征提取和融合的计算量;通过对损失函数和学习率动态优化调整,提高负障碍目标检测精度;在负障碍检测后处理阶段,提出非极大抑制优化算法,改善负障碍被遮挡和检测框定位精度不高的问题。

6.3.1.3 实验及分析

露天矿区的道路包含了非结构化道路与一些临时修建的半结构化道路,本案例实验所采用的数据集来自河南洛阳某金属露天矿与湖北当阳某非金属露天矿。数据集共有 834 张图片,其中只含有背景纹理信息,不包含负向障碍的图片 151 张。图片分辨率为 1080×1080,将其中 644 张图片划分为训练集 190 张图片作为测试集。路面的负向障碍因雨水冲刷导致的积水与路面坑洞有着较大的特征差异,所以本数据集将负向障碍分为坑洞与积水两类,在训练过程中背景作为单独一个类别参与训练,因此本模型实际上是一个三分类目标检测问题。

本实验采用的计算机配置为 Intel® Core™ i7-7800X CPU，NVIDIA GeForce 2080 Ti（11G）GPU，操作系统为 Windows 10 专业版。本实验的网络模型基于 Pytorch 1.2 框架搭建，采用迁移学习的方式，使用预训练的 VOC 数据集权重，设置初始学习率为 0.001，动量为 0.9，设置 batch size 为 8，训练 40 个 Epoch，共进行 15580 次迭代。实验采用精度 P、召回率 R、平均精度 AP、mAP 三个指作为定量评价的标准。

为了验证模型的性能，将本案例的负障碍检测优化模型与目前主流的目标检测网络模型进行对比实验，实验结果如图 6-17 所示。

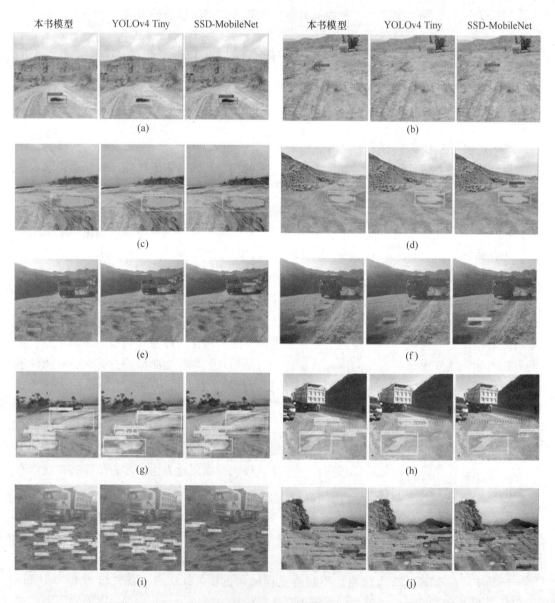

图 6-17 实验结果

6.3.1.4 结论与建议

本案例针对露天矿区非结构化道路的负向障碍物识别，提出了新的轻量型目标检测网络模型，可以更加准确快速地检测露天矿区负向障碍物，满足露天矿区复杂路况下无人驾驶车前负障碍目标快速准确识别的需求。通过实验分析表明，本案例提出的负障碍检测模型在露天矿区多种道路场景下都有良好的识别效果。该检测模型的 mAP、精确度、召回率分别达到了 92.59%、98.86%、89.58%，对比主流的目标检测网络也处于领先地位。案例中提出的 DS-NMS 对于提升目标检测精度有一定的帮助，并且具有良好的可移植性。本案例将深度学习的目标检测框架应用于露天矿区的负障碍检测，证明了目标检测在障碍特征不明显的矿区复杂环境中应用的可行性，为今后的无人驾驶矿卡车障碍预警提供了新的解决思路。由于露天矿区数据集采集困难、危险性较高，导致数据集较少，下一步应该考虑增加样本数量，并进一步提升检测网络的精度。

6.3.2 露天矿边坡裂隙检测

6.3.2.1 案例背景

矿山高陡边坡滑坡经常威胁到人们的生命财产安全，造成环境和资源的破坏，是制约矿山安全生产的核心问题，滑坡灾害作为一种严重的地质灾害，其发生的原因往往是未及时进行科学的边坡病害检测。其中裂隙是最主要、最明显的边坡病害表征之一，对露天矿边坡稳定具有重要影响，因此，选择科学合理的方法对露天矿边坡裂隙进行准确、实时的检测，对边坡进行及时有效的管控，对于保证矿山安全生产，提高矿山经济效益，具有重要的理论意义和实际意义。

6.3.2.2 案例描述

为了预防因露天矿边坡表面恶化而产生节理、裂隙或断裂等破坏边坡完整性所引发的安全事故，同时解决传统图像处理算法以及经典的深度学习模型直接应用于露天矿边坡裂隙检测效果不甚理想的问题，提出了一种基于改进的 Mask R-CNN 的露天矿边坡裂隙智能检测算法，运用了 Mask R-CNN 在目标检测、语义分割以及目标定位方面的集成性特点，改进了其在掩膜分支的边缘不清晰以及误检等缺点，构建了一种针对露天矿边坡裂隙图像的检测分割框架。

6.3.2.3 实验及分析

在裂隙检测实验中，需要大量的、带有数据标注及类别标签的边坡裂隙图像分别作为检测模型的训练集、验证集和测试集。但是，到目前为止，国内外还没有公开的带有数据标注和类别标签的、用于深度学习的露天矿边坡裂隙图像数据集。因此利用人工采集以及大疆无人机巡检的方式在某大型露天矿山现场进行了边坡岩体裂隙图像的采集，共采集到矿山现场边坡图像 500 张。某大型露天矿区总面积为 2.51km²，走向长 1420m，倾向延深 1120m，厚度 80~150m，平均厚度 125m。目前开采境界长 2350m，宽 1385m，开采标高 1600~1072m，允许最大边坡高度 528m，生产台阶高 12m，最终并段为 24m，设计最终境界台阶为 22 个，边坡整体面貌如图 6-18 所示。

图 6-18 边坡整体面貌

　　首先，对在某大型露天矿山现场利用人工采集来的 500 张边坡裂隙图像（Crackimg1，Crackimg2，Crackimg3，…，Crackimg500）进行归一化处理，得到像素尺寸大小为 3000×2560，分辨率为 75×75 的露天矿边坡裂隙数据集（crackimg1，crackimg2，crackimg3，…，crackimg500）。

　　然后，采用 1024×1024 的固定大小窗口在归一化后的边坡裂隙图像（crackimg1，crackimg2，crackimg3，…，crackimg500）上进行步长为 512 的重叠滑动，并将每一次滑动后窗口覆盖下的图像区域作为一个边坡图像面元（img1，img2，img3，…）。其中，把包含裂隙的边坡图像面元称为边坡裂隙面元，把不包含裂隙的边坡图像面元称为边坡背景面元。

　　最后，采用基于支持向量机（SVM）的图像二分类算法对扩增后的边坡图像面元进行分类，选出其中的边坡裂隙面元，经过人工筛查后，对边坡裂隙图像数据集进行水平、垂直翻转或者随机旋转等操作，进一步对数据集进行扩增。最终获得了包含 2052 张图像的露天矿边坡裂隙图像数据集，将整个数据集划分为两个集合，其中训练集和验证集为一个集合共包含图像 1900 张，用于模型训练；测试集包含剩下的 152 张图像，用于对模型的训练效果进行测试。

　　深度学习模型的训练、验证以及测试都需要大量的、带有标注标签的数据集，所以对数据集进行精确的标注也极其重要，本案例中对人工扩增后的边坡裂隙图像数据集进行了精确标注。由于边坡裂隙图像形状及结构毫无规律，所以这个标注的过程也是十分艰巨的，为边坡图像中的裂隙分配了红色，其余部分分配了黑色，标注好的图像示例如图 6-19 所示。

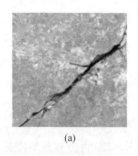 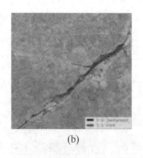 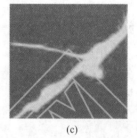

(a)　　　　　　　　　　(b)　　　　　　　　　　(c)

图 6-19　数据集标注示例

（a）原图；（b）标签；（c）掩码

　　算法的程序是使用 Python 语言基于深度学习的主流框架 TensorFlow、Keras 和计算机视觉开源库 OpenCV 编写的，实验环境为：Intel（R）Core（TM）i7-9700 CPU，主频为 3.00GHz，GPU 为 NVIDIA GeForce GTX1660Super，显存为 6G。

　　数据集的规模大小和质量以及骨干架构网络对于检测边坡裂隙的适应性都制约着裂隙检测模型的检测性能，本实验首先找出了最适合用于检测边坡裂隙的骨干架构网络，然后验证了数据增强对于检测性能所产生的影响。

　　首先，第 1 组实验用于测试不同的骨干架构网络对露天矿边坡裂隙检测性能的影响。本组实验包含了 3 个小实验：实验 1，使用 ResNet50-RPN-FPN 进行模型构建，训练集经过 50 代训练后，选取最终拟合的权重对测试集进行测试；实验 2，使用 ResNet101-RPN-FPN

构建模型，并对模型设置与实验 1 相同的初始化参数，并使用相同的训练集和测试集进行实验；实验 3，使用 ResNet152-RPN-FPN 构建模型，其余设置均与实验 1、实验 2 相同。第 1 组实验的 3 个小实验的 loss 值及 val_loss 值的变化情况如图 6-20 所示。

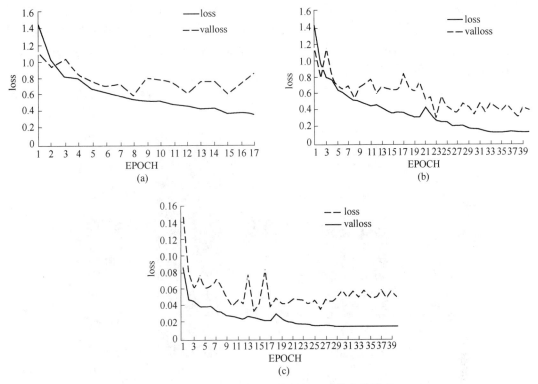

图 6-20　各个模型的 loss 值和 valloss 值变换情况

（a）ResNet50；（b）ResNet101；（c）ResNet152

　　通过对模型检测性能的实验结果分析，ResNet101 和 ResNet152 在边坡裂隙检测中模型性能接近，需进一步对其检测效果进行直观实验评价，部分实验结果如图 6-21 所示。

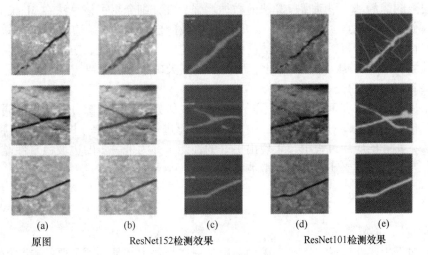

(a)	(b)	(c)	(d)	(e)
原图	ResNet152检测效果		ResNet101检测效果	

图 6-21　各个模型检测效果

根据图 6-21 中分别采用 ResNet152 和 ResNet101 作为骨干网络架构的露天矿边坡裂隙检测效果对比，可以发现，直接采用 Mask R-CNN 进行露天矿边坡裂隙检测，在目标检测分支可以对裂隙进行较好的目标识别，但是在掩码分支分割的裂隙掩码精度较低，边缘不清晰，头尾两端较难分割得到。对比图 6-21 的（b）和（d）可以发现，利用 ResNet101 分割出的裂隙掩码比利用 ResNet152 的效果所呈现的连续性较好，边缘分割较精细，但仍存在分割所得的裂隙较宽，与实际裂隙吻合效果较差等缺点。综合上述检测性能实验结果分析中图像增强在 ResNet101 上所展现出的更好的适应性，可以判断，ResNet101 更适合作为裂隙检测模型的骨干架构网络。

本案例裂隙检测算法与传统 Mask R-CNN 对于露天矿边坡裂隙检测的效果对比如图 6-22 所示。

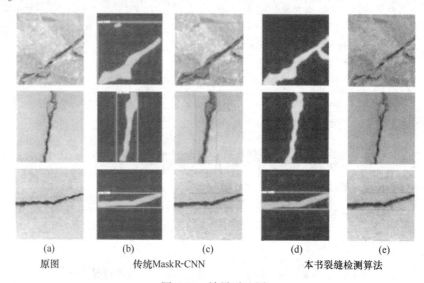

(a)　　　　　　(b)　　　　　　(c)　　　　　　(d)　　　　　　(e)
原图　　　　　传统MaskR-CNN　　　　　　本书裂缝检测算法

图 6-22　效果对比图

6.3.2.4　结论与建议

提出了一种基于改进 Mask R-CNN 的露天矿边坡裂隙智能检测算法，讨论了针对露天矿边坡裂隙图像的基于滑动窗口算法的数据增强，并详细介绍了该算法在 Mask R-CNN 上针对掩膜分支的改进点，同时对 Mask R-CNN 中最适合用于露天矿边坡裂隙检测的骨干架构网络进行了实验分析，并对该算法的改进效果进行了实验验证。实验结果表明，和传统的裂隙检测算法及 Mask R-CNN 相比，所提出的露天矿边坡裂隙智能检测模型具有更好的识别效果和更精准的分割边缘。

未来进一步的研究重点是：在不断提高算法的识别能力和裂隙分割结果的同时，提高算法的泛化能力，以及对所检测出的边坡裂隙进行进一步的统计分析，度量其属性信息，以便算法在实际的应用过程中，表现出更好的性能，并为进一步的边坡稳定性监测提供数据信息，有效预防露天矿边坡发生滑坡灾害。

6.3.3　矿石粒度分级

6.3.3.1　案例背景

矿石粒度大小在碎矿、磨矿、矿物浸出、粉矿焙烧中都是一项重要的参数指标。传统的矿石粒度检测主要采用人工采样——机械筛分法、沉降法、电阻法等，但这些方法往往费时费力，且其准确性直接取决于设备质量和操作人员的技术水平，难以满足当前实时高精度的矿石粒度测定需求。

6.3.3.2 案例描述

针对图像处理技术在细粒度矿石分级测定时存在的精度不足问题，提出基于深度图像分析的分级测定方法。在灰度共生矩阵（gray-level co-occurrence matrix，GLCM）的基础上提出点对生成步长与图像灰度压缩等级的自适应选取方法，通过网格搜索与交叉验证来优化支持向量机（support vector machine，SVM）分类器，提高粒度测定精度。实验结果表明，该方法对 0~0.9mm、0.9~3.0mm、3.0~5.0mm、5.0~7.0mm 这 4 种等级的细粒度矿石分级准确率可达 92%以上，能够充分满足细粒度矿石分级测定的要求。

6.3.3.3 实验及分析

A 基于 GLCM-SVM 的矿石粒度测定方法

支持向量机通过构建最优分割超平面进行样本分类，对小样本分类的精确度很高。采用不同粒度的矿石图片作为训练集，提取 GLCM 特征统计量作为 SVM 训练集的输入进行训练，算法模型如图 6-23 所示。

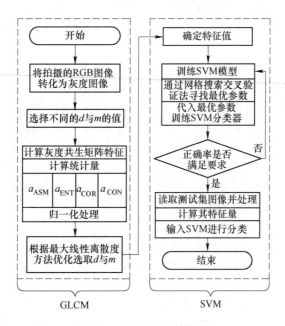

图 6-23　GLCM-SVM 模型图

具体流程如下：

步骤 1，输入不同粒级矿石图像并编号。

步骤 2，将原始图像转化为灰度图，在上述范围中选择不同的 d 与 m 分别计算 0°、45°、90°、135°这 4 个方向的 GLCM 和 4 种特征值。

步骤 3，计算 4 个方向的特征值均值与标准差并进行归一化处理。

步骤 4，计算得到最优灰度压缩等级 m 与生成距离 d 情况下的特征值均值与标准差。

步骤 5，构建高斯核函数 SVM 分类器，每次通过网格搜索法改变参数 c 与 g 的值。

步骤 6，使用 k 折交叉验证的方法计算正确率，如果正确率大于 90% 执行步骤 7，否则返回步骤 5。

步骤 7，测定测试集样本。

B　实验准备

本案例采用煤矿颗粒作为实验对象，根据粒度直径分为 4 个等级：0~0.9mm、0.9~3.0mm、3.0~5.0mm、5.0~7.0mm，将煤矿颗粒放置于白纸上均匀铺开，采用 Canon EOS80d 相机进行图像采样，拍摄距离高度为 30cm。实验采样图像大小为 1500×2000，各粒度级别分别拍摄 100 幅共计 400 幅图像作为训练集，图 6-24 为采样图像的训练集示例图。实验平台基本配置为 i7-6700HQ，主频为 2.6GHz，内存为 8G；实验软件为 Matlab2014a。

图 6-24　训练集部分图像

（a）0~0.9mm 粒径矿石图像；（b）0.9~3.0mm 粒径矿石图像；
（c）3.0~5.0mm 粒径矿石图像；（d）5.0~7.0mm 粒径矿石图像

C　RBF-SVM 特征分类测定结果分析

径向基函数支持向量机（RBF-SVM）对建立非线性软间隔超平面具有良好的适应性，且不依赖大量样本。在 RBF-SVM 中，c 的选取会影响分类器的泛化能力，g 的值体现了核函数对样本进行高维映射的有效性。为解决 c 与 g 的选取问题，本节选择网格搜索（grid search）和 k（k=5）折交叉检验算法，在 $[2, 2^{10}]$ 区间对 c 与 g 进行寻优。

为对比不同特征提取方法的实际效果，分别为原始图像、LBP 特征、SURF 特征和自适应 GLCM 特征建立 RBF-SVM 进行分类测定实验。不同特征提取方法得到的特征维数相差极大，其中原始图像和 LBP 图像均为 3×106（1500×2000）维，SURF 为 500 维，GLCM 为 8（2×4）维。为保证分类的时效性，实验时采用 PCA 方法将原始图像、LBP、SURF 的特征降低到 20 维，然后将分类测定结果与自适应 GLCM 进行对比。

4 种特征提取方法经过 PCA 降维后的分类超平面可视化效果如图 6-25 所示。

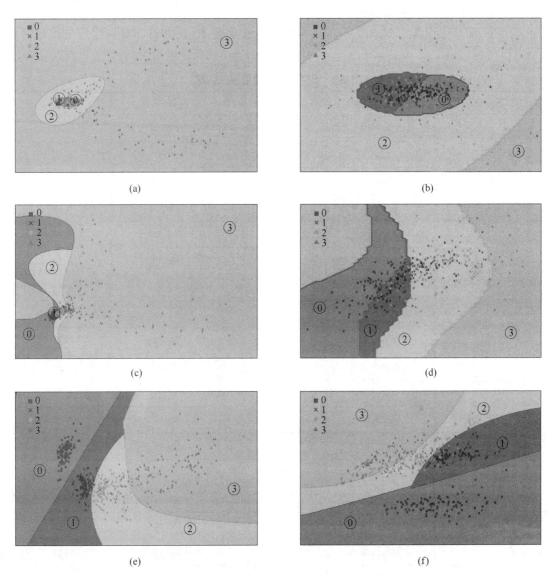

图 6-25　不同方法进行图像二维特征分类效果

（a）原始图像二维特征空间分类超平面；（b）原始图像二维特征空间分类局部放大图；
（c）LBP 图像二维特征空间分类超平面；（d）LBP 图像二维特征空间分类局部放大图；
（e）SURF 二维特征分类超平面；（f）GLCM 二维特征分类超平面

从图 6-25 中可以看出，原始图像 4 种粒度特征相互混合，无法找到一个准确的超平面进行分类；LBP 图像的二维特征聚集在同一尺度范围，超平面的建立同样困难。由此可知，这两种单纯使用图像像素点作为特征值进行分类测定的方法并不可取。在 SURF 与 GLCM 的可视化结果中，0~0.9mm（⓪区域点集）可以清晰地与其他类别区分开，只有少数 3.0~5.0 mm（②区域点集）同 0.9~3.0mm（①区域点集）与 5.0~7.0mm（③区域点集）混合。从二维特征的分类效果可以初步判断原始图像和 LBP 图像的分类效果并不理想，这说明 SURF 与本节算法更适合细粒度矿石测定。

为进一步分析比对，选取每种粒度等级矿石图像各 50 幅共计 200 幅进行分类检测，结果如表 6-1 所示。

表 6-1　4 种算法的定量测试结果

粒　度	方　法	$P/\%$	$R/\%$	F_1-score
0~0.9mm	原始图像	72.00	100.00	0.84
	LBP	0.00	0.00	0.00
	SURF	97.02	100.00	0.98
	自适应 GLCM	98.87	100.00	0.99
0.9~3.0mm	原始图像	36.16	43.32	0.39
	LBP	24.00	100.00	0.39
	SURF	81.44	81.43	0.81
	自适应 GLCM	95.44	95.05	0.95
3.0~5.0mm	原始图像	53.64	28.31	0.37
	LBP	0	0	0
	SURF	75.22	84.73	0.79
	自适应 GLCM	79.74	92.00	0.85
5.0~7.0mm	原始图像	95.43	78.45	0.86
	LBP	100.00	52.00	0.69
	SURF	100.00	83.51	0.90
	自适应 GLCM	95.44	78.31	0.86
Avg	原始图像	65.31	65.52	0.63
	LBP	31.00	38.00	0.24
	SURF	88.42	87.42	0.88
	自适应 GLCM	92.37	91.34	0.93

精确度可表示为

$$P = \frac{\text{TP}}{\text{TP} + \text{FP}} \tag{6-1}$$

召回率可表示为

$$R = \frac{\text{TP}}{\text{TP} + \text{FN}} \tag{6-2}$$

F_1 分数（F_1-score）可表示为

$$F_1 = \frac{2PR}{P + R} \tag{6-3}$$

式中，TP 表示分类正确的正例数目（ture positive）；FN 表示分类错误的负例数目（false negative），FP 表示分类错误的正例数目（false positive）；TN 表示分类正确的反例数目（true negative）。

从表 6-1 来看，定量分析同先前可视化得到的结果一致，原始图像以及 LBP 特征图像的分级测定精度很低，而 SURF 与 GLCM 特征在分级测定中表现良好。原始图像与 LBP 图像对细粒度颗粒图像的分类效果很差，当粒度相近时（0.9~3.0mm、3.0~5.0mm），F1 均小于 0.4。进一步分析可知，原始图像的全局像素点特征为二维像素点的像素值与排列信息，而这两者很难表征粒度信息。LBP 图像获取全局纹理信息虽然突出了边缘与纹理特征，但细粒度矿石的粒度信息不仅包括边缘纹理等信息还有一些统计特征，所以 LBP 图像分类精确度反而比原始图像下降了 37%。原始图像与 LBP 图像的信息量虽然多，但难以表征细粒度矿石的粒度特征。SURF 算法通过提取矿石图像中的角点信息来描述粒度，粗粒度矿石的角点主要由矿粒边缘组成，数量少而清晰；细粒度矿石的角点主要是由矿粒表面的反射点组成，数量多而模糊。

GLCM 算法选取了从不同层面和角度描述纹理的特征值，在 GLCM 上进行二次提取，可以在分类前清晰地描述图像的局部和全局纹理特征，多层次反映细粒度信息。虽然 SURF 算法与自适应 GLCM 算法都可以在一定程度上区分细粒度矿石颗粒的粒径大小，但后者在 0~0.9mm、0.9~3.0mm 这种细小的矿石分类测定上更精确，且测定精度不会随着粒度的变小而下降。从平均水平来看，自适应 GLCM 算法的精确度和召回率分别为 92.37% 与 91.34%，F_1 为 0.93，均优于其他算法。

由表 6-2 给出的计算时长可以知道，测定时间主要集中在特征提取方面。对于像素大小为 1500×2000 的矿石图像，SURF 算法和自适应 GLCM 算法均有不错的时效性。由于自适应 GLCM 需要计算不同生成距离和灰度压缩等级情况下的特征值，在测定时间上略多于 SURF 算法，但每幅图像的计算所用时间小于 2.5s，基本满足了实时检测的要求。

表 6-2 不同算法在测试集上的计算时长

方 法	特征提取	PCA 降维	SVM 分类	总体	单幅
原始图像		51.67	0.01	51.68	0.26
LBP	2549.04	49.11	0.01	2598.16	12.99
SURF	228.71	1.99	0.01	230.71	1.15
自适应 GLCM	491.12		0.01	491.12	2.46

6.3.3.4 结论与建议

针对细粒度矿石分级测定时精度不足的问题，本案例提出一种基于深度图像分析的细粒度矿石分级测定方法。该方法在传统 GLCM 基础上，通过最大线性离散度优化算法改进点对生成距离和灰度压缩等级的选取过程，实现对矿石粒度信息的自适应提取；然后构建 RBF-SVM 分类模型，并使用网格搜索与交叉验证方法优化核函数参数，实现细粒度矿石的准确分级测定。实验结果表明，本案例方法对粒度在 0~7.0mm 区间内的煤矿颗粒分级测定准确率可达 92% 以上，并且测定精度不会随着粒度下降而降低，能较好地适用于细粒度矿石分级测定。然而，该算法在时效性和光照鲁棒性方面还有待提高，这也将成为下一步研究的重点。

6.3.4　露天矿卡装载度检测

6.3.4.1　案例背景

卡车运载是露天矿生产作业中的关键环节，运输成本占矿山开采成本的 40%～60%，车队运载工作量统计结果往往直接影响露天矿生产计划进度、作业安排和司机绩效考核等，卡车运载统计管理对矿山生产具有重要意义。目前，在卡车的运载统计管控中，我国中小型露天矿通常采用地磅称重或人工计票的方式，但是地磅称重方式价格昂贵、维护成本高，还不能适应露天矿作业现场位置经常迁移变化的需求；而传统人工管控模式更不能满足矿山现代化建设和发展的要求。随着数字矿山的发展，出现了基于全球卫星定位技术和无线射频识别技术对车队运载工作量进行自动统计的技术，在一定程度上提升了卡车运载统计管控的便捷性，但仍存在无法判别卡车装载状况、轻车跑票等问题。因此，亟待提出一种更加便捷有效的方法来提升露天矿卡车运载统计的管理水平。

6.3.4.2　案例描述

针对露天矿车辆运输过程中运载量管控受人为及环境等因素干扰较大，存在轻车跑票和人为套票等不利于生产管理的问题，提出了一种基于深度卷积特征的车辆装载状况识别方法。该方法通过构建试验数据集和对卷积神经网络 AlexNet 模型迁移学习，完成对露天矿卡车装载状况图像深度卷积特征的提取，并基于支持向量机多分类模型，实现对卡车装载状况的自动识别，在此基础上统计露天矿车队运载工作量。试验过程中，基于同一组试验数据集分别对 GoogLeNet、ResNet、SqueezeNet、DenseNet 模型进行迁移学习，提取卡车装载状况图像深度卷积特征，并使用同一支持向量机多分类模型对卡车装载状况进行自动识别。结果表明，在空间资源和时间资源约束下，迁移学习后的 AlexNet 模型在 5 种卷积神经网络中总体性能表现最佳，用其提取的图像深度卷积特征在卡车装载状态识别中准确率最高。相比于传统的人工设计图像特征，该方法能够更好地完成露天矿卡车装载状况自动识别任务，试验数据集的识别准确率达到 97% 以上，在此基础上对露天矿车队运载工作量进行统计，可有效鉴别露天矿卡车的实际装载状况，提高露天矿卡车运载的吨公里生产效率，有效解决露天矿山车辆运载工作量的管控问题。

6.3.4.3　实验及分析

以内蒙古乌海地区某煤矿为研究区域，选用摄像头拍摄的卡车装载状况 RGB 三通道彩色图像作为试验数据集。在堆场入口安装立柱及摄像头，摄像头的安装位置保证卡车经过立柱时，摄像头视野范围能够覆盖整个卡车顶部，如图 6-26 所示。

卡车装载状况自动识别是判别卡车装载状况、是否轻车跑票以及对车队和司机有效运载趟数进行自动统计的依据，为验证其有效性，进行 3 组对比试验。采用分类精度作为分类性能评价指标，每次试验测试 10 次，取分类精度平均值。分类精度计算方式为

$$e = m/M \qquad (6-4)$$

式中，e 为分类精度；m 为被正确分类的图像数；M 为被分类的图像总数。3 组对比试验都使用本次试验数据集与线性核的 SVM 多类分类器，试验环境为 Intel(R) Core(TM) i7-

7800X CPU @ 3.50GHz 4.0GHz 16GB 内存。

（1）各层特征表达能力分析。为分析经过微调的 AlexNet 网络中各层提取特征的表达能力，提取 Conv1-5, Fc6-7 层的特征，使用 SVM 多类分类器进行分类试验并做精度评价，结果如图 6-27 所示。

由图 6-27 可知，分类精度随着模型层数的增加逐渐上升，在 Fc7 层得到了最高的分类精度 0.9722。这是由于在卷积神经网络中，在较低层提取较为基础的低级特征，如点、线、角等，将较低层输出

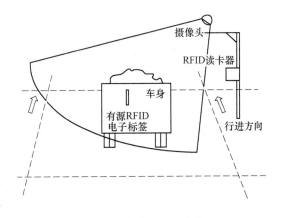

图 6-26　获取试验数据集装置

的特征图作为较高层的输入，较高层将这些低级特征组合起来以学习得到更有表达性的复杂特征，因此一般情况下，使用更深层提取的特征进行识别的精度较高。Conv1-5 和 Fc6-7 层的特征可视化如图 6-28 所示。

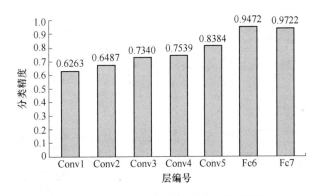

图 6-27　微调后网络各层特征分类精度

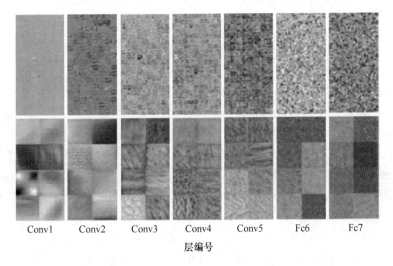

图 6-28　各层特征可视化

（3）方法有效性分析。为分析本方法选用的 AlexNet 深度卷积特征的有效性，选取 GoogLeNet、ResNet、SqueezeNet、DenseNet 预训练模型，分别对其进行迁移学习，为便于比较，对数据集进行 12 轮训练，除各个模型层数不同，冻结的层数不同之外，其他条件与对 AlexNet 进行迁移学习时的条件保持一致，训练过程如图 6-29 所示。

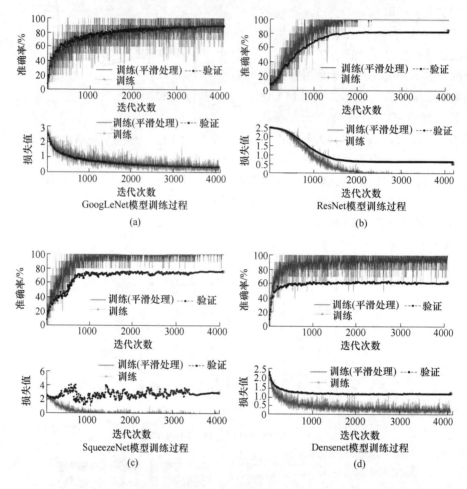

图 6-29　迁移学习训练过程

由图 6-29 可知，GoogLeNet 模型在约 2000 次迭代后趋向收敛，训练数据集和验证数据集的准确率曲线和损失值曲线贴合度较高，表明模型性能较好，未发生过拟合现象，但与 AlexNet 模型相比，收敛较慢，训练数据集和验证数据集的准确率较低。ResNet、SqueezeNet、DenseNet 模型均出现了不同程度的过拟合，训练数据集的准确率较高，验证数据集的准确率较低。训练 AlexNet、GoogLeNet、ResNet、SqueezeNet、DenseNet 模型所用的时间分别约为 143min、199min、780min、86min、1795min。利用迁移学习后的模型分别提取能达到最高分类精度的 AlexNet、GoogLeNet、ResNet、SqueezeNet、DenseNet 深度卷积特征，再提取试验数据集的 2 种传统人工设计图像特征，使用 SVM 多类分类器对特征进行分类，并作精度评价。其中多尺度 LBP（local binary pattern）金字塔特征曾应用于人脸识别、自然场景数据集与 caltech-101 数据集上的分类等任务，多尺度 LDP（local derivative pattern）金字塔特征源自高阶 LDP。试验结果见表 6-3。

表 6-3　主题方法有效性分析试验结果

特　征	特征向量维数	分类精度	提取特征耗时/s	SVM 多类分类器耗时/s
AlexNet 深度卷积特征	4096	0.9722	88.5412	302.5052
GoogLeNet 深度卷积特征	1024	0.9012	95.5011	203.0616
ResNet 深度卷积特征	2048	0.9236	330.9386	227.6601
SqueezeNet 深度卷积特征	2352	0.8684	43.9894	652.1953
DenseNet 深度卷积特征	1920	0.9271	519.6942	216.4657
多尺度 LBP 金字塔特征	10240	0.7472	1080.0941	441.7232
多尺度 LDP 金字塔特征	30720	0.7667	13156.7572	1167.2832

由表 6-3 可知选用的几种卷积神经网络模型性能未表现出显著差异，其中 AlexNet 总体性能表现最佳，利用其所提取的深度卷积特征能够得到最高的精度，这可能是由于本次试验数据集相对较小和露天矿卡车装载状况图像中的显著特征多为边缘颜色等基础特征，相对于 GoogLeNet、ResNet、SqueezeNet、DenseNet 这些较深层结构的网络，Alexnet 的较浅层结构对较小的数据集进行迁移学习效果更佳，能够在有限的空间资源和时间资源限制下提取出更加符合露天矿卡车装载状况自动识别任务的特征。与采用传统人工设计图像特征的 2 种方法相比，该方法选用的 AlexNet 深度卷积特征得到的总体分类精度最高，SVM 多类分类器耗时也最少，这可能跟 AlexNet 深度特征向量尺寸小于其他 2 种特征向量尺寸有关，同时在这 3 种方法的提取特征耗时比较中，AlexNet 深度卷积特征的提取特征耗时也较少。使用这 3 种方法得到分类结果的混淆矩阵见表 6-4~表 6-6。

表 6-4　混淆矩阵——Alexnet

类别	各类别样本被预测为不同类别的数量在验证数据集样本总数中所占比例/%											
	1	2	3	4	5	6	7	8	9	10	11	12
1	8.3	0	0	0	0	0	0	0	0	0	0	0
2	0	8.1	0	0.1	0	0	0	0	0	0	0	0.1
3	0	0.1	8.2	0.1	0	0	0	0	0.1	0	0	0.1
4	0	0	0.1	8.1	0	0	0	0	0	0	0	0
5	0	0	0	0	7.7	0.1	0.4	0	0	0	0	0
6	0	0	0	0	0.1	8.2	0	0	0	0	0	0
7	0	0.1	0	0	0.6	0	7.9	0	0	0.1	0	0.1
8	0	0	0	0	0	0	0	8.2	0.2	0	0	0
9	0	0	0	0	0	0	0	0	7.9	0	0	0
10	0	0.1	0	0	0	0	0	0.1	0.2	8.2	0	0
11	0	0	0	0	0	0	0	0	0	0	8.2	0
12	0	0	0	0.1	0	0	0	0	0	0.1	0.1	8.1

表 6-5　混淆矩阵——多尺度 LBP 金字塔特征

类别	各类别样本被预测为不同类别的数量在验证数据集样本总数中所占比例/%											
	1	2	3	4	5	6	7	8	9	10	11	12
1	5.8	0	0	0	0	0	0	0	0	0	0	0
2	0	8.3	0	0	0	0	0	0	0	0	0	0
3	0	0	3.3	0	0	0	0	0	0	0	0	0
4	0	0	5.0	8.3	0	0	0	0	0	0	0	0
5	1.9	0	0	0	8.1	0	0.3	0	0	0	0	0
6	0.6	0	0	0	0.3	8.1	3.6	0.6	0	0	0.3	1.1
7	0	0	0	0	0	0	3.3	0.0	0	0	1.4	0
8	0	0	0	0	0	0.3	0.8	7.8	0	0	0	0
9	0	0	0	0	0	0	0	0	8.1	0	0	0
10	0	0	0	0	0	0	0	0	0	1.1	0	0
11	0	0	0	0	0	0	0	0	0.3	2.2	6.4	1.1
12	0	0	0	0	0	0	0.3	0	0	5.0	0.3	6.1

表 6-6　混淆矩阵——多尺度 LDP 金字塔特征

类别	各类别样本被预测为不同类别的数量在验证数据集样本总数中所占比例/%											
	1	2	3	4	5	6	7	8	9	10	11	12
1	6.1	0	0	0	0	0	0	0	0	0	0	0
2	0	7.8	0.3	0	0	0	0	0	0	0	0	0
3	0	0	4.7	0	0	0	0	0	0	0	0	0
4	0.3	0.6	3.3	8.3	0	0	0	0	0	0	0	0
5	1.9	0	0	0	8.1	0.3	0	0	0	0	0	0
6	0	0	0	0	0.3	7.5	2.2	0	0	0	0.3	0.8
7	0	0	0	0	0	0	4.4	0	0	0	0.3	0.0
8	0	0	0	0	0	0.6	1.1	8.3	1.1	0	0.6	0.0
9	0	0	0	0	0	0	0	0	7.2	0	0.3	0.0
10	0	0	0	0	0	0	0	0	0	1.1	0.0	0.3
11	0	0	0	0	0	0	0	0	0	6.7	6.9	1.1
12	0	0	0	0	0	0	0.6	0	0	0.6	0.0	6.1

由混淆矩阵可知，对于单个类别的分类精度，使用多尺度 LBP 金字塔特征和多尺度 LDP 金字塔特征分类时都出现了较多误分现象，该方法能够得到较高分类精度，这可能是由于 AlexNet 深度卷积特征除了更加符合露天矿卡车装载状况自动识别识任务之外，还能够描述出更微小的差异。

综上，基于深度卷积特征的图像识别技术对卡车装载状况的识别能够达到较高准确率，具有有效性。通过自动识别得到卡车装载状况，结合调度信息与卡车装载状况判断是否为有效运载。通过现场人工比对分析试验，验证了该方法可以有效解决司机轻车跑票和人为作弊等车辆运载管理问题。

6.3.4.4　结论与建议

（1）提出的基于深度卷积特征的露天矿卡车装载状况识别技术，可依据调度信息筛选出有效的运载，相比于高成本的人工计票和地磅称重等方法，能够在一定程度上实现卡车运载统计在低成本前提下的精细化管理。

（2）从试验结果可以看出，对预训练模型 AlexNet 进行迁移学习得到了更加符合露天矿卡车装载状况识别任务的模型，其 Fc7 层提取的特征表达力最强。试验数据集相对较小，对其进行迁移学习时，使用较浅层结构的卷积神经网络模型效果更佳，使用较深层结构的卷积神经网络模型易出现过拟合。

（3）针对露天矿卡车装载状况的识别任务，与描述能力有限的人工设计特征相比，AlexNet 深度卷积特征可以描述出更微小的差异，在单类别和总体都能得到较高的分类精度，能够实现对露天矿卡车装载状况自动识别，有效解决露天矿卡车轻车跑票、人为作弊等运载管理问题。

6.4　展　望

计算机视觉处理技术用于矿山生产过程，可使人们在采矿过程中的观测不受空间、时间和主观性的局限。利用计算机视觉技术进行生产过程的检测具有许多独特的优点，如非接触性和远距离检测、直观性、智能性、抗干扰特性，可以在很大范围内控制检测精度等，实现对检测对象的在线检测，从而实现提高效率、节能降耗的需求，提高矿山生产企业的生产效益。随着计算机视觉技术的快速发展，其必将更加广泛地应用于矿石采矿、选矿和冶炼工程中，能够实现更加高效的检测以及反馈控制的功能，更大程度上提高生产效率和节能降耗。

（1）加强矿业视频 AI 识别关键技术及理论的研究。加大对新样本图像生成方法中随机变换、随机扰动等数据增强技术的研究，构建基于小样本学习与无监督学习等多方式相结合的交叉复合识别模型，推动矿业智能化建设快速发展。

（2）建立规范、标准、适用性强、兼容性高的智能视频分析与识别终端应用新模式。依据应用场景变化快慢、采集视频像素分辨率和摄像仪曝光频率高低，划分出适用性强、兼容性高的矿业智能视频分析与识别终端的标准新规格，促进智能终端的规范化和便捷化应用。

（3）深化矿业视频 AI 感知数据融合通信与云-边-端协同决策的关键技术理论。加强对多信号制式汇集、多源异构信息统一描述、协议特征自动匹配等关键技术的研发，研制多源数据高效融合与协议自动匹配的智能网关，并在决策端构建完善的专家决策系统和与优先权判断机制，实现云-边-端之间数据与决策的互联互通。

（4）加快视频数据结构化、网络信息安全、区块链等新技术的攻关。深入研究视频数据结构化、信息密码学与区块链技术，开发可靠的数据结构与数据库系统新构架，建立网络自动扫描与入侵检测等主动式防攻击新策略，并降低海量视频数据的存储占比。

（5）建立健全安全生产视频 AI 识别体系建设标准。加快矿业视频 AI 识别系统共性标准的制修订，优化完善关键技术标准体系、运行管理规范和安全规程体系，形成统一、规范、完善的矿业安全生产视频 AI 识别体系标准，推动矿业智能化建设的高质量发展。

6.5 小　结

本章通过对矿山开采工艺流程的介绍为读者概述了矿山开发、采矿工艺、选矿工艺等方面的一些概念知识，使读者了解采矿行业的基本工艺流程，从而引出后文对机器视觉技术在采矿行业应用场景的叙述。应用场景部分介绍了目前的机器视觉技术所解决的问题主要有哪些，并且罗列了一些视觉技术在矿业应用的场景，供读者学习和思考。案例分析部分通过四个案例的介绍，依据具体的技术案例，从背景、所面临的问题出发，详细介绍了运用机器视觉技术解决矿业问题的具体思路和方法。

机器视觉在矿业上的推广及应用是建设智慧矿山的重要组成部分，随着各项技术的进步，采矿工艺也在不断地更新，一系列现代化的采矿工艺技术得以应用，满足了市场经济的发展需要，也有效保证了采矿作业的工作效率及安全生产水平。

思 考 题

6-1　采矿和选矿的工艺流程主要有哪几个步骤？

6-2　请思考为什么机器视觉技术能够在采矿行业得到应用，它主要解决了什么问题？

6-3　计算机视觉技术在矿山生产中的应用场景主要有哪几类？

6-4　请思考 6.3.2 节中边坡裂隙的识别对边坡稳定性监测提供了什么有效的数据，对于机器视觉检测结果的统计分析方面你有更好的想法吗？

6-5　你觉得为 6.3.4 节的案例中对卡车运载量的测定和评估方面是否可以结合深度学习网络模型算法，结合的优点是什么？

参 考 文 献

［1］Guillen-reyes F O, Domingues-mota F J. Boundary layer detection techniques applied to edge detection ［J］. Interna-tional Journal of Image and Graphics，2019，19（2）：1950010.

［2］Sahoo P K, Soltani S, Wong A K. A survey of thresholding techniques ［J］. Computer Vision, Graphics, and Image Processing，1988，41（2）：233-260.

［3］Chen L, Papandreou G, Kokkinos I, et al. Deeplab：Semantic image segmentation with deep convolutional nets, atrous convolution, and fully connected crfs ［J］. IEEE transac-tions on pattern analysis and machine intelligence，2017，40（4）：834-848.

［4］Lilly P A. Open pit mine slope engineering：a 2002 perspective ［C］// 150 years of mining, Proceedings of the AusIMM annual Conference. Auckland, New Zealand, 2002.

［5］ Kistner M, Jemwa G T, Aldrich C. Monitoring of mineral processing systems by using textural image analysis ［J］. Minerals Engineering, 2013, 52 (5): 169-177.

［6］ Zhang J, Zhang L, Shum H P H, et al. Arbitrary view action recognition via transfer dictionary learning on synthetic training data ［C］//2016 IEEE International Conference on Robotics and Automation (ICRA). IEEE, 2016: 1678-1684.

［7］ 景莹. 基于计算机视觉的露天矿卡车满载程度检测技术及应用研究 ［D］. 西安: 西安建筑科技大学, 2020.

［8］ 卢才武, 齐凡, 阮顺领. 基于深度图像分析的细粒度矿石分级测定方法 ［J］. 应用科学学报, 2019, 37 (4): 490-500.

［9］ 阮顺领, 李少博, 卢才武, 等. 多尺度特征融合的露天矿区道路负障碍检测 ［J］. 煤炭学报, 2021, 46 (S2): 1170-1179.

［10］ 景莹, 阮顺领, 卢才武, 等. 基于改进 Mask R-CNN 的露天矿边坡裂隙智能检测算法 ［J/OL］. 重庆大学学报: 1-13 ［2022-11-18］. http: //kns. cnki. net/kcms/detail/50. 1044. N. 20211210. 1916. 002. html.

［11］ Amhaz R, Chambon S, Idier J, et al. Automatic crack detection on two-dimensional pavement images: an algorithm based on minimal path selection ［J］. IEEE Transactions on Intelligent Transportation Systems, 2016, 17 (10): 2718-2729

［12］ Nguyen T S, Begot S, Duculty F, et al. Free-form anisotropy: a new method for crack detection on pavement surface images ［C］//2011 18th IEEE International Conference on Image Processing. September 11-14, 2011, Brussels, Belgium. IEEE, 2011: 1069-1072.

［13］ 卢才武, 齐凡, 阮顺领. 融合目标检测与距离阈值模型的露天矿行车障碍预警 ［J］. 光电工程, 2020, 47 (1): 40-47.

［14］ Chen H, Yao M, Gu Q. Pothole detection using location-aware convolutional neural networks ［J］. International journal of machine learning and cybernetics, 2020, 11 (4): 899-911.

［15］ 矿山生产流程与设备 ［EB/OL］. ［2018-05-19］. https: //max. book118. com/html/2018/0519/ 167440609. shtm.

［16］ 矿山开采工艺流程是怎样的? ［EB/OL］. ［2018-01-15］. https: //zhidao. baidu. com/question/ 879415162671255212. html.

［17］ 矿山开采: 露天开采与地下开采 ［EB/OL］. ［2016-03-05］. https: //www. docin. com/p-1477093617. html.

［18］ 选矿工艺流程介绍 ［EB/OL］. ［2019-01-19］. https: //www. mining120. com/tech/show-htm-itemid- 115194. html.